美洲鲥养殖技术

施永海　张根玉·等著

上海科学技术出版社

图书在版编目（ＣＩＰ）数据

美洲鲥养殖技术 / 施永海，张根玉著. -- 上海 ：
上海科学技术出版社，2020.11
ISBN 978-7-5478-5139-5

Ⅰ．①美… Ⅱ．①施… ②张… Ⅲ．①鲥鱼－咸淡水
养殖 Ⅳ．①S965.219

中国版本图书馆CIP数据核字(2020)第224363号

美洲鲥养殖技术

施永海　　张根玉·等著

上海世纪出版(集团)有限公司
上海 科 学 技 术 出 版 社　出版、发行
(上海钦州南路 71 号　邮政编码 200235　www.sstp.cn)
上海雅昌艺术印刷有限公司印刷
开本 787×1092　1/16　印张 20.5
字数 320 千字
2020 年 11 月第 1 版　2020 年 11 月第 1 次印刷
ISBN 978 - 7 - 5478 - 5139 - 5/S·207
定价：120.00 元

内容简介

　　《美洲鲥养殖技术》由上海市水产研究所专家根据多年潜心研究和广泛应用实践成果精心编著而成。书中详细介绍了美洲鲥的生物学特性、人工繁殖、苗种培育、人工养殖、越冬、运输、营养与饲料、病害防治等内容。本书的主要特点是，内容来自作者一手资料，与生产实践结合紧密，全面展示了国内外美洲鲥的最新生产与科研成果。

　　本书采用技术介绍、典型案例、经验分享与试验研究相结合的方式安排内容，数据翔实、技术先进、内容实用、可操作性强，适合水产养殖生产者、基层水产技术推广人员操作、应用，也可作为新型职业农民创业和行业技能培训教材，还可供水产院校、有关科研与推广单位、水产行政管理部门的科研和管理人员参考。

著作者名单

主著者

  施永海　张根玉

参著者

  徐嘉波　谢永德　严银龙　刘永士

  曹祥德　刘晓东　税　春　邓平平

  杨　明

前　言

鲥鱼自古以来被列为中国的名贵鱼类,与河豚、刀鱼合称为"长江三鲜"。早在明朝已有鲥鱼的记载。《本草纲目》对鲥鱼注称:"初夏时有,余月即无,故名鲥。""鲥鱼形秀而扁,微似舫而长,白色如银,肉中多细刺如毛,大者不过三尺,腹下有三角,硬鳞如甲,其脂在鳞甲中,自甚惜之。""鲥甘平,补虚劳。"学名为鲥,分布不同的水域(长江、珠江、钱塘江等),尤其以长江中的最为鲜美而著名。长江鲥是溯河产卵鱼类,每年春夏之交,长江鲥鱼从海洋溯河而上进入长江的产卵场进行繁殖,形成一年一度的渔汛。但是随着社会、经济的高速发展,以及环境污染加剧等原因,长江鲥赖以生存和繁衍的生态环境遭到严重破坏。早在1998年,长江鲥就被录入了《中国濒危物种红皮书》,近十几年鲜有捕捞到长江鲥的报道。

在中国长江鲥濒临灭绝的情况下,美洲鲥(*Alosa sapidissima*)不仅形态上与长江鲥极为相似,且肉质细嫩、味道鲜美,在口感、味道上完全可与长江鲥相媲美,是长江鲥的潜在替代品种。美洲鲥是北美洲大西洋海岸具有重要生态地位和经济价值的洄游性鱼类;是鲱形目鱼类中个体最大、肉质最鲜美的一种,其拉丁名*Alosa sapidissima*就是最美味的意思。美洲鲥适合池塘养殖和工厂化养殖,被引种于很多国家。上海市水产研究所于1998年率先从美国引进美洲鲥受精卵进行人工繁养。从2003年开始,上海市水产研究所、中国水产科学研究院珠江水产研究所、江苏苏州依科曼生物农业科技有限公司等单位大批量引进美洲鲥受精卵进行苗种培育和人工养殖,每年有 20 万～30 万尾美洲鲥苗种投放市场,苗种主要依赖美国进口的受精卵。2008 年左右,国内突破了美洲鲥全人工繁育;2012～2014年,实现了美洲鲥的规模化繁育。美洲鲥深受国内市民的喜爱,市场价格也非常高,塘边价达 150～200 元/kg。目前,我国美洲鲥的养殖规模日益扩大,已在 12 个省份形成了一定的养殖规模,每年投入的苗种量在 200 万～250 万尾,养殖区域主要集中在长三角及湖北、四川等地,已成为国内最珍贵的淡水养殖品种之一。

美洲鲥的养殖还存在一些问题,如养殖技术不规范、度夏和越冬成活率低、人为操作和运输应激性强等。为推动美洲鲥养殖持续健康地发展,上海市水产研究所专家团队结合多年实践经验和试验成果,采用技术介绍、典型案例、经验分享与试验研究相结合的方式,精心编写了《美洲鲥养殖技术》一书,以供有关从事生产、教学和科研人员参考。书中详细介绍了美洲鲥的生物学特性、人工繁殖、苗种培育、鱼种养殖、成鱼养殖、越冬、运输、营养与饲料、病害防治等技术。内容主要来自作者一手资料,与生产实践结合紧密,全面展示了国内外美洲鲥的最新研究成果,是我国第一本研究美洲鲥的成果专著。希望本书的出版能使美洲鲥养殖者提高技术,解决养殖生产中碰到的难题,增加产量、提高效益,促进我国水产养殖的调结构、转方式。

由于水平有限、时间仓促,书中难免有不足和错误之处,恳请广大读者批评指正。

著　者

2020 年 8 月

目　录

第一章　概论 …………………………………………………………… 1

　第一节　分类地位、种类、分布及资源 …………………………… 1

　　一、分类地位 …………………………………………………… 1

　　二、鲌亚科鱼类分类及地理分布 ……………………………… 2

　　三、中国常见鲌鱼品种的特征、分布及资源 ………………… 4

　　四、中国三种常见鲌的形态学区分 …………………………… 12

　第二节　引进繁养的历史与产业现状 …………………………… 15

　　一、引进及繁养的历史 ………………………………………… 15

　　二、长三角美洲鲌的产业现状 ………………………………… 16

　第三节　养殖产业发展面临的主要问题 ………………………… 21

　　一、养殖水温的局限性 ………………………………………… 21

　　二、繁育技术还不够完善 ……………………………………… 21

　　三、养殖成活率总体较低 ……………………………………… 21

　　四、生长与"老头鱼" …………………………………………… 22

　　五、专用饲料研制问题 ………………………………………… 22

　　六、商品鱼品质 ………………………………………………… 23

　第四节　养殖产业绿色发展前景 ………………………………… 23

　　一、养殖产业绿色发展的优势 ………………………………… 23

　　二、养殖产业绿色发展的技术和政策需求 …………………… 24

　　三、养殖产业绿色发展的建议 ………………………………… 25

第二章　美洲鲌的生物学及个体发育 …………………………… 28

　第一节　形态特征 ………………………………………………… 28

一、外部形态 …………………………………… 28

二、内部构造 …………………………………… 29

第二节　生态习性 ………………………………… 30

一、生活习性 …………………………………… 30

二、行为习性 …………………………………… 30

三、食性 ………………………………………… 31

第三节　周年生长特性 …………………………… 31

一、生长基本情况 ……………………………… 33

二、体长与体质量关系 ………………………… 33

三、生长式 ……………………………………… 34

四、养殖美洲鲥生长特点 ……………………… 35

第四节　繁殖习性 ………………………………… 36

一、性腺指数 …………………………………… 37

二、肝体比 ……………………………………… 37

三、肥满度 ……………………………………… 37

第五节　性腺发育 ………………………………… 39

一、卵巢发育 …………………………………… 39

二、精巢发育 …………………………………… 43

第六节　胚胎发育 ………………………………… 46

一、受精卵 ……………………………………… 48

二、卵裂期 ……………………………………… 48

三、囊胚期 ……………………………………… 48

四、原肠胚期 …………………………………… 48

五、神经胚期 …………………………………… 49

六、器官形成期 ………………………………… 49

七、出膜期 ……………………………………… 49

八、初孵仔鱼 …………………………………… 49

第七节　仔稚幼鱼的骨骼发育 …………………… 50

一、脊柱和腹鳍的发育 ………………………… 50

二、胸鳍的发育 ………………………………… 52

三、尾鳍的发育 ………………………………… 53

四、背鳍和臀鳍的发育 ………………………… 55

五、骨骼发育的适应性意义 …………………… 56

六、骨骼发育的特殊性 ·· 57

第八节 仔稚幼鱼的形态发育 ·· 57

一、前期仔鱼 ·· 58

二、后期仔鱼 ·· 60

三、稚鱼 ·· 61

四、幼鱼 ·· 61

第三章 美洲鲥的人工繁殖技术 ·· 64

第一节 繁育场的建设 ·· 64

一、场地选择 ·· 64

二、主要设施 ·· 65

第二节 亲本的培育与选择 ·· 66

一、亲本的来源 ·· 66

二、亲本培育 ·· 66

第三节 亲本促产受精 ·· 68

一、促产循环系统的构建 ·· 69

二、促产亲本放养前准备 ·· 71

三、促产亲本挑选及放养 ·· 71

四、亲本促产交配受精 ·· 72

五、鱼卵收集清洗 ·· 73

第四节 受精卵孵化 ·· 77

一、孵化条件 ·· 77

二、孵化管理 ·· 78

三、孵化管理注意事项 ·· 79

四、孵化计数 ·· 79

第五节 亲本的生长特性 ·· 79

一、亲本生长的基本情况 ·· 81

二、亲本的肥满度 ·· 83

三、亲本体长与体质量关系 ·· 84

四、亲本的一般生长型 ·· 85

五、亲本的生长速度 ·· 86

第六节 性腺发育进程 ·· 88

一、雌鱼卵巢发育进程 ·· 90

二、雄鱼精巢发育进程 ……………………………………… 91

三、性腺发育的阶段性 ……………………………………… 92

四、雌雄亲本性腺发育的不同步性 ………………………… 93

五、性腺重量与体质量的关系 ……………………………… 94

第七节　产卵受精规律 ……………………………………… 95

一、产卵受精总体情况 ……………………………………… 95

二、产卵受精趋势分析 ……………………………………… 96

三、产卵受精的总体趋势及规律 …………………………… 98

第八节　影响胚胎发育的主要环境因子 …………………… 99

一、温度 ……………………………………………………… 99

二、盐度 ……………………………………………………… 101

三、光照 ……………………………………………………… 102

四、溶解氧 …………………………………………………… 102

五、pH ………………………………………………………… 103

六、浊度 ……………………………………………………… 103

第四章　美洲鲥的苗种培育技术 …………………………… 105

第一节　工厂化育苗 ………………………………………… 105

一、培育条件 ………………………………………………… 106

二、放苗 ……………………………………………………… 108

三、生物饵料的培养与投喂 ………………………………… 108

四、水质调控 ………………………………………………… 109

五、日常管理 ………………………………………………… 110

第二节　半工厂化育苗 ……………………………………… 117

一、培育条件 ………………………………………………… 117

二、放苗和分级培育 ………………………………………… 117

三、饵料和投喂技术 ………………………………………… 118

四、日常管理 ………………………………………………… 118

第三节　发育早期脂肪酸的利用 …………………………… 119

一、水分和粗脂肪含量变化 ………………………………… 120

二、脂肪酸的组成变化 ……………………………………… 121

三、单个个体的主要脂肪酸的绝对含量变化及利用 ……… 123

四、各生长发育阶段的脂肪酸组分比较 …………………… 126

　　　五、胚胎出膜阶段脂肪酸变化的特点 ·················· 128

　　　六、仔鱼开口摄食前阶段对脂肪酸利用的特点 ········· 129

　　　七、内源性营养阶段脂肪酸利用特点 ·················· 129

　　第四节　仔稚鱼消化酶活性 ···························· 130

　　　一、胰蛋白酶 ····································· 130

　　　二、胃蛋白酶 ····································· 130

　　　三、淀粉酶 ······································· 130

　　　四、脂肪酶 ······································· 130

　　第五节　仔稚鱼生长特性 ······························ 131

　　第六节　影响仔稚鱼生长发育的主要环境因子 ··········· 132

　　　一、温度 ··· 132

　　　二、盐度 ··· 134

　　　三、溶解氧 ······································· 134

第五章　美洲鲥的幼鱼养殖技术 ···························· 136

　　第一节　幼鱼池塘养殖 ································ 136

　　　一、池塘条件 ····································· 137

　　　二、放养前准备 ··································· 137

　　　三、夏花鱼种放养 ································· 138

　　　四、水质管理 ····································· 138

　　　五、饲料投喂 ····································· 138

　　　六、日常管理 ····································· 139

　　第二节　幼鱼工厂化养殖 ······························ 142

　　　一、养殖条件 ····································· 143

　　　二、放养前准备 ··································· 146

　　　三、夏花鱼种的放养 ······························ 146

　　　四、水质管理 ····································· 147

　　　五、饲料投喂 ····································· 147

　　　六、日常管理 ····································· 148

　　第三节　幼鱼网箱养殖 ································ 149

　　　一、网箱设置水域的选择 ·························· 150

　　　二、网箱的设置 ··································· 150

　　　三、夏花鱼种放养 ································· 151

　　　　四、饲料投喂 ·· 152
　　　　五、日常管理 ·· 152
　　第四节　幼鱼脂肪酸变化规律 ······························ 153
　　　　一、水分和总脂肪含量变化 ····························· 155
　　　　二、脂肪酸组成变化 ······································ 156
　　　　三、脂肪酸组成特点 ······································ 159
　　　　四、脂肪酸含量变化与饲料脂肪酸组成的关系 ·········· 160
　　第五节　幼鱼消化酶活性变化规律 ························· 162
　　　　一、池塘养殖幼鱼消化酶活性的比较 ··················· 162
　　　　二、工厂化养殖幼鱼消化酶活性的变化 ················· 166
　　第六节　幼鱼生长特性 ··································· 169
　　　　一、池塘养殖幼鱼生长特性 ····························· 169
　　　　二、工厂化养殖幼鱼生长特性 ··························· 175
　　第七节　影响幼鱼生长的主要环境因子 ················· 178
　　　　一、温度 ·· 178
　　　　二、盐度 ·· 179
　　　　三、光周期 ·· 182

第六章　美洲鲥的成鱼养殖技术 ······························· 186
　　第一节　成鱼遮阴池塘养殖 ······························· 186
　　　　一、池塘条件 ··· 186
　　　　二、放养前准备 ·· 187
　　　　三、鱼种放养 ··· 187
　　　　四、水质管理 ··· 188
　　　　五、饲料投喂 ··· 189
　　　　六、日常管理 ··· 189
　　　　七、拉网出售 ··· 190
　　第二节　成鱼工厂化养殖 ··································· 191
　　　　一、养殖池条件 ·· 191
　　　　二、放养前的准备 ·· 191
　　　　三、大规格鱼种的放养 ··································· 192
　　　　四、饲料投喂 ··· 192
　　　　五、日常管理 ··· 192

　　　　六、养成上市 ··· 194

　　第三节　成鱼网箱养殖 ··· 196

　　第四节　亚成鱼的消化酶活性变化规律 ························· 197

　　　　一、蛋白酶 ··· 197

　　　　二、淀粉酶 ··· 198

　　第五节　亚成鱼对高温的适应能力 ································· 198

　　　　一、高温胁迫下亚成鱼消化酶活性变化 ················· 198

　　　　二、高温胁迫下亚成鱼抗氧化酶和非特异性免疫酶活性变化 ··· 203

　　第六节　亚成鱼生长特性 ··· 212

　　　　一、生长特性 ··· 213

　　　　二、体长与体质量关系 ··· 214

　　　　三、生长式型 ··· 215

　　　　四、生长离散与肥满度 ··· 217

　　　　五、水温与生长 ··· 218

第七章　美洲鲥的越冬养殖技术 ··· 221

　　第一节　土池大棚越冬养殖 ··· 221

　　　　一、土池大棚的搭建 ··· 221

　　　　二、放养前准备 ··· 222

　　　　三、放养 ··· 223

　　　　四、水质管理 ··· 223

　　　　五、饲料投喂 ··· 224

　　　　六、日常管理 ··· 224

　　第二节　工厂化越冬养殖 ··· 227

　　　　一、室内水泥池条件 ··· 227

　　　　二、放养前准备 ··· 227

　　　　三、放养 ··· 228

　　　　四、水质管理 ··· 228

　　　　五、饲料投喂 ··· 228

　　　　六、日常管理 ··· 228

　　第三节　网箱越冬养殖 ··· 229

　　第四节　越冬亚成鱼生长特性 ··· 230

　　　　一、越冬亚成鱼的阶段生长 ······································· 231

二、体长与体质量的关系 ……………………………… 233

三、生长式型 …………………………………………… 233

四、生长离散与肥满度 ………………………………… 235

五、体长、体质量增长与水温的关系 ………………… 236

六、越冬养殖与生长的关系 …………………………… 237

第八章　美洲鲥的运输技术 …………………………… 240

第一节　夏花鱼种运输 ………………………………… 240

一、运输前准备 ………………………………………… 241

二、出池计数 …………………………………………… 242

三、运输包装 …………………………………………… 243

四、放苗操作 …………………………………………… 247

第二节　大规格鱼种短途运输 ………………………… 249

一、运输前准备 ………………………………………… 250

二、拉网出池 …………………………………………… 250

三、车载装运 …………………………………………… 251

四、放鱼操作 …………………………………………… 252

第三节　商品鱼活鱼运输 ……………………………… 253

一、运输前准备 ………………………………………… 253

二、出池称重 …………………………………………… 253

三、车载装运 …………………………………………… 254

第四节　亲本短途运输 ………………………………… 255

一、运输前准备 ………………………………………… 255

二、拉网出池 …………………………………………… 256

三、车载装运 …………………………………………… 256

四、放鱼操作 …………………………………………… 258

第五节　运输麻醉剂的使用 …………………………… 259

一、麻醉剂的种类 ……………………………………… 259

二、麻醉剂的效果 ……………………………………… 260

三、使用注意事项 ……………………………………… 260

第九章　美洲鲥的营养与饲料 …………………………… 262

第一节　营养成分 ……………………………………… 262

一、卵的营养成分 …………………………………… 263

二、仔鱼营养成分 …………………………………… 267

三、幼鱼鱼体营养成分 ……………………………… 271

四、成鱼肌肉营养成分 ……………………………… 278

五、产后亲本肌肉营养成分 ………………………… 282

第二节 营养需求 …………………………………… 287

一、蛋白质 …………………………………………… 288

二、脂肪 ……………………………………………… 289

三、碳水化合物 ……………………………………… 289

四、矿物质 …………………………………………… 290

五、维生素 …………………………………………… 291

第三节 常用饲料 …………………………………… 291

一、苗种培育阶段 …………………………………… 291

二、转食阶段 ………………………………………… 292

三、养成阶段 ………………………………………… 292

第四节 美洲鲥烹饪方法 …………………………… 293

一、清蒸鲥鱼 ………………………………………… 293

二、酒香糟鲥鱼 ……………………………………… 293

三、网油蒸鲥鱼 ……………………………………… 293

四、酒酿鲥鱼 ………………………………………… 294

五、砂锅鲥鱼 ………………………………………… 294

六、毛峰熏鲥鱼 ……………………………………… 294

七、红烧鲥鱼 ………………………………………… 295

八、烤鲥鱼 …………………………………………… 295

九、酱汁鲥鱼 ………………………………………… 295

第十章 美洲鲥的病害防治 ………………………… 299

第一节 疾害的预防 ………………………………… 299

一、日常管理防护 …………………………………… 299

二、病原性预防 ……………………………………… 300

三、建立隔离制度 …………………………………… 301

第二节 鱼病的检查和诊断 ………………………… 301

一、现场调查 ………………………………………… 302

二、肉眼检查 ……………………………………………… 302

三、显微镜检查 …………………………………………… 303

第三节　疾害及防治 ………………………………………… 304

一、真菌性疾病及防治 …………………………………… 304

二、细菌性疾病及防治 …………………………………… 305

三、寄生虫疾病及防治 …………………………………… 306

四、环境因子引起的疾病及防治 ………………………… 307

五、营养性疾病及防治 …………………………………… 308

六、敌害生物防控 ………………………………………… 309

第一章

概　论

第一节　分类地位、种类、分布及资源

一、分类地位

中国鲥(鲥、长江鲥)是中国名贵的溯河产卵鱼类,与河豚、长江刀鲚合称为"长江三鲜",每年春夏之交,中国鲥鱼从海洋溯河而上进入长江、珠江和钱塘江等河流的产卵场进行繁殖,形成一年一度的渔汛。鲥鱼自古以来被列为中国的名贵鱼类,早在明朝已有鲥鱼的记载。《本草纲目》对鲥鱼注称:"初夏时有,余月即无,故名鲥。""鲥鱼形秀而扁,微似舫而长,白色如银,肉中多细刺如毛,大者不过三尺,腹下有三角硬鳞,其脂在鳞甲中,自甚惜之。""鲥甘平,补虚劳。"《本经逢原》中记载,鲥鱼鳞片有清热解毒之功效,香油熬涂或焙干研末调敷,可用于治疗疔疮、烫火伤、腿疮和下疳。但是随着社会、经济的高速发展,环境污染加剧等诸多原因,中国鲥赖以生存和繁衍的生态环境遭到严重破坏(刘绍平等,2002),目前,中国鲥已濒临灭绝,早在1998年就被录入了《中国濒危物种红皮书》(汪松,1998),近十几年鲜有捕捞到中国鲥的报道。

在中国鲥濒临灭绝的情况下,从1998年开始,我国从美国引进美洲鲥受精卵进行孵化培育和人工驯养。美洲鲥因与中国鲥的外形相似、肉质相媲美,深受国内市民的喜爱,塘边市场价格也非常高,达到150～200元/kg。目前,我国美洲鲥的养殖面积日益扩大,每年投入的苗种量在200万～300万尾。

美洲鲥（*Alosa sapidissima*）（美洲西鲱）属于脊索动物门（Chordata）、脊椎动物亚门（Verterbrata）、硬骨鱼纲（Osteichthyes）、辐鳍亚纲（Actinopterygii）、鲱形总目（Clupeomorpha）、鲱形目（Clupeiformes）、鲱科（Clupeidae）、鲥亚科（Alosinae）、西鲱属（*Alosa*）。

人们常说的鲥，主要是指鲥亚科（Alosinae）的鱼类，如鲥属（*Tenualosa*）、西鲱属（*Alosa*）、花点鲥属（*Hilsa*）等。鲥属（*Tenualosa*）的常见种类有中国鲥（*T. reevesii*）和孟加拉鲥（*T. ilisha*）；西鲱属（*Alosa*）的常见种类有美洲鲥（美洲西鲱 *A. sapidissima*）和欧洲鲥（西鲱 *A. alosa*）（Amiya Kumar Sahoo 等，2016）；花点鲥属（*Hilsa*）仅有花点鲥（*H. kelee*）（孟庆闻等，1995）。

二、鲥亚科鱼类分类及地理分布

鲥亚科鱼类鱼体腹部侧扁，具锐利棱鳞。口前位，上颌缝合部具 1 明显的缺刻。上颌后端伸达眼中部或后部下方。腹鳍 i6～i8。栖息于海洋中上层、河口或淡水；有些种溯河洄游或半溯河洄游，均为集群性鱼类。摄食鱼类、各种无脊椎动物和少数食浮游植物。许多品种是重要的经济鱼类。（孟庆闻等，1995）

鲥亚科有 7 属 31 种，其中分布在欧洲和西大西洋的有 2 属，分布在西非的有 1 属，分布在印度太平洋和东太平洋的有 3 属，其各属分类检索如下表。以西鲱属（*Alosa*）的种类最多，有 15 种，如美洲西鲱（美洲鲥）（*A. sapidissima*）。中国有 2 属 2 种，即花点鲥属（*Hilsa*）的花点鲥（*H. kelee*）和鲥属（*Tenualosa*）的中国鲥（*T. reevesii*）。（孟庆闻等，1995）

鲥亚科（Alosinae）分属的检索表（孟庆闻等，1995）

1（6）第 1 鳃弓上鳃耙在鳃弓弯曲处与下部鳃耙重叠；腹鳍条 i6～i8（欧洲，西大西洋，东太平洋）

2（5）背鳍前无棱鳞；第 3 上鳃骨后面有鳃耙

3（4）腹鳍条 i8；背鳍前中央鳞片正常；体正常不重叠很深（欧洲，西、东大西洋）
.... 西鲱属 *Alosa*

4（3）腹鳍条 i6；背鳍前中央有 2 列扩大片；体鳞片深重叠（西大西洋） ...... 油鲱属 *Brevoortia*

5（2）背鳍前具棱鳞；第 3 上鳃骨后面无鳃耙；腹鳍条 i6（东太平洋）
.... 太平洋油鲱属 *Ethmidium*

6（1）第 1 鳃弓的上鳃耙在弯曲处不与下鳃耙重叠；腹鳍条 i7（西非和印度-太平洋）

7（8）鳃耙数很多，上鳃耙弯曲呈"V"形（西非） .... 蓬加鲱属 *Ethmalosa*

8（7）上鳃耙正常或向外弯

9（12）鳞大，排列均匀，纵列 37～47（海产或溯河洄游）

10(11)头顶额顶纹数多,8～14 条;内列鳃耙弯向外侧;鳞片穿孔(中国,西印度-太平洋)

　　　　　　　　　　　　　　　　　　　　　　　　　　　　　　花点鲥属 *Hilsa*

11(10)额顶线纹弱,常隐于皮下;内侧鳃耙直;鳞片不穿孔(中国,北印度洋)

　　　　　　　　　　　　　　　　　　　　　　　　　　　　　　鲥属 *Tenualosa*

12(9)鳞小,除体上侧外,排列不规则,纵列鳞 77～91(印度和缅甸河流) ····· 河鲥属 *Gudusia*

1. 西鲱属[*Alosa* Linck, 1790(shad)]

本属鱼类体稍侧扁,是中等或大型鱼类,体长可达 600 mm;腹部有明显棱鳞;上颌中央有 1 缺刻;第 1 鳃弓上鳃耙如数多则在鳃弓弯曲处与下鳃耙重叠;上、下鳃耙数 30～130;腹鳍条 i8;背鳍前鳞片正常,后缘光滑无流苏状(油鲱属具有)。多为海洋中上层集群性溯河洄游鱼类,但有些种定居淡水。分布在地中海、黑海、亚速海、里海和东西大西洋,是较重要的经济鱼类。(孟庆闻等,1995)

本属有 15 种,西鲱 *A. alosa*(Linnaeus):上颌中央有 1 缺刻,犁骨无齿;鳃耙细长,85～130,长于鳃丝;鳃孔后上方有 1～2 个黑斑;分布欧洲沿海及地中海西部。美洲西鲱 *A. sapidrsima*(Wilson):两颌及犁骨无齿;下鳃耙 59～73;体前部有 1 列小黑斑;1986 年产量 1 789 t,主要生产国为美国。拟西鲱 *A. pseudoharengus*(Wilson):两颌前方有小齿;犁骨无齿;下鳃耙 38～44;鳃孔后方有 1 黑斑。1986年产量 1.88 万 t,分布北美咸淡水和淡水,为溯河洄游鱼类。(孟庆闻等,1995)

2. 油鲱属[*Brevoortia* Gill, 1861(menhaden)]

本属鱼类体高而侧扁,一般体长 250～350 mm,最长可达 500 mm;腹部有完全的棱鳞;头大,上颌中央有 1 缺刻,下颌前端恰可嵌入;成鱼两颌无齿;鳃耙长,在鳃弓弯曲处上下鳃耙重叠;背鳍和臀鳍短,腹鳍条 i6,与其他各属的区别为背鳍前中线两侧有成对的纵列鳞片成崤突;体侧鳞片排列不规则;鳞片后缘有锯齿,成梳状。为海洋中上层集群性鱼类,分布在西大西洋至阿根廷。(孟庆闻等,1995)

本属是鲱类各属中产量占第 3 位的经济鱼类,全世界有 6 种。油鲱体侧扁而高;无齿;腹后缘圆,纵列鳞 40～58;臀鳍基部上方和尾鳍基部的鳞片较小,排列不规则;鳃孔后上方有 1 稍大黑斑;体侧有不规则小黑斑。1986 年产量 52.6 万 t,是大西洋沿岸最重要的 1 种,主要生产国为美国。可提取鱼油、制肥料和鱼粉。中国不产。(孟庆闻等,1995)

3. 花点鲥属[*Hilsa* Regan,1917(kelee shad)]

本属鱼类体侧扁而高,中等大小,体长 90～100 mm,大者可达 250 mm;腹部具强棱鳞;口大,上颌中央有明显缺刻;头部顶缘宽,头顶缘上有许多纵行线纹;鳃耙细长而多,内侧向外弯曲;腹鳍 i7;臀鳍短,位于背鳍基远后下方;鳞中等大,纵列鳞 39～44,鳞穿孔;体侧有 4 个以上的黑斑。为暖水性上层鱼类。(孟庆闻等,1995;张世义,2001)

本属仅有花点鲥 *H. kelee*(Cuvier)1 种,分布于印度-西太平洋和印度洋,栖息于近内海、河口和岛屿附近,中国产于东海和南海。1986 年印度产量 2.49 万 t。(孟庆闻等,1995;张世义,2001)

4. 鲥属[*Tenualosa* Fowler,1934(= *Macrura*)]

本属鱼类体长椭圆形、侧扁,为中或大型鱼类,大者体长可达 500 mm;腹部有强棱鳞。头部顶缘窄,顶缘上细纹少或光滑无纹;上颌中央有 1 明显缺刻;鳃耙细长而多,内列鳃耙直,不向外弯曲。腹鳍 i7;臀鳍短,在背鳍基后下方。鳞中等大,纵列鳞 37～47,后部不穿孔;成鱼体侧无斑。生活在印度西太平洋海域内,部分种类可溯河洄游繁殖。(孟庆闻等,1995;张世义,2001)

本属有 5 种,中国仅有中国鲥 *T. reevesii*(Richardson)1 种。棱鳞 31～32;头大,头长为体长的 27%～33%;体长达 40～85 mm 时,盖后缘有 1 个黑斑,随着体长增长,增加到 4～6 块黑斑,直至 2 龄后,黑斑消退;分布于我国沿海至安达曼海(缅甸南岸);平时在海洋中生活,每年定时入江生殖;体丰腴肥美,富含脂肪,肉味鲜美,为鱼中珍品,素享盛名,以鲜食为主,连鳞片清蒸最佳(孟庆闻等,1995)。孟加拉鲥 *T. ilisha*(Hamilton-Buchanan):体椭圆形,中度侧扁,鱼体侧中上方自鳃盖骨后有 1 个模糊的黑斑,上颌前端有明显缺刻,鳃孔大,腹部棱鳞 16＋14～15;分布在波斯湾、孟加拉湾以及亚太地区的沿海、河口和江河水系;在 2010 年左右时,年产量大概在 72 万 t,其中孟加拉国占 50%～60%,缅甸占 20%～25%,印度占 15%～20%。(Amiya Kumar Sahoo 等,2016)

三、中国常见鲥鱼品种的特征、分布及资源

鲥鱼在中国有地理分布报道的常见品种主要有中国鲥和花点鲥。由于中国鲥濒临灭绝、花点鲥资源较少,为了弥补中国鲥鱼市场上的匮乏,从 1998 年开始,中国从美国引进美洲鲥受精卵进行孵化培育和人工驯养。目前,美洲鲥的养殖已经具有一定的规模。近些年,我国每年也进口大量冰鲜孟加拉鲥以满足国内对鲥鱼的需求。美洲鲥、孟加拉鲥与濒临灭绝的中国鲥在形态上相似,口感、味道非常接近,故美洲鲥和孟加拉鲥也深受国内市民喜爱。目前,在中国鲥鱼消费市场上主要销售的品种是美洲鲥和孟加拉鲥,其中美洲鲥的价格较高,国内养殖的主要也是美

洲鲥。下面主要介绍2种中国自然分布的鲥鱼品种(中国鲥和花点鲥)和2种外来引进的鲥鱼品种(美洲鲥和孟加拉鲥)的特征、自然地理分布及资源。

1. 中国鲥(*Tenualosa reevesii* Richardson; = *Macrura reevesii*)(图1-1-1)

英文名：Chinese shad, Reevesii shad, Sam lai, San le(张世义，2001)，Macrurasinensis。

地方名：鲥、长江鲥、珠江鲥、李氏鲥鱼、中华鲥鱼、黎氏鲥、锡箔鲥等(张世义，2001)。

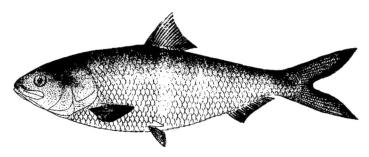

图1-1-1　中国鲥(张世义，2001)

(1) 外部形态(张世义，2001)：体长椭圆形。体长为体高的2.60～3.06倍、为头长的3.25～3.56倍；头长为吻长的4.03～4.28倍、为眼间隔的4.46～4.75倍。头侧扁，前端钝，头背通常光滑。顶骨缘无细纹，少数顶骨缘或有很窄的细纹。吻圆钝，中等长。眼较小，侧前位，脂眼睑较发达，几乎盖着眼的一半；眼间隔窄，中间隆起。鼻孔明显，距吻端较距眼前缘稍近。口较小，口无齿，舌发达。上下颌等长；颌骨中间有显著的缺凹，上颌骨的末端伸到眼中央的后下方，下颌骨末端伸到眼后缘的后下方。肛门紧位臀鳍的前方。

体背部绿色，体侧和腹部银白色。幼鱼期体侧有斑点。吻部乳白色，吻背方、淡灰色。鳍淡黄色，背、尾鳍边缘灰黑色。

体被圆鳞，不易脱落，纵列鳞42～44，横列鳞16～17。头部光滑无鳞，腹部腹面有大形而锐利的棱鳞，边缘呈锯齿状，16～17＋14。背、臀鳍的基部有很低的鳞鞘，胸、腹鳍基部有短的腋鳞，尾鳍基部无明显的长鳞。鳞片前部有5～7条横沟线，环心线细，均不中断，后面有放射状纵沟，无孔。鱼体无侧线。

背鳍17～18、臀鳍18～20、胸鳍14～15、腹鳍8。背鳍始于体中央稍后的上方。臀鳍距尾鳍基近，其基部约与背鳍基等长。胸鳍后方伸不到腹鳍始点。腹鳍始于背鳍的下方，始点距前鳃盖后缘和距臀鳍始点的距离相等。尾鳍略短于头长，且为深叉形。尾柄短,其长约等于其高。

鳃盖光滑,鳃孔大,向头腹部开孔而止于眼的前下方。假鳃发达。鳃盖膜不与颊部相连。鳃盖条6,鳃耙细密,数多,鳃耙110+172。

(2)分布(刘绍平等,2002):中国鲥为暖水性中上层海洋鱼类,主要分布在我国的黄海、东海和南海,南起北部湾、北达渤海,以及与这些海域相通的长江、钱塘江、珠江、闽江等水系。国外分布在西起印度-西太平洋的安达曼海,东至菲律宾,北至日本南部的海域。

(3)资源状况(刘绍平等,2002):中国鲥的渔业资源主要在长江、珠江和钱塘江等水系,由于污水及水利工程(拦江筑坝)的兴建,产卵场严重破坏,再加上超强度地捕捞亲鱼和幼鱼,其资源量严重衰退,已濒临灭绝。长江鲥鱼在20世纪70年代以前是长江重要的渔业对象,60年代其产量为309~584 t,产量稳定;70年代产量范围为74~1 574 t,产量波动大;从70年代后期开始产量逐年下降,至80年代产量为12~192 t,1986年产量仅12 t,已不能形成渔汛。据长江水产研究所监测,1987年以来,仅1998年江苏省在渔汛期间曾捕获一尾1.5 kg重的鲥鱼。与此同时,长江鲥鱼的繁殖群体出现产卵成熟个体变小、性成熟提早、低龄鱼增多、高龄鱼减少、平均年龄也逐渐下降等标志资源严重衰退的现象。珠江鲥鱼在80年代开始下降,1980~1988年其产量为78~175 t,平均144 t,相当于1960年的1/6;1996年产量为0.6 t。钱塘江鲥鱼已于1970年基本绝迹。

20世纪70年代,上溯长江的鲥鱼生殖群体大多进入鄱阳湖,然后入赣江产卵场。少数群体沿长江干流经九江上溯到湖南城陵矶后,一部分继续沿长江干流西上,最远可达宜昌;另一部分经岳阳入洞庭湖,再上溯至湘江到长沙、湘潭江段产卵。到80年代,仅有少量鲥鱼进入赣江,其他各路均已绝迹。珠江的鲥鱼大部分进入西江,70年代,可上溯到桂平一带,分布比较集中在苍梧、藤县、平南、桂平等地,少部分入东江达惠州;80年代以来,广西梧州以上鲥鱼已濒于灭绝。入钱塘江的鲥鱼,新安江建坝前最远可达桐庐、富阳一带,目前也已绝迹。

(4)资源修复:面对中国鲥资源濒临灭绝的情况,我国科研人员也做了很多努力。早在20世纪30~40年代就对珠江和钱塘江鲥鱼进行了人工繁殖的尝试,1958年陆桂首次在钱塘江进行鲥鱼人工授精获得成功;从20世纪60年代开始,长江水产研究所对长江鲥鱼的洄游习性、产卵场的分布及生物学习性进行了多学科的研究。20世纪80年代初,长江水产研究所与江西和江苏省水产研究所组成科研协作小组,在南昌与峡江同时开展了长江鲥鱼繁殖研究,1982年在峡江江段捕捞天然鲥鱼亲体,采用人工授精的方法培育3万多尾鲥鱼幼鱼,取得了鲥鱼育苗成功;1979～1981 年江苏省水产研究所开展了长江鲥鱼的池塘驯养工作,在池塘驯养成 3+ 龄鲥鱼。1993 年珠江鲥鱼的驯养工作取得初步成功,已在池塘驯养出成熟亲鱼,1997 年池塘驯养珠江鲥鱼已成功产出卵,但苗种培育未获成功(刘绍平等,2002)。为了保护鲥鱼资源,我国有关部门还提出从 1987 年 3 月起对长江鲥鱼实施短期(3 年)禁捕规划,当时 3 年的禁捕鲥鱼工作取得了一定成就,但目前长江鲥鱼资源濒临枯竭的现状仍无明显改变(张世义,2001)。

（5）开发现状及前景:中国鲥为我国名贵经济鱼类,肉味鲜美,鳞下脂丰富,为鱼类之上品,驰名中外,经济价值极高,为人们所重视。在国内,虽然长江、珠江和钱塘江水系主要干流的中国鲥的资源濒临灭绝,但随着中国长江全面禁捕工作的不断推进,可能有些小支流或者湖湾定居型中国鲥会出现;另外,寻找中国鲥也需要长期关注,除了长江、珠江和钱塘江水系外,其他流域、海区及亚洲其他国家是否还有中国鲥的存在。如果找到小部分的群体,可着手开展人工繁育,然后增殖放流,重建中国鲥的自然种群,也可进行中国鲥的人工养殖,养殖成商品鱼推向市场,其前景看好。

2. 花点鲥(*Hilsa kelee* Cuvier)(图 1-1-2)

英文名:Kelee shad,Hilsa kelee。中文名:中国鲥。

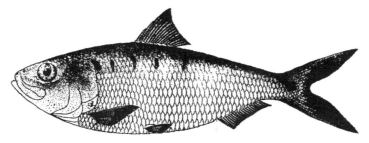

图 1-1-2 花点鲥(张世义,2001)

（1）外部形态(张世义,2001):体呈长卵形,侧扁。体长为体高的 2.75～2.88 倍,为头长的 3.25～3.32 倍。头长为吻长的 3.70～4.01 倍,为眼径的 3.73～4.00 倍,为眼间隔的 3.76～4.00 倍。头部顶骨缘宽,顶缘上有很多细纹。吻等于或稍大于眼径。眼侧位,位头部前上方;脂眼睑发达,遮盖眼的大部分,眼间隔较宽,中间较平坦。鼻孔位于吻端和眼前缘的中间。口小,前位,口裂短,后端仅到眼前缘的下方。两颌约等长,前颌骨中间有显著缺刻,上颌骨后伸可达眼中间下方,下颌骨伸至瞳孔后缘下方,颌无齿。肛门紧位臀鳍前方。

体背部青绿色,两颌部和腹部银白色。背鳍淡黄绿色,其前缘和后缘灰黑色;

胸鳍和尾鳍淡黄色;腹鳍和臀鳍白色。体侧有 4～7 个绿斑,有时沿背鳍基的下方还有 3～5 个小斑。

体被圆鳞,有 6 个横沟线,其中第 1、2、4 条相连,后部有纵沟和细孔。纵列鳞 42～44,横列鳞 12～13,腹部有棱鳞 15～16＋14。背鳍和臀鳍基部有低鳞鞘,腹鳍基部有腋鳞,尾端上有细鳞。

背鳍 16～17、臀鳍 20～21、胸鳍 14～15、腹鳍 8。背鳍始点距吻端较距尾鳍基为近,其基底短。臀鳍基稍长于背鳍基。胸鳍长,向后伸达背鳍下方而不达到腹鳍。腹鳍位于背鳍基下方,始点约在最前的腹棱和臀鳍始点的中间。尾鳍深叉形,尾柄短。

鳃盖骨光滑。假鳃发达。鳃孔大。鳃耙密。鳃盖膜不与颊部相连。鳃盖条 6。鳃耙 87～88＋131。

(2) 分布及开发前景:北起浙江坎门,西南至海南三亚。国外分布西起非洲东岸,东至新几内亚,北至南中国海的印度-太平洋西部海域内。为小型鱼类,一般体长约 140 mm,长者达 220 mm,可供食用,但数量少。(张世义,2001)

3. 美洲鲥(*Alosa sapidrsima* Linnaeus;＝美洲西鲱)(图 1-1-3)

英文名:American shad。别名:Atlantic shad,Common shad,Susquehanna shad,Delaware shad,Connecticut river shad,Potomac river shad,White shad,Buck shad。

中文名:美洲鲥、美洲西鲱、美国鲥鱼、大西洋鲥。

图 1-1-3 美洲鲥

(1) 外部形态(刘金兰等,2008):美洲鲥体纺锤形,侧扁,背、腹缘均呈浅弧形,腹部狭窄呈脊状,侧线不发达。眼中等大,脂眼睑发达,遮盖眼的一半。口端位略偏上口位,中等大,口裂倾斜,向后伸至眼后缘下方。

鱼体背部灰黑色,略带蓝绿色光泽,体侧和腹部均银白色,鳃后体侧中上方具一行(4～9 个)黑色斑点。

体被薄圆鳞,头部无鳞,背鳍和臀鳍基部有很低的鳞鞘,胸鳍和腹鳍基部各具1枚大而长的腋鳞,腹部具棱鳞,尾鳍基部有小鳞片覆盖。

背鳍16～18、胸鳍16～18、腹鳍8～9、臀鳍19～22、尾鳍25。背鳍1个,基部较短,位于体中部稍前方,起点在腹鳍起点稍前方。臀鳍1个,基部稍长于背鳍基部,起点在尾鳍和胸鳍起点中间。胸鳍1对,向后不伸达腹鳍起点。腹鳍1对,起点在背鳍起点下方稍后,距胸鳍起点小于距臀鳍起点,向后不伸达肛门。尾鳍深叉形。

(2) 内部结构(刘金兰等,2008):美洲鲥上颌两侧各具一列绒毛状微齿,正中具倒"V"字形缺刻,缺刻处无齿,上颌骨略透明,端部覆盖于下颌中后部,下颌无齿,稍长于上颌。舌近三角形,无色,微透明。舌、犁骨和腭骨均无齿,具咽齿。

鳃盖骨薄,略透明。鳃间隔游离于颊部,鳃弓5对,第1鳃弓鳃耙数27+44,鳃耙细长而密集,第5鳃弓无鳃片,上鳃骨与角鳃骨相交处的鳃耙最长,第1至第5鳃弓鳃耙长度递减,鳃盖内具有发达的假鳃。

胃发达呈"Y"形,盲囊部发达,膨大浑圆,端部到达肛门附近,胃壁厚,贲门部和幽门部等长,均较明显,胃本体与幽门部交界处有明显缢缩。幽门盲囊63～67条,末端不分叉,其中21～25条较短,集中于前肠端部,其余长短相间,分散开口于前肠。肠短直,不盘曲。肝脏分为左右2叶,左叶覆盖于幽门盲囊之上,体积约为右叶的3倍。胆囊较小,近椭圆形,位于消化道右侧,被肝脏包裹。脾脏发达,长条形,贴于中肠。

鳔发达,长梭形,体腔背面等长,两室,管鳔型,鳔管始于胃盲囊端部。肾扁平,位于脊椎两侧,输尿管后端扩大成膀胱。卵巢和精巢均成对出现。卵巢深红色,贴于鳔两侧;精巢壶腹形,乳白色,其生殖导管独立于泌尿管,生殖孔位于肛门与泌尿孔之间,由前至后依次为肛门、生殖孔和泌尿孔。

(3) 分布:美洲鲥本来是分布在北美洲大西洋西岸从加拿大魁北克省(Quebec)到美国的佛罗里达州(Florida)的河流和海洋中。由于广泛引种,其非本土的种群很快沿着北美洲的太平洋海岸传播,从加利福尼亚州(California)到阿拉斯加州(Alaska)均已有分布。另外,在俄罗斯的堪察加半岛(Kamchatka)以及亚洲东南部等也有发现(杜浩和危起伟,2014)。

(4) 资源状况:自从20世纪70年代以来,由于过度捕捞、水质污染以及洄游路线的阻碍等原因,美洲鲥的资源量大幅度下降,捕捞群体中个体呈小型化和低龄化现象,种群资源已经严重衰退(唐国盘等,2010)。以美洲东北部的缅因州(Maine)大西洋海湾为例,1965年休闲渔业加上商业捕捞产量达到最大,约为3.5

万 t,1976 年降到约 900 t,在 1994 年降到最低,约为 600 t(唐国盘等,2010)。在切萨皮克海湾(Chesapeake Bay),从 19 世纪中期至 20 世纪早期,美洲鲥是其最主要的渔业资源,年捕获量为 2.2 万 t,而在 1990～2000 年的 11 年间,年捕获量平均为 131.9 t(范围为 51.9～231.8 t),1995 年降到最低为 51.9 t(唐国盘等,2010)。在弗吉尼亚,19 世纪 80 年代,美洲鲥也曾经是其重要的渔业资源,年渔获量为 1.4 万 t,而到 1992 年产量降到了 250 t。在马里兰,从 20 世纪 80 年代开始,美洲鲥资源就已经下降到了年渔获量 125 t 的水平,之后产量一直下滑(杜浩和危起伟,2014)。

(5) 资源修复:面对美洲鲥资源衰退的情况,美国等国家在大坝建设中修建过鱼设施如鱼梯和鱼道,甚至拆除大坝,控制污染物排放以改善水质条件,人工模拟或再造产卵场,开展人工增殖放流以及实施禁渔期保护等措施。其中,最有效果的就是人工繁殖后增殖放流,如宾夕法尼亚渔业和船舶委员会的 Van Dyke 研究所在 1972～1974 年间,每年可以孵化 1 000 万～1 500 万尾 20 日龄或 10 万尾 4 月龄的美洲鲥幼苗进行放流(唐国盘等,2010);马里兰税务部渔业局(Mary land DNR Fisheries Service)等,从 1994 年起已在 Choptank、Patuxent、Patapsco 和 Nanticoke 河中放流了 1 200 万尾鱼苗(杜浩和危起伟,2014)。

(6) 开发现状及前景:在中国鲥濒临灭绝的情况下,美洲鲥因与中国鲥的外形相似、肉质相媲美,深受国内市民的喜爱,是潜在中国鲥的替代品种。另外,美洲鲥非常适合工厂集约化养殖,是都市型渔业良好的备选品种。目前,中国美洲鲥的养殖面积日益扩大,每年投入的苗种量在 200 万～300 万尾。市场前景看好。

4. 孟加拉鲥(*Tenualosa ilisha* Hamilton-Buchanan)(图 1－1－4)

英文名:Hilsa shad。

地方名:印度鲥、缅甸鲥、泰国鲥等。

图 1－1－4　孟加拉鲥

(1) 外部形态(洪孝友等,2013):孟加拉鲥体椭圆形,中度侧扁。眼中等大,脂眼睑发达,遮盖眼的前、后缘。口端位,口裂倾斜,向后伸达眼后缘下方,上、下颌骨约等长,上颌前端有明显的"∧"形缺刻,鳃孔大。可量性状比值分别为全长/体长＝1.21±0.01、体长/体高＝3.14±0.10、体长/体宽＝6.68±0.31、体长/头长＝3.82±0.13、头长/吻长＝4.79±0.27、头长/眼径＝6.64±0.29、头长/眼间距＝3.58±0.26、体长/尾柄长＝7.92±0.58、体长/尾柄高＝11.51±0.39、体长/肛前长＝1.41±0.03、体高/体宽＝2.13±0.08、尾柄长/尾柄高＝1.46±0.11 及体长/肠长＝0.60±0.12。

体背青褐色,体两侧及腹部银白色,鱼体侧中上方自鳃盖骨后有 1 个颜色较淡、模糊的黑色斑点,各鳍灰黄色,背鳍与尾鳍边缘灰黑色。

体被薄的细齿状圆鳞,鳞片较大,纵列鳞 46～49,横列鳞 18～19;头部无鳞,尾鳍基部覆盖着较多小鳞片。腹部狭窄,有锯齿状棱鳞 16＋14～15。侧线不发达。

背鳍 3 - 15～18、胸鳍 14～16、腹鳍 1～7、臀鳍 2 - 17～20。背鳍 1 个,基部较短,位于体中部稍前方,起点在腹鳍起点上方稍前。胸鳍 1 对,向后不伸达腹鳍起点。尾鳍深叉形。鳍条较短,且基本上被 1 层薄鳞覆盖。

(2) 内部结构(洪孝友等,2013):孟加拉鲥的牙齿微小且数量很少。下颌骨稍微下凹,延伸到眼的后边缘。舌近三角形,无色微透明。鳃盖骨薄,鳃弓为 4 对,鳃耙细长而致密,第 1 外鳃弓鳃耙数 181～219＋153～224。

胃发达呈"V"形,胃壁厚,剖视内有褶皱。贲门部、幽门部和盲囊部均发达。幽门垂短且细,数量众多。肠道较细长,在体腔有 6 弯曲,被腹腔内较少的脂肪包裹。肝脏叶片状,覆盖在胃和幽门垂上。胆囊深绿色,呈椭圆形。脾脏呈片状,贴于幽门垂。鳔 2 室,与体腔等长,管鳔型,前后 2 室相通,前后室均为长椭圆形状。孟加拉鲥肋骨 24 条,脊椎骨 46～48 个。

(3) 分布:广泛分布在波斯湾、孟加拉湾,以及印太地区的沿海、河口和江河水系(Amiya Kumar Sahoo 等,2016),特别是北孟加拉洋,包括孟加拉东海岸和西海岸。

(4) 资源状况:孟加拉鲥在 2010 年左右时年产量约为 72 万 t,其中孟加拉国占 50%～60%,缅甸占 20%～25%,印度占 15%～20%,其他国家(如伊拉克、科威特、马来西亚、泰国和巴基斯坦)占 5%～10%(Amiya Kumar Sahoo 等,2016)。过去,在印度的许多沿海和河口地区以及江河水系,孟加拉鲥的捕捞都能获得丰厚的收益。目前,印度和缅甸的孟加拉鲥总渔获量急剧下降。有研究显示,从 2001 年以来的 10 年内,印度西孟加拉邦(West Bengal)的孟加拉鲥渔获量从 8 万 t 下降到 2 万 t,数据表明印度和缅甸的孟加拉鲥自然资源需要良好的保护。孟加拉国在降低捕捞率和捕捞强度的情况下,1987 年到 2014 年孟加拉鲥总产量从 19.5 万 t 增加到 38.5 万 t(Amiya Kumar Sahoo 等,2016)。

（5）资源修复：面对因过度捕捞、环境污染、栖息地水文学改变和江河大坝等影响,印度和缅甸的孟加拉鲥自然资源严重下降,印度和孟加拉国在孟加拉鲥的人工授精和仔鱼发育方面做了大量的研究,但至今没有成功突破其人工繁殖的问题,相关专家提出需要开展系统的研究,制定孟加拉鲥的资源保护措施(Amiya Kumar Sahoo 等,2016)。

（6）开发现状及前景：孟加拉鲥是南亚国家最重要的经济鱼类,特别是在印度东北部和孟加拉国有超过 2.5 亿人们食用孟加拉鲥;对恒河-布拉马普特拉河(雅鲁藏布江)-梅克纳河流域(Ganga-Brahmaputra-Meghna basin)的人们来说,孟加拉鲥蕴含着文化;在孟加拉国,孟加拉鲥被认为是民族鱼类。因此,在印度和孟加拉国,孟加拉鲥有巨大的消费需求,市场价格也较高,2011～2015 年的成鱼平均价格为 12 美元/kg(Amiya Kumar Sahoo 等,2016)。在中国,近年也在尝试从缅甸等东南亚国家引进孟加拉鲥苗种进行人工驯养,尚未成功。现中国每年进口大量冰鲜孟加拉鲥,在批发市场上售价大概为 40～60 元/kg。

四、中国三种常见鲥的形态学区分

中国鲥、美洲鲥、孟加拉鲥和鲥亚科的大多数鱼类一样,是每年春夏之交准时溯河产卵繁殖的洄游性鱼类。三种鲥鱼体型相近,但市场价格差异大,有些商家将孟加拉鲥冒充美洲鲥或者中国鲥出售,也有一些商家将美洲鲥冒充中国鲥出售,赚取高额利润。下面主要从外观特征、可数性状、可量性状、内部结构和推测食性的差异 5 个方面介绍如何区分三种常见鲥(中国鲥、美洲鲥和孟加拉鲥)的方法,供参考(洪孝友等,2013)。

从可量、可数性状的总体来看,中国鲥和孟加拉鲥较近似,美洲鲥相对较远。从外观体型看,美洲鲥体型更显修长,头部更小,中国鲥和美洲鲥臀鳍鳍条长,仅基部被鳞片覆盖,而孟加拉鲥臀鳍鳍条短,基本上被一层薄鳞覆盖。从可数形状上看,在第 1 外鳃弓鳃耙数上,孟加拉鲥最多,中国鲥次之,美洲鲥最少;在脊椎骨数上,美洲鲥最多,孟加拉鲥次之,中国鲥最少;孟加拉鲥肠道最长,中国鲥次之,美洲鲥肠道最短;消化道结构的差异预示三种鲥鱼的食性分化。

1. 外观特征的差异

在外部形态上,中国鲥、美洲鲥和孟加拉鲥之间较难区分。相对明显的区别是：美洲鲥和中国鲥的臀鳍鳍条较长且仅基部被鳞片覆盖,而孟加拉鲥的

臀鳍鳍条较短，且基本上被一层薄鳞覆盖，美洲鲥体型更显修长，头部更小（图
1-1-5）。

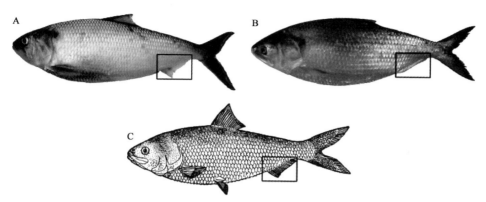

图 1-1-5 美洲鲥(A)、孟加拉鲥(B)和中国鲥(C)（矩形方框示臀鳍部位）(洪孝友等,2013)

2. 可数性状的差异

在纵列鳞片数目、胸鳍和腹鳍的分支鳍条上，美洲鲥与中国鲥及孟加拉鲥有差异；在第1外鳃弓鳃耙数上，孟加拉鲥最多(181～219＋153～224)，中国鲥次之(95～131＋170～175)，美洲鲥最少(24～31＋47～55)；在脊椎骨数上，美洲鲥最多(55～57)，孟加拉鲥次之(46～48)，中国鲥最少(37～39)（表1-1-1）。

表 1-1-1 中国鲥、美洲鲥和孟加拉鲥部分可数
性状的比较(洪孝友等,2013)

种 类	背 鳍	臀 鳍	胸 鳍	腹鳍	横列鳞	纵列鳞	第1外鳃弓鳃耙数	脊椎骨
中国鲥	3-13～15	2-15～17	1-13～14	1～7	15～17	40～47	95～131-170～175	37～39
美洲鲥	3-13～26	1～2-17～19	1-16～17	1～8	16～19	56～61	181～219-153～226	55～57
孟加拉鲥	3-15～18	2-17～20	1-13～15	1～7	18～19	46～49	181～219-153～224	46～48

3. 可量性状比的差异

美洲鲥与中国鲥及孟加拉鲥相比，除了在体长/尾柄高上没有差异外，其他6项可量性状比值上均差异显著，美洲鲥的脊椎骨、纵列鳞数及体长/体高、体长/头长均大于中国鲥和孟加拉鲥；在头长/吻长、头长/眼径和头长/眼间距上，中国鲥与孟加拉鲥之间差异显著（表1-1-2）。

表 1-1-2 孟加拉鲌、中国鲌和美洲鲌部分可量性状的比较(洪孝友等,2013)

种 类	体长/ 体高	体长/ 头长	头长/ 吻长	头长/ 眼径	头长/ 眼间距	体长/ 尾柄长	体长/ 尾柄高
中国鲌	3.11± 0.17a	3.87± 0.22a	4.40± 0.19b	6.19± 0.44b	3.15± 0.45b	7.92± 0.19a	11.59± 0.27a
美洲鲌	3.48± 0.16b	4.19± 0.14b	3.59± 0.31c	5.13± 0.30c	3.99± 0.36c	6.88± 0.42b	11.71± 0.60a
孟加拉鲌	3.14± 0.10a	3.82± 0.13a	4.80± 0.27a	6.64± 0.27a	3.58± 0.30a	7.92± 0.58a	11.51± 0.39a

注:表中数据为平均数±标准差。同列数据后,凡有一个相同小写字母表示差异不显著($P>0.05$,LSD法)。

4. 内部结构的差异

中国鲌、美洲鲌和孟加拉鲌内部结构的差异主要体现在消化系统结构上(图 1-1-6)。孟加拉鲌的胃呈"V"形,而中国鲌和美洲鲌的胃都呈"Y"形,美洲鲌胃盲囊部比中国鲌的发达。孟加拉鲌幽门垂数量多而小,而中国鲌和美洲鲌幽门垂数量较多,中国鲌的幽门垂的长度不及美洲鲌。孟加拉鲌的肠道最长,有 6 弯曲,约为体长的 1.7 倍;中国鲌肠道居中,有 2 弯曲,长于腹腔;美洲鲌的肠道最短,没有弯曲,不及体长的一半。

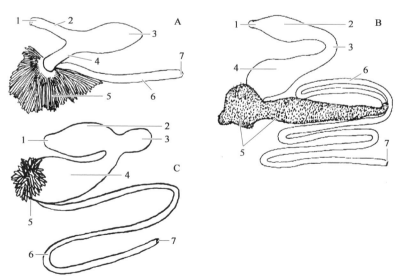

图 1-1-6 美洲鲌(A)、孟加拉鲌(B)和中国鲌(C)的消化器官(洪孝友等,2013)

注: 1. 食道;2. 贲门部;3. 盲囊部;4. 幽门部;5. 幽门垂(幽门盲囊);6. 肠道;7. 肛门

5. 推测食性的差异

从中国鲥、美洲鲥和孟加拉鲥的消化系统形态结构来看,可以推测它们的食性在朝不同方向分化。三种鲥鱼均为滤食性鱼类,这和它们都有数量众多的鳃耙数和幽门盲囊及肠较短的特征相匹配。但三种鲥鱼消化系统的形态结构存在差异,美洲鲥相对其他两种鲥,鳃耙数更少,口裂更宽,幽门垂数量多而长,肠道更短。一般认为,幽门盲囊为前肠的延伸,是增加肠的表面积而不增加肠道本身长度或厚度的一种适应性表现。根据这些结构可以推测,美洲鲥的食物个体可能更大,如能摄食小鱼、虾等,而孟加拉鲥可能更偏向于浮游生物。

第二节 引进繁养的历史与产业现状

一、引进及繁养的历史

美洲鲥(*Alosa sapidissima*),是鲱形目鱼类中个体最大、肉质最鲜美的一种(唐国盘等,2010)。美洲鲥的拉丁名 *Alosa sapidissima* 就是最美味的意思(唐国盘等,2010)。美洲鲥是北美洲大西洋海岸具有重要生态地位和经济价值的洄游性鱼类,19 世纪后期至 20 世纪中期在北美洲的渔业经济中占有重要地位(唐国盘等,2010)。美洲鲥丰腴肥硕,肉鲜味美,具很高的经济价值,且适合池塘养殖和工厂化养殖,因此,美洲鲥被很多国家引种(杜浩和危起伟,2014)。

在中国,在中国鲥濒临灭绝的情况下,美洲鲥不仅形态上与中国鲥极为相似,且肉质细嫩、味道鲜美,在口感、味道上完全可与中国鲥相媲美,是中国鲥的潜在替代品种。上海市水产研究所(上海市水产技术推广站)于 1998 年率先从美国引进美洲鲥受精卵进行人工繁养。2003 年开始,上海市水产研究所、中国水产科学研究院珠江水产研究所以及江苏苏州依科曼生物农业科技有限公司等单位大批量引进美洲鲥受精卵进行苗种培育和人工养殖,每年有 20 万~30 万尾美洲鲥苗种投放市场,苗种主要依赖美国进口的受精卵(刘青华等,2017)。2008 年左右,国内突破了美洲鲥全人工繁育(刘青华等,2017);2012~2014 年,实现了美洲鲥的规模化繁育。据不完全统计,2016 年美洲鲥的苗种供给量已接近 100 万尾(刘青华等,2017)。目前,开展美洲鲥繁育技术研究和苗种开发的单位主要有上海市水产研究所、中国水产科学研究院珠江水产研究所、中国水产科学研究院淡水渔业研究中心、中国水产科学研究院黄海水产研究所、江苏中洋集团、苏州依科曼生物农业科技有限公司以及康赛德生物科技有限公司等。美洲鲥的苗种繁育主要集中在长三角地区,近几年长三角地区美洲鲥苗种生产总量逐步上升,2017~2019年的生产量分别为97万尾、126万尾、205万尾。

美洲鲥养殖主要有工厂化养殖、大棚结构池塘养殖和网箱养殖等三种养殖方式。2003~2010年,美洲鲥养殖区域主要在苏、浙、沪、粤等地,主要以工厂化养殖为主。随着美洲鲥网箱养殖的迅速发展,前几年网箱养殖在安徽、湖北、四川等地也有较快的发展,一度形成与苏、浙、沪、粤等地平分秋色的局面(刘青华等,2017)。然而,随着国家的环保高压和对自然水域管控力度的加大,大量的大江、大河、湖泊的网箱被拆除,美洲鲥网箱养殖受到打击。另外,深井水条件下的美洲鲥工厂化养殖模式也日渐露出弊端,现在兴起大棚结构池塘养殖,即夏季池塘大棚遮阴膜遮阴、冬季池塘大棚塑料薄膜保温。经过多年的养殖实践和摸索,目前,我国美洲鲥的养殖规模日益扩大,已在全国12个省份形成了一定的养殖规模,每年投入的苗种量在200万~250万尾,养殖区域主要集中在长三角及湖北、四川等地,成为国内最珍贵的淡水养殖品种之一(刘青华等,2017)。

二、长三角美洲鲥的产业现状

长三角地区美洲鲥养殖产业已具规模,2019年7月上海市水产研究所(上海市水产技术推广站)科研人员对长三角地区的美洲鲥繁育和养殖产业现状进行了调研。调研组采用实地走访、电话网络和座谈等形式,对技术服务人员、养殖户、商贩、外销主要经销大户等进行调查问询,考察了上海及周边地区美洲鲥繁育、养殖及流通等领域的发展情况,对美洲鲥产业发展现状和存在问题进行了深入的分析,提出了相关的建议。

1. 长三角地区美洲鲥繁育现状

随着美洲鲥消费市场及养殖户的认可,美洲鲥繁育市场也逐渐扩大,由原来的2~3家控量生产,到现在公司、个人一起发展,出现大小繁育场十来家,且出现养殖大户自己育苗养殖的现象。现在,已逐渐摸清美洲鲥繁育关键技术,各个繁育场的育苗量也逐年增加,苗种生产总量也逐年稳步增加,但总的数量还不是很多。据不完全统计,在长三角地区,从事美洲鲥繁育的单位和个人有10家左右,其中苗种生产超过10万尾的规模化繁育单位和个人有5~6家,每年的苗种生产量为100万~200万尾(表1-2-1);几家小散户加起来每年有10万~20万尾。另外,还有一家专门从美国进口野生美洲鲥亲本人工授精后的鱼卵进行苗种培育的,2017~

2019 年的苗种生产数量分别为 6 万尾、12 万尾和 15 万尾。长三角地区美洲鲥苗种生产总量逐步上升，2017～2019 年分别为 97 万尾、126 万尾、205 万尾（图 1-2-1）。美洲鲥繁育场主要分布在江苏的苏南和苏中地区，主要有 4～5 家，也是苗种生产的主要地方；上海有 2～3 家，但苗种繁育受到养殖土地性质限制和地下水开采限制的影响，苗种生产量均较少。

表 1-2-1　2017～2019 年长江三角地区美洲鲥繁育
主要单位的苗种生产情况表（万尾）

地　　　址	2017 年	2018 年	2019 年
江苏常熟沙家浜	20～30	30	40
江苏海安	10	10～20	20
江苏苏州	40	40～50	60
江苏常州金坛	15	20	20～30
江苏常州新北	—	—	30
上海金山廊下	—	—	5～6
上海奉贤五四	1	4	8
上海青浦莲盛	—	—	0.6
总　　　量	86～96	104～124	184～195

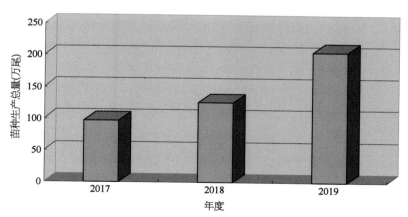

图 1-2-1　2017～2019 年长三角地区美洲鲥苗种生产总量

美洲鲥苗种价格有一定的波动性。特别是 2017 年，在前期，3～5 cm 的苗种为 3～4 元/尾；到后期，5 cm 的苗种涨到 8～10 元/尾。2018～2019 年苗种价格相对较稳定，一般 3～5 cm 规格的鱼种为 3～5 元/尾，基本维持在 1 元/cm 的标准。

2. 上海地区美洲鲥养殖情况

目前,国内美洲鲥养殖最集中的地区在江苏,特别是江苏中洋集团,每年放养苗种 30 万～50 万尾。该公司的养殖区域遍及江苏、湖北、江西等省,其余养殖户大多集中在江苏的常熟、镇江、常州、苏州、海安等地。上海地区美洲鲥养殖约 20 万尾,按照国内美洲鲥养殖的投苗量一年 200 万尾算,上海约占全国的 10%。

上海养殖美洲鲥起步比较早,上海市水产研究所(站)为国内第 1 家引进美洲鲥鱼卵的单位。从 1998 年开始,在美国当地捕捞野生美洲鲥亲本,进行人工授精,然后发航空到国内,进行苗种培育。在 2004 年时,野生亲本的美洲鲥苗种在上海市水产研究所的生产量已经达到 10 万尾左右,当时上海市水产研究所奉贤基地就开始养殖试验,同时还有两家也开始试养,一家是上海青浦任屯,另一家是江苏海安中洋集团。美洲鲥养殖产业发展至今,上海有 9～10 家养殖美洲鲥的单位和个人。另外,还有几家养殖单位想试养美洲鲥,如崇明就有 2 家。

(1)养殖规模:上海美洲鲥养殖单位有 9～10 家,养殖的数量见表 1-2-2。2017 年、2018 年、2019 年的上海地区总的放养量分别为 8.2 万尾、20 万尾和 30.3 万尾,养殖数量逐年上升(表 1-2-2、图 1-2-2);养殖成活率第 1 年为 50%～80%,第 2 年为 50%～60%;2018 年和 2019 年总的产量分别为 20～30 t 和 50～70 t。其中,养殖最多的区是金山区,特别是金山飞隆,2018 年放养 12 万尾,2019 年预计放养 15 万尾,到 2019 年底半成鱼保存 7 万～8 万尾,规格在 0.4～0.5 kg。

表 1-2-2 2017～2019 年上海地区美洲鲥养殖
主要单位的苗种放养量表(万尾)

单 位 地 址	2017 年	2018 年	2019 年
嘉定徐行	2.9	0.5	1.0
青浦金泽	1.5	2.5	3.5
金山亭林	0.7	12	15
金山廊下	0	2	5
金山枫泾	0	1	2
奉贤泰日	2	0.4	2
松江五库	0	0.5	0.6
奉贤五四	1	1	1
青浦莲盛	0.1	0.1	0.15
总　　计	8.2	20	30.25

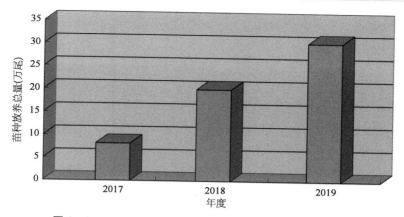

图 1-2-2　2017～2019 年上海地区美洲鲥苗种放养总量

（2）养殖模式：上海养殖美洲鲥主要有两种模式，即大棚结构池塘养殖和工厂化养殖。① 大棚结构池塘养殖模式，市站基地主要采用这个模式，利用土池大棚结构，冬季遮盖塑料薄膜保温，夏季遮盖遮阴膜遮阴降温，池塘面积 0.13～0.33 hm²，水深在 1.5 m 以上，养殖密度为 12 000～18 000 尾/hm²，养殖周期为23～26 个月。② 工厂化养殖模式，除了市站，其他合作社多数采用圆形或近似圆形的中大型水泥池，一般面积在 50～300 m²，水深 1～1.2 m，水泥池上方采用遮阴膜遮阴，配备微孔增氧设施，采用井水调温养殖，养殖密度 5～8 尾/m²，养殖周期为 18～20 个月。

（3）养殖饲料：养殖用饲料均采用海水鱼膨化配合饲料，品牌有浙江明辉牌、江苏泉兴牌、浙江天邦牌等，江苏常州一带主要用浙江天邦牌饲料，苏州一带主要用江苏泉兴牌饲料。上海地区用的饲料品牌比较多（表 1-2-3），前几年主要采用粗蛋白含量 40% 的膨化配合饲料，价格在 8 000 元/t，近年大多数养殖单位采用粗蛋白含量 44% 的膨化配合饲料，价格在 10 000 元/t。养殖饲料系数约为 1.8～2.5。最近，在上海市农业农村委新型经济主体项目的支持下，青浦任屯、嘉定万金、市站奉贤基地等开始尝试用绿色饲料，粗蛋白含量 44%～45%，价格为 10 500元/t。

表 1-2-3　上海地区美洲鲥主要养殖单位的饲料使用表

单 位 地 址	饲 料 品 牌	粗蛋白含量（%）	价格（元/t）
嘉定徐行	江苏泉兴	45	11 000
青浦金泽	浙江明辉	44	9 600

单 位 地 址	饲 料 品 牌	粗蛋白含量(%)	价格(元/t)
金山亭林	广东海大	44	9 200
	江苏泉兴	45	9 200
金山廊下	江苏泉兴	45	11 000
金山枫泾	浙江天邦	44	10 000
奉贤泰日	四川通威	44	10 000
松江五库	浙江天邦	44	10 000
奉贤五四	浙江明辉	44	10 100
青浦莲盛	浙江明辉	44	10 100

3. 美洲鲥市场销售情况

按照每年投放美洲鲥鱼苗数量和成活率估算,国内每年有 70 万～90 万尾的美洲鲥商品鱼上市销售,销售规格要求在 0.6 kg/尾,按平均规格 0.7 kg/尾算,每年上市的商品鱼重量有 500～600 t。上市销售方式主要有:通过鱼贩子市场中转(如上海江杨路市场);养殖单位直接与饭店、生鲜店签约直送(如中洋公司与小南国、盒马生鲜等);冰鲜网上销售(如鱼大大 App、淘宝店等);节日冰鲜礼包销售等。

调研组调研了上海最大的水产批发市场——江杨路水产批发市场,这里销售的鲥鱼主要有两种,为缅甸鲥鱼(孟加拉鲥)和美国鲥鱼(美洲鲥)。其中,美洲鲥销售量占鲥鱼销售市场的 10%～30%。缅甸鲥鱼包括缅甸、泰国和孟加拉国过来的冰鲜鲥鱼,价格为 40 元/kg。美洲鲥主要是国内养殖的美洲西鲱,一年大概销售 20 t。市场上销售的美洲鲥分鲜活和冰鲜两类,冰鲜的年销售量约 9 t(12 000 尾),价格在 80 元/kg 左右,来源外省(如湖北)冰鲜批发到上海;鲜活的年销售量约 10 t(13 000 尾),价格为 160～200 元/kg,主要来源是上海及周边地区,如上海本地及江苏的苏州、海安、常熟等地。江杨路市场的美洲鲥不管是冰鲜还是鲜活,销售的终端均以酒店、饭店和会所客户为绝对主导,冰鲜偏向大规格鱼 0.9～1.0 kg/尾,鲜活偏向规格 0.6～0.75 kg/尾。

另外,调研组还咨询了江苏从事美洲鲥养殖和销售 10 多年的中间商——张姓老板,其年销售量为 5 万～6 万尾,重量为 35 t,主要销往上海、江阴等地,客户群主要是酒店,特别是婚庆用。上海市场销售主要有江杨路市场和军工路市场。

近年来,美洲鲥消费市场稳定,未来市场有一定的扩大趋势。2019 年 5～9 月份,大规格的美洲鲥商品鱼供不应求,经常出现断档现象。

第三节　养殖产业发展面临的主要问题

一、养殖水温的局限性

由于美洲鲥特殊的生物学特性,其养殖水温需要有一定的限定。高温季节,与养殖水温超过 30℃时,其就停止摄食,超过 32℃就会出现死亡。冬季,养殖水温低于 8℃,其摄食基本停止,低于 4℃就可能面临死亡。因此,美洲鲥的特殊习性制约了其养殖的区域。虽然很多养殖者采用夏季遮阴度夏和冬季保温棚越冬(施永海等,2019),但是还是有很多地区是用敞口池塘在自然水温条件下养殖,如在江南及以南地区,夏季极端高温条件下,2 龄鱼对高温适应性较差,导致池塘养殖美洲鲥 2 龄鱼大量死亡;又如在长江以北地区,冬季低温,敞口池塘会结冰,也会冻伤美洲鲥,甚至导致其死亡。

也正由于美洲鲥养殖水温的局限性,养殖者纷纷研发实用的模式:① 抽取深井水＋工厂化室内养殖模式;② 引用山泉水＋工厂化室内养殖模式;③ 大水面的网箱养殖,如大河、大江、湖泊等。采用以上三种养殖模式,美洲鲥的养殖效果和效益均较好,但抽取地下水与大水面网箱养殖模式将面临严峻的环保压力(施永海等,2019)。

二、繁育技术还不够完善

美洲鲥繁育技术还有很多不确定因素,技术参数还不够精准,繁育用亲本消耗量较大,卵的受精率、受精卵的孵化率和苗种的培育成活率均较低,导致苗种生产成本较高,苗种的销售价格居高不下,如 2018～2019 年的苗种销售价格为 3～6 元/尾,这也提高了美洲鲥的养殖成本。

三、养殖成活率总体较低

目前,国内美洲鲥养殖成活率总体较低。据刘青华等(2017)估算,当时国内的美洲鲥养殖全程的平均成活率低于 35％。这几年,随着养殖户的技术提升和管理精细化程度提高,美洲鲥养殖成活率有所提高,但养殖全程的成活率总体也只有 50％左右。一般当年鱼种的养殖成活率较高,总体在 85％以上,美洲鲥养殖成活率总体较低的阶段主要在 1 龄越冬鱼种养殖到第 2 年年底上市销售,第 2 年养殖平均成活率为 50%～70%。主要原因有以下几个方面。

1. 夏季内脏出血病

夏季高温季节,当养殖水温达 26℃以上时,1 龄以上的美洲鲥易发生内脏出血病,造成大量死亡,死亡率有时高达 50%以上。该病的病理不详,目前尚无特效治疗方法(刘青华等,2017)。

2. 追春及养殖周期

美洲鲥成熟年龄为 2 龄以上。在每年的春季繁殖季节,成熟的雄鱼有强烈的追尾行为,20%～30%的养殖美洲鲥因追尾冲撞而受伤致死;同时,持续 3～4 个月的追尾行为也导致其大量的体能消耗,繁殖季节成熟美洲鲥的体重损失达 30%以上(刘青华等,2017)。另外参与繁殖的亲本在夏季中的养殖成活率也非常低,为30%～40%。因此,考虑到养殖效益,建议美洲鲥养殖周期不超过 24 个月。也就是说,在养殖的第 3 年春季必须全部上市(施永海等,2017)。

3. 缺氧浮头死亡

美洲鲥对水体中的溶解氧水平要求较高,特别是 1 龄以上的美洲鲥,由于其集群性强、游泳速度快,极易造成鱼群聚集区局部缺氧,这种现象在夏季 1 龄鱼养殖过程中更为突出。夏季水温较高,鱼体对溶解氧的消耗极大,稍有不慎,美洲鲥缺氧浮头的现象就会频发。缺氧浮头会造成美洲鲥大量死亡,从而导致总体的养殖成活率下降。

四、生长与"老头鱼"

美洲鲥存在显著的雌雄生长差异,2 龄和 3 龄鱼的雌鱼体重生长较雄鱼分别快 26.0%～32.4%(刘青华等,2017;施永海等,2017)和 68.63%(施永海等,2017)。另外有研究者发现,20%～30%的雄鱼将成为"老头鱼"(刘青华等,2017)。笔者在美洲鲥养殖过程中,也碰到有些生长特别慢的鱼,这些鱼营养积累差,鱼体较瘦,性腺基本不发育,也就是俗称"老头鱼",但究竟"老头鱼"是不是全部是雄鱼,还要进一步研究确定。但总体上来说,这些"老头鱼"的养殖上市周期较长(可能需要增加 1～2 年),养殖的饲料系数较高,养殖成本较高(刘青华等,2017)。

五、专用饲料研制问题

美洲鲥的养殖多使用常规海水鱼膨化配合饲料,一直未见有其专用配合饲料研发的报道。美洲鲥的营养需要量和需求特点等方面的研究也严重滞后,这就直接或间接地限制了其规模化健康养殖的发展。商用配合饲料是美洲鲥规模化养殖的关键,进一步加强美洲鲥营养与饲料的研发水平、提高加工工艺、优化饲料配方,特别是绿色专用饲料,是今后美洲鲥绿色发展的必要条件。

六、商品鱼品质

有些养殖的美洲鲥还存在一定的土腥味或异味,特别是土池养殖的美洲鲥。土腥味或异味可能来自养殖系统中的蓝细菌、放线菌和霉菌的次生代谢物,如2-甲基异冰片和二甲萘烷醇等。由于美洲鲥体内脂肪含量较高,2-甲基异冰片和二甲萘烷醇极易富集,且去除较难。土腥味和异味严重影响养殖美洲鲥的味道,也直接影响其销售价格。(刘青华等,2017)

第四节 养殖产业绿色发展前景

一、养殖产业绿色发展的优势

1. 市场价格和利润有优势

美洲鲥市场价格较高,塘边活鱼销售价格为160~240元/kg,餐饮出来的价格为400~600元/kg,这在国内淡水鱼市场中是非常少见的。经过初步测算,养殖美洲鲥的直接生产成本在60~100元/kg,而且美洲鲥商品鱼(0.6 kg/尾以上,特别是0.7 kg/尾以上)还供不应求。因此,养殖美洲鲥的利润还是比较丰厚的,市场需求有前景,这为国内美洲鲥绿色养殖的发展奠定了基础。

2. 繁育不用激素有优势

大多数鱼类人工繁育多采用激素注射来催熟、催产(亲本产卵、产精),而在绿色产品认证要求中,动物不得采用激素。实践证明,美洲鲥繁育可以采用控温水流刺激,促使美洲鲥亲本自然产卵交配,这给养殖美洲鲥商品鱼绿色认证提供了一个有利条件。

3. 养殖模式有优势

美洲鲥适合集约式工厂化养殖,集约化养殖密度为5~10尾/m²,同时美洲鲥可以驯食膨化配合饲料(浮性),饲料散失率和残饵量会相对较少。这也说明在美洲鲥养殖过程中,饲料残饵和散失对水体的污染相对较少,这对以后的尾水达标排放的处理压力也相对小很多。因此,美洲鲥工厂化养殖模式具有占地少、产出高、污染少等优点,适合都市型渔业绿色发展。

4. 养殖饲料有优势

现在,美洲鲥养殖用海水鱼膨化配合饲料价格为 8 000～10 000 元/t,最近有好多养殖单位都积极主动采用 10 000～10 500 元/t 的高蛋白(44％)饲料,以加快美洲鲥的生长速度,提高上市规格和上市率。如果要开展美洲鲥绿色养殖,就需要用绿色饲料,笔者调研到山东一家饲料厂有绿色认证的海水鱼膨化配合饲料,实际的粗蛋白含量 44％～45％,价格为 10 500 元/t。这样看来,美洲鲥绿色饲料和现在美洲鲥养殖户积极采用的饲料在价格上相差不大,这比大宗鱼虾类绿色饲料和普通饲料价格差异(2 000～3 000 元/t)更有优势。因此,从饲料价格差异上看,相比于其他大宗鱼虾蟹类,美洲鲥养殖采用绿色饲料更具有操作性。

二、养殖产业绿色发展的技术和政策需求

1. 苗种绿色生产技术

要实现美洲鲥绿色养殖,就需要美洲鲥苗种的绿色生产。但由于美洲鲥独特的繁殖习性,其全人工繁育的全套技术还没有得到完全破解,一些关键技术参数还比较模糊,美洲鲥人工繁育还存在一定的偶然性。因此,相关技术研究单位还需要在美洲鲥全人工繁育技术上深入研究,特别是在苗种培育期间不使用抗生素的条件下,实现苗种规模化生产。

2. 绿色养殖技术

从美洲鲥的养殖模式和养殖饲料上看,美洲鲥养殖的绿色发展是有优势的,但是美洲鲥养殖采用绿色饲料养殖能效到底怎样还是未知数。例如,虽然绿色饲料也有较高的粗蛋白含量,与现用饲料的蛋白含量相当,但是用绿色饲料饲养后,美洲鲥生长速度如何?是不是比原来普通养殖的美洲鲥生长慢很多?绿色饲料养殖出来的美洲鲥商品鱼的口感或营养成分与原来普通养殖比较又是怎样的?这些问题直接关系到养殖单位是否愿意接受美洲鲥绿色养殖方式。因此,对这一系列问题的研究迫在眉睫。

3. 尾水达标排放处理技术

虽然美洲鲥集约化养殖模式低排放、低污染,但是养殖排放水还是需要检测和处理的,不能直排到自然水域。处理尾水的技术还是比较特殊的。因为美洲鲥集

约化养殖模式养殖池上方遮盖遮阴膜,水体内原生的藻类比较少,相对自然净化能力较弱。因此,需要研发一套专门的处理技术来处理美洲鲥养殖尾水,使排入自然水域的尾水达到排放要求。

4. 研发耐高温品种

美洲鲥自然生态习性——耐高温能力差,水温超过 30℃ 就会影响摄食,亚成鱼在水温 32℃ 以上就可能死亡。在江苏和浙江地区的盛夏高温季节,水温时常会长时间超过 30℃,养殖单位往往需要使用遮盖遮阴膜来降温,但是在特殊的极端气候,特别是长时间连续高温,使用遮阴膜也难以维持水温在 32℃ 以下。这会给美洲鲥商品鱼养殖产业绿色发展带来严重的影响。因此,需要研究选育耐高温美洲鲥新品种。

5. 绿色认证的养殖规模

中国绿色食品发展中心进一步严格绿色食品申请人条件审查,将审查最小生产规模和委托生产条件进行修订。"绿色食品申请人除应当具备《绿色食品标志许可审查程序》第 5 条规定的资质条件外,其生产规模(指同一申请人申报同一类别产品的总体规模)还应符合以下要求:肉牛年出栏量或奶牛年存栏量达到 500 头以上;肉羊年出栏量达到 2 000 头以上;生猪年出栏量达到 2 000 头以上;肉禽年出栏量或蛋禽年存栏量达到 1 万羽以上;鱼、虾等水产品湖泊水库养殖面积达到 500 亩以上,养殖池塘面积达到 200 亩以上。"但是,美洲鲥是集约化养殖的品种,大多采用半工厂化养殖,长三角地区很少有 200 亩以上的半工厂化养殖美洲鲥的单位,美洲鲥绿色产品认证的规模要求是否可以参考畜禽的标准,以数量和总产量进行计算。

三、养殖产业绿色发展的建议

1. 研究美洲鲥绿色养殖全产业链的关键技术

依托项目研究建立美洲鲥绿色养殖全产业链,研发相关关键技术并进行集成。① 苗种绿色生产技术,摸清美洲鲥繁育关键技术参数,实现美洲鲥苗种规模化绿色生产;② 绿色饲料条件下,弄清美洲鲥生长性能、肌肉营养成分、口感以及养殖能效;③ 研究寡含藻类的美洲鲥养殖尾水处理技术,使养殖尾水达标排放;④ 研发耐高温新品系,提升美洲鲥抗高温的能力。

2. 加强美洲鲥养殖技术管控的培训

美洲鲥养殖技术日趋成熟,但是由于养殖管理水平和对养殖技术的掌握程度参差不齐,经常有听闻养殖户因操作不当造成美洲鲥大量死亡。2018 年江苏有一家养殖户,年中放入 20 万～30 万尾美洲鲥鱼苗,到年底美洲鲥鱼种几乎全军覆没,损失惨重。还有些养殖户,因为这样那样的原因,经常整池死亡,如停电,虽然有备用发电,但没有及时启动,造成一整池死亡。因此,要加强美洲鲥养殖技术的指导和培训,特别是养殖精细管理技术。

3. 加强美洲鲥养殖绿色发展引导

发展绿色养殖,需要养殖单位有意愿、"有利可图",如果绿色养殖出来的绿色产品价格上没有优势,那么养殖单位就没有太大的兴趣。建议:① 应该加大宣传力度,同时出台相关政策,给美洲鲥绿色养殖的单位一定的补贴,比如 2～3 年的补贴周期,鼓励和引导养殖单位开展美洲鲥绿色养殖;② 鼓励美洲鲥养殖单位开展美洲鲥绿色品牌建设,设置定向的资金扶植,鼓励培植绿色品牌。

另外,还要引导养殖单位不要盲目扩大美洲鲥养殖规模。虽然养殖美洲鲥利润较高,但也不能盲从,原因有二:① 虽然美洲鲥养殖技术看起来简单易学,但美洲鲥养殖有很多技术陷阱和风险点,稍有不慎,就会造成重大损失;② 现在美洲鲥大规格商品鱼确实供不应求,但是美洲鲥的餐饮消费市场扩大的规模总体不大,没有迹象表明消费市场呈现指数型上升趋势。

美洲鲥养殖产业运行总体上是健康的,产业发展是平稳的,餐饮消费市场有一定的上升趋势,特别是大规格美洲鲥受到婚庆市场的青睐。发展美洲鲥绿色养殖是有市场和技术优势的,特别是养殖模式、养殖饲料等。因此,建议加强美洲鲥绿色养殖全产业链的关键技术研究、养殖技术管控的培训以及美洲鲥养殖绿色发展的引导。

参考文献

Amiya Kumar Sahoo, Md. Abdul Wahab, Michael Phillips, et al. 2016. Breeding and culture status of Hilsa (*Tenualosa ilisha*, Ham. 1822) in South Asia: a review. Reviews in Aquaculture, (0): 1 - 15.

唐国盘,黄安群,危起伟.2010.美洲鲥的资源变动及修复.水生态学杂志,3(1):130 - 134.

杜浩,危起伟.2014.美洲鲥的生物学特征及资源状况.淡水渔业,34(1):62 - 64.

洪孝友,朱新平,陈昆慈,等.2013.孟加拉鲥、美洲鲥和中国鲥形态学比较分析.华南农业大学学报,34(2):2003 - 2006.

刘金兰,孙文君,董少杰,等.2008.美洲鲥形态结构初步观察.湖北农业科学,47(7):822 - 823.

刘青华,郑玉红,孟涵,等.2017.美洲鲥鱼养殖现状和产业发展展望.河北渔业,286(10):48 - 50.

刘绍平,陈大庆,段辛斌,等.2002.中国鲥鱼资源现状与保护对策.水生生物学报,26(6):679 - 684.

孟庆闻,苏锦祥,缪学祖.1995.鱼类分类学.北京:中国农业出版社.

施永海,徐嘉波,刘永士,等.2019.敞口池塘和遮荫池塘养殖美洲鲥当年鱼种的生长规律和差异.上海海洋大学,28(2):161-170.

施永海,徐嘉波,陆根海,等.2017.养殖美洲鲥的生长特性.动物学杂志,52(4):638-645.

汪松.1998.中国濒危动物红皮书.北京:科学出版社.

张世义.2001.中国动物志　硬骨鱼纲　鲟形目　海鲢目鲱形目　鼠鱚目.北京:科学出版社.

第二章

美洲鲥的生物学及个体发育

第一节　形　态　特　征

一、外部形态

1. 体形

美洲鲥体形侧扁,近似纺锤形,头部呈三角形,背、腹缘均呈浅弧形,腹部狭窄呈脊状。体被薄的细齿状圆鳞,鳞片较大,极易脱落。头部无鳞,尾鳍基部覆盖着较多小鳞片。侧线不发达,侧线鳞为 56~62。美洲鲥体长为体高的 3.3~3.6 倍,为头长的 4.0~4.3 倍;头长为吻长的 3.3~3.9 倍,为眼径的 4.8~5.4 倍。口端位略偏上口位,中等大,口裂倾斜,下颌骨向后伸至眼后缘下方,下颌与上颌等长或下颌略有突出,下颌的边缘向内凹入呈尖角状,刚好可以嵌合在上颌的凹槽中。嘴闭合时,上下颌对齐。牙齿微小且数量很少,仅有咽齿和上、下颌齿(上、下颌齿在成鱼阶段都已经脱落)。眼中等大,脂眼睑发达,遮盖眼的一半。(洪孝友等,2011a)

2. 体色和斑点

美洲鲥背部呈灰黑色,略带蓝绿色金属光泽,体侧和腹部均为银白色,体侧中上方、鳃后靠近背部有 4~9 个黑色的小斑点(刘金兰等,2008)。

3. 鳍

鳍是鲥鱼形态鉴别的特征部位之一。美洲鲥背鳍和臀鳍基部有很低的鳞鞘,胸鳍和腹鳍基部各具 1 枚大而长的腋鳞,腹部具棱鳞,尾鳍基部有小鳞片覆盖。背鳍 1 个,基部较短,位于体中部稍前方,起点在腹鳍起点稍前方;臀鳍 1 个,基部稍长于背鳍基部,起点在尾鳍和胸鳍起点中间;胸鳍 1 对,向后不伸达腹鳍起点;腹鳍 1 对,起点在背鳍起点下方稍后,距胸鳍起点小于距臀鳍起点,向后不伸达肛门;尾鳍深叉形。鳍式分别为:背鳍 16~18,胸鳍 16~18,腹鳍 8~9,臀鳍 19~22,尾鳍 25。(刘金兰等,2008)

二、内部构造

1. 呼吸系统

美洲鲥属喉鳔类,其鳔呈长卵形,2 室,与体腔等长,管鳔型,前后两室相通,前后室均为长椭圆形状,前室的长度仅为后室长度的 1/6(洪孝友等,2011a)。美洲鲥鳃盖骨薄,略透明,鳃间隔游离于颊部,鳃耙长而细,鳃弓 5 对,第 1 至第 5 鳃弓鳃耙长度递减,鳃盖内具有发达的假鳃,第 1 鳃弓鳃耙数 27~44,第 5 鳃弓无鳃片,上鳃骨与角鳃骨相交处的鳃耙最长。(刘金兰等,2008)

2. 生殖系统

生殖系统包括卵巢及精巢。美洲鲥卵巢和精巢均成对出现,紧贴在鳔的两侧,左右生殖腺大小不一。卵巢深红色,贴于鳔两侧;精巢壶腹形,乳白色。其生殖导管独立于泌尿管,生殖孔位于肛门与泌尿孔之间,由前至后依次为肛门、生殖孔和泌尿孔。(刘金兰等,2008)

3. 消化系统

美洲鲥上颌两侧各具一列绒毛状微齿,正中具倒"V"字形缺刻,缺刻处无齿,上颌骨略透明,端部覆盖于下颌中后部;下颌无齿,稍长于上颌。舌近三角形,无色、微透明。舌、犁骨和腭骨均无齿,具咽齿。胃发达呈"Y"形,盲囊部发达,膨大浑圆,端部到达肛门附近,胃壁厚,贲门部和幽门部等长,均较明显,胃本体与幽门部交界处有明显缢缩。幽门盲囊 63~67 条,末端不分叉,其中 21~25 条较短,集中于前肠端部,其余长短相间,分散开口于前肠。肠短直,不盘曲。肝脏分为左右 2 叶,左叶覆盖于幽门盲囊之上,体积约为右叶的 3 倍。胆囊较小,近椭圆形,位于消化道右侧,被肝脏包裹。脾脏发达,长条形,贴于中肠。肾扁平,位于脊椎两侧,输尿管后端扩大成膀胱。(刘金兰等,2008)

第二节 生态习性

一、生活习性

美洲鲥属于一种生殖洄游、喜欢集群的鱼类，一生中都处于日夜不停的游动状态。人工饲养条件下，一般活动于水体中下层。对水温要求较高，生存适宜温度为8～30℃，生长最适宜温度为16～24℃，当水温低于4℃时容易冻伤而患病死亡，水温高于32℃时停止摄食并出现死亡。美洲鲥在15℃以上有强烈的摄食欲，低于8℃时摄食量显著下降。

二、行为习性

美洲鲥具有特殊的行为习性（刘青华等，2006），包括快速游动特性、集群行为以及对光和声音的敏感性并导致强烈的应激反应。

1. 快速游动特性

美洲鲥与其他的鱼类相比，其鳃组织表面积相对较小，为满足对溶解氧含量的需求，通过无休止的运动，提高鳃腔活动频率和活动幅度，促进鳃部和体表对氧气的吸收效率。

2. 集群行为

在自然界，美洲鲥是一种集群的鱼类，通过集群可有效避免凶猛鱼类的残杀。人工养殖条件下的美洲鲥，一直处于成群做顺时针或逆时针游动状态。

3. 对光和声音的敏感性并导致强烈的应激反应

美洲鲥对外界环境变化非常敏感，环境因子（如光、声音等）的变动，往往会诱发强烈的应激反应，表现为游动速度加快，四处乱窜。

美洲鲥幼鱼有很强的趋光性，随着生长趋光性逐渐减弱，对光照突然变化非常敏感，会立即产生应激反应。

美洲鲥生性胆小，受到噪声或突发响声刺激时，会产生类似光照刺激的狂游反应，但有规律的敲打声不会引起应激反应。

三、食性

在自然界,美洲鲥幼苗在孵出后主要摄食轮虫、枝角类、桡足类、昆虫幼体、摇蚊幼虫及其蛹和水蚤等。幼鱼在河中度过第1个夏天,秋季开始洄游到海并沿海岸线迁移到适宜的地方过冬。进入海水以后主要摄食浮游生物、小甲壳类和小鱼等深海的有机体。性成熟个体在生殖季节其摄食能力有所下降。在人工养殖条件下,经人工驯养后可摄食配合饲料(杜浩等,2004)。

第三节　周年生长特性

在美洲鲥野生自然群体中,曾有研究发现最大的个体体长为 760 mm、体质量为 6.8 kg,年龄 10~11 龄(杜浩,2005),但从国内美洲鲥 10 多年的养殖经验数据来看,养殖美洲鲥能达到的最大年龄仅为 3~4 龄。目前,养殖户采用最多的养殖模式是工厂化养殖(徐纪萍等,2011;洪孝友等,2014)。但美洲鲥养殖还存在一些问题,如养殖到第 3 年春季,成鱼往往会出现大量死亡,大多为腹部膨胀而死,这给养殖户造成巨大损失(刘青华等,2006)。因此,了解并掌握美洲鲥的生长特性,有助于指导其养殖生产,提高商品鱼的出成率和养殖经济效益。基于此,施永海等(2017)通过对各周年生长阶段的养殖美洲鲥体长、体质量的测量与分析,研究了工厂化养殖美洲鲥的周年生长特性。养殖美洲鲥雌雄鱼的体长与体质量关系均呈幂函数增长相关,雌雄鱼生长均可分快速生长期(0^+ 龄)、稳定生长期(1^+ 龄)和生长衰老期(2^+ 龄)三个时期,且雌鱼生长快于雄鱼。雌、雄鱼体质量生长拐点分别位于 1.517 8 龄和 1.224 7 龄,也属性成熟拐点。拐点前,生长较快;拐点后,特别是性成熟后(2 龄),生长速度明显降低。

试验在上海市水产研究所奉贤基地(地处杭州湾北部沿岸)简易陆基养殖池中进行。养殖水泥池(长 20 m×宽 11 m×高 1.6 m)上口采用蔬菜大棚结构;采用塑料薄膜和遮阴膜互相补充调光、调温,春、秋季尽可能把水温调至美洲鲥的适宜温度范围内(22~28℃);夏季,水温保持在 30℃ 以下;冬季,水温保持在 9℃ 以上。试验期间,采用罗茨鼓风机连续充气,散气石的密度为 0.25 个/m²,水温为 9~30℃,盐度为 2~6,pH 为 8.2~8.5,溶解氧为 5.0~6.5 mg/L。试验用苗种为全人工集约化繁育的美洲鲥苗种。试验用水为当地河口水,使用前经过池塘和蓄水池沉淀、曝气及 60 目筛绢网过滤。试验期间,每个季节根据水质变化要求定期换水及原池倒池。试验期间按常规投喂粗蛋白含量为 40% 的海水鱼膨化配合饲料(明辉牌,浮性),每天 9:00 和 14:00 分别投喂 1 次,投喂量以当年鱼种 2 h 摄食完为准,第二年开始以投喂后 0.5 h 摄食完为准;每天定时观察鱼摄食、活动等情况。养殖基本情况见表 2-3-1。

表 2-3-1　美洲鲥养殖基本情况(施永海等,2017)

年龄(a)	体长(mm)	体质量(g)	养殖密度(尾/m²)	饲料型号	饲料直径(mm)
0⁺ (0.08~0.33)	40~90	0.88~12	18~22	0	1.8
0⁺ (0.33~0.75)	90~170	10~80	18~22	1	2.2~2.6
0⁺ (0.75~1.00)	160~210	60~135	8~10	2	3.3~3.8
1⁺ (1.00~1.50)	210~275	135~300	5~8	3	5.0~5.5
1⁺ (1.50~2.00)	275~340	300~500	4~6	3	5.0~5.5
2⁺ (2.00~3.00)	340~365	500~800	2~4	3	5.0~5.5
3(3.00~3.16)	360~370	700~1 000	2~4	3	5.0~5.5

取 0、1、2 和 3 龄的雌、雄鱼分别做样品。0 龄的鱼在 7 月份取样,由于难以分辨雌雄,统一取样 30 尾;其他年龄的鱼在 6 月份取样,每次取样雌、雄鱼各 30 尾左右,1 龄鱼采用解剖观察性腺的方式区分雌雄,2、3 龄的鱼根据外形区分雌雄;分别用卡尺和电子天平测量,记录鱼的体长和体质量。

文中年龄划分以 7 月份为界,即 0 龄鱼是 1 月龄的秋季个体,0⁺ 龄鱼是指次年 6 月份前的个体;1 龄鱼指 1 周年的个体,1⁺ 龄鱼是指经 1 周年生长且尚未进入春季繁殖期的个体;2 龄鱼指 2 周年的个体,2⁺ 龄鱼是指经 2 周年生长且尚未进入春季繁殖期的个体;3 龄鱼指 3 周年的个体。

参数依据及计算公式如下。

体长与体质量关系:$W = aL^b$

肥满度:$C_F(\%) = 100 \times W/L^3$

体长特定生长率:$L_{SGR} = (\ln L_2 - \ln L_1)/(t_2 - t_1) \times 100$

体质量特定生长率:$W_{SGR} = (\ln W_2 - \ln W_1)/(t_2 - t_1) \times 100$

生长方程:$L_t = L_\infty(1 - e^{-k(t-t_0)})$

$$W_t = W_\infty(1 - e^{-k(t-t_0)})^b$$

$$t_r = \ln b/k + t_0$$

式中,L 是体长(mm),W 是体质量(g),L_∞、W_∞ 分别是渐近体长和渐进体质量,t

是年龄(a)，t_0 是理论生长起点年龄(a)，t_r 是生长拐点年龄(a)，k 是生长系数，a、b 都是常数。

一、生长基本情况

工厂化养殖美洲鲥雌、雄鱼的周年生长均呈明显的阶段性(表 2-3-2)。0^+ 龄为快速生长期：雌、雄鱼的体长、体质量特定生长率均最高，分别为 163.54%/a～165.49%/a 和 512.37%/a～519.15%/a；1^+ 龄为稳定生长期：体长、体质量特定生长率分别为 44.85%/a～48.05%/a 和 110.15%/a～126.48%/a；2^+ 龄生长衰老期：雌、雄鱼的体长、体质量特定生长率最低，分别为 4.13%/a～10.29%/a 和 32.16%/a～61.30%/a。美洲鲥雌、雄鱼的周年体长和体质量均呈现显著增长。1 龄的雌鱼个体比雄鱼略大，但没有明显差异，从 2 龄开始雌鱼的体长和体质量均明显比雄鱼的大。从养殖全程来看，雌鱼每个周年生长阶段的体长、体质量特定生长率均较雄鱼要高，说明雌鱼生长快于雄鱼。

表 2-3-2　养殖美洲鲥的阶段生长(施永海等，2017)

年龄 (a)	性别	体长(mm)	体质量(g)	体长特定生长率(%/a)	体质量特定生长率(%/a)	肥满度(%)
0		41.29±4.06ᵃ	0.88±0.28ᵃ			1.22±0.15ᵃ
1	♀	216.07±15.56ᵇᴬ	158.88±37.69ᵇᴬ	165.49	519.15	1.55±0.12ᶜᴬ
	♂	211.90±11.83ᵇᴬ	148.46±24.56ᵇᴬ	163.54	512.37	1.55±0.11ᶜᴬ
2	♀	349.35±19.57ᶜᴬ	562.82±74.97ᶜᴬ	48.05	126.48	1.32±0.13ᵇᴬ
	♂	331.84±11.99ᶜᴮ	446.66±44.97ᶜᴮ	44.85	110.15	1.22±0.11ᵃᴮ
3	♀	387.20±13.50ᵈᴬ	1 038.91±137.64ᵈᴬ	10.29	61.30	1.78±0.13ᵈᴬ
	♂	345.83±19.92ᵈᴮ	616.07±121.52ᵈᴮ	4.13	32.16	1.47±0.10ᵇᴮ

注：数据采用 Oneway ANOVA 进行方差分析，Duncan 检验进行多重比较，以 $P<0.05$ 为差异显著；表中同列数据标注不同小写字母，表示同一性别的不同年龄间存在显著差异($P<0.05$)；同列数据标注不同大写字母，表示同一年龄的不同性别之间存在显著差异($P<0.05$)。

二、体长与体质量关系

工厂化养殖美洲鲥雌、雄鱼的体长与体质量均呈幂函数增长相关($W=aL^b$)，雌：$W=0.806\ 2\times10^{-5}L^{3.111\ 3}$ ($n=122，R^2=0.997\ 5，P<0.01$)；雄：$W=$

$1.0047 \times 10^{-5} L^{3.0574}(n=125, R^2=0.9975, P<0.01)$（图 2-3-1）。b 均接近 3，美洲鲥雌、雄鱼均呈等速生长，即体长和体质量接近匀速生长。工厂化养殖美洲鲥雌、雄肥满度随生长均呈现显著的周年变化，0 龄和 2 龄鱼的肥满度比 1 龄和 3 龄鱼的显著低；从 2 龄开始，养殖美洲鲥雌鱼的肥满度显著高于雄鱼（表 2-3-2）。

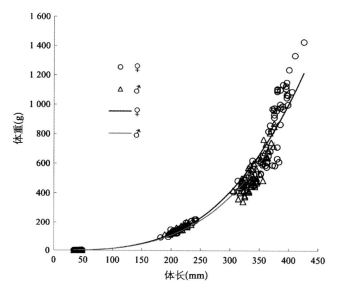

图 2-3-1　养殖美洲鲥的体长与体质量关系（施永海等，2017）

三、生长式

工厂化养殖美洲鲥雌、雄鱼的生长方程如下。

雌：$L_t = 467.92(1-e^{-0.5748(t+0.1710)})$（图 2-3-2），

$\quad\quad W_t = 1637.72(1-e^{-0.5748(t+0.1710)})^{3.1113}$（图 2-3-3）；

雄：$L_t = 389.21(1-e^{0.7374(t+0.1975)})$（图 2-3-2），

$\quad\quad W_t = 834.08(1-e^{-0.7374(t+0.7189)})^{3.0574}$（图 2-3-3）。

由方程可以看出，养殖美洲鲥体长生长由快到慢，体质量生长由慢到快、再转慢。养殖美洲鲥的理论最大体长 L_∞ 为♀467.92 mm 和♂389.21 mm、最大体质量 W_∞ 为♀1637.72 g 和♂834.08 g，表明美洲鲥在工厂化养殖条件下仍具有良好的生长潜力。养殖美洲鲥初次性成熟的年龄为 2 龄，其生长拐点位于 t_r（♀1.5178 龄，♂1.2247 龄），也属性成熟拐点，拐点前的生长较快。

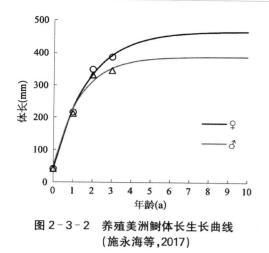

图 2-3-2 养殖美洲鲥体长生长曲线
（施永海等，2017）

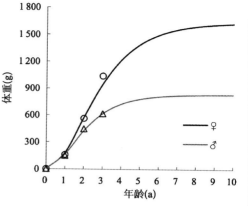

图 2-3-3 养殖美洲鲥体质量生长曲线
（施永海等，2017）

四、养殖美洲鲥生长特点

工厂化养殖美洲鲥的理论最大体长 L_∞ 为♀467.92 mm 和♂389.21 mm、最大体质量 W_∞ 为♀1 637.72 g 和♂834.08 g，表明美洲鲥在工厂化养殖条件下仍具有良好的生长潜力。一般认为，鱼类的生长拐点分为性成熟拐点和衰老拐点。前者是鱼类接近性成熟的年龄，工厂化养殖美洲鲥初次性成熟的年龄为 2 龄，其生长拐点位于 t_r（♀1.517 8 龄，♂1.224 7 龄），属性成熟拐点，拐点前的生长较快。据研究，实际养殖的美洲鲥，0^+ 龄为快速生长期，1^+ 龄为稳定生长期，而 2^+ 龄进入生长衰老期。因此，商品化养殖美洲鲥以 2 龄前上市为宜。

养殖美洲鲥的理论最大体长 L_∞ 和最大体质量 W_∞ 远不及野生环境下发现的最大个体（体长为 760 mm，体质量为 6 800 g，年龄为 10~11 龄）（杜浩，2005）。但是，2 龄养殖美洲鲥个体（体长♀349.35 mm，♂331.84 mm）明显大于同龄野生个体（全长 320 mm）（杜浩，2005），到 3 龄的养殖美洲鲥个体（体长♀387.20 mm，♂345.83 mm）与野生个体（全长 400 mm）相近（杜浩，2005）。这说明在 2 龄前，养殖美洲鲥生长速度快于野生个体，性成熟后，2^+ 龄养殖美洲鲥的生长速度明显降低，生长速度开始慢于野生个体。美洲鲥在养殖环境下的理论最大个体远不及野生环境下发现的最大个体，其原因可能是，养殖美洲鲥性成熟较早（2 龄）且繁育群体成活率极低，能达到的最大年龄仅为 3~4 龄。在养殖环境下，因水温适宜、饵料充足，美洲鲥营养积累较好，性腺提早成熟。养殖美洲鲥 2 龄性成熟后（徐钢春等，

2012),在春夏之交的繁殖季节,夜间成熟雄鱼追逐雌鱼交配繁殖。由于养殖环境的活动空间较小,特别是工厂化养殖条件下,剧烈的追逐交配过程极易碰擦水泥池池壁及池底,导致鱼体表鳞片的脱落,伤口感染后生病死亡(刘青华等,2006)。在实际的繁养过程中,也时常有发现繁殖交配后的雌、雄鱼体表出血。由于刚参与繁育的雌、雄亲本体质虚弱,极易继发感染霉菌而死;而那些幸存下来的 2 龄美洲鲥再养殖 1 年后(经过第 2 次繁育),几乎全部死亡。然而,在自然生境下,野生美洲鲥初次性成熟年龄为 3 龄(杜浩,2005),而且野生美洲鲥繁育交配的环境活动空间较大,追逐交配的过程不易擦伤,美洲鲥繁育群体的成活率相对较高,这可能导致了野生群体的总体寿命较长,相应的个体也会较大。

工厂化养殖美洲鲥的理论最大体长 L_∞ 为♀467.92 mm、♂389.21 mm,最大体质量 W_∞ 为♀1 637.72 g;♂834.08 g,生长拐点年龄 t_r 为♀1.517 8 龄、♂1.224 7 龄;而池塘养殖中国鲥的理论最大体长 L_∞ 为518.95 mm,最大体质量 W_∞ 为 2 205.5 g,生长拐点年龄 t_r 为 2.805 3 龄(王汉平等,1995)。虽然从这些 von Bertalanffy 方程的理论数据来看,工厂化养殖美洲鲥相对于池塘养殖中国鲥的理论最大个体较小,生长拐点年龄较早,说明养殖美洲鲥相对于池塘养殖中国鲥的生长潜力较差;但是,2 龄的养殖美洲鲥个体(体长♀349.35 mm、♂331.84 mm,体质量♀562.82 g、♂446.66 g)明显大于养殖中国鲥(体长 284.00 mm,体质量 383.00 g)(王汉平等,1995),到 3 龄的养殖美洲鲥个体(体长♀387.20 mm、♂345.83 mm,体质量♀1 038.91 g、♂616.07 g)与养殖中国鲥的个体(体长 358.50 mm,体质量 737.50 g)(王汉平等,1995)相近。这说明了在 2 龄前,工厂化养殖美洲鲥生长速度快于中国鲥;随着生长发育,养殖美洲鲥出现性成熟生长拐点(♀1.517 8 龄、♂1.224 7 龄),特别是 2 龄鱼性成熟后,2^+龄美洲鲥的生长速度明显降低,而中国鲥的性成熟生长拐点出现在 2.805 3 龄,性成熟年龄为 3 龄(王汉平等,1995),2^+龄中国鲥还处于旺盛的生长阶段。这导致了 2^+龄养殖美洲鲥生长速度明显慢于中国鲥,同时也造成了养殖美洲鲥总体生长速度明显慢于中国鲥。因此,工厂化养殖美洲鲥生长总体速度慢于池塘养殖中国鲥,但 2 龄前美洲鲥生长速度快于中国鲥。

第四节　繁　殖　习　性

在自然生境下,野生美洲鲥初次性成熟年龄为 3 龄(杜浩,2005),达到性成熟的雌鱼其绝对怀卵量为 15.5 万~41.0 万粒。每年 2 月下旬至 3 月初,生殖群体由海洋溯河作生殖洄游;在5～7月,在江河的支流或湖泊中有洄水缓流、沙质底的江段繁殖,生殖后亲本仍游归海中,幼鱼则进入支流或湖泊中觅食,至9～10月才降河入海。美洲鲥产卵最适水温为15～20℃,其卵没有脂肪球,密度稍微比水大。美洲鲥虽然在海洋中生活很长时间,但一般都能洄游到出生地产卵,表现出很强的自主回归能力。

美洲鲥是一种性成熟较早的温水性鱼类,属于非同步分批产卵类型,其繁殖力低、繁殖期较长。根据国内美洲鲥十余年的养殖经验数据发现,在养殖环境下,因水温适宜、饵料充足,美洲鲥营养积累较好,性成熟年龄提早至2龄;繁殖温度主要为16～22℃,繁殖期主要为4～6月,自7月开始产卵行为逐渐减少。高小强等(2018)研究发现,体长范围为405～450 mm 的雌性亲本,其绝对繁殖力为69 033.99～414 184.28 粒(平均304 251.71 粒±61 293.27 粒),相对繁殖力为71.38～395.38粒/g(平均254.44 粒/g±49.11 粒/g)。可见,美洲鲥绝对繁殖力较低,这可能与种间差异性及栖息环境有关。

一、性腺指数

美洲鲥性腺指数(GSI)的月变化:10～12月份,雌鱼和雄鱼的 GSI 较为稳定;从次年1月份开始,雌鱼和雄鱼的 GSI 快速增加;5月份达到最高值;6月份雌鱼和雄鱼的 GSI 有所降低,但仍保持较高水平;之后至7月份快速降低;自8月份开始,雌、雄 GSI 保持一定的水平(图2-4A)(高小强等,2018)。

二、肝体比

美洲鲥雌鱼,10～12月份肝体比(HIS)逐渐增加,次年1～3月份 HIS 迅速增加,且在3月份到达最大值,之后 HIS 略有降低,但仍然保持较高的水平一直到6月份,自7月开始,HIS 开始降低。美洲鲥雄鱼,每年10～12月份 HIS 表现出了轻微的波动,到次年1～6月份,指数快速降低,在6月份到达最低值,之后开始缓慢升高(图2-4B)(高小强等,2018)。

三、肥满度

10～12月份,雌、雄鱼肥满度(CF)缓慢增加,自次年1月份开始,快速增加,且在 5 月份达到最大值,自 6 月份开始下降,9 月份开始回升(图 2 - 4C)(高小强等, 2018)。

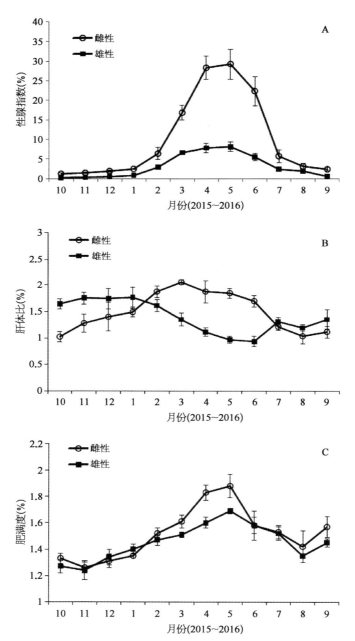

图 2 - 4　美洲鲄性腺指数(A)、肝体比(B)及肥满度(C)的月变化(高小强等,2018)

第五节　性 腺 发 育

美洲鲥卵巢成对发育,分左右两叶,位于体腔的腹中线,紧贴于肾脏腹面两侧,在身体后端形成短小的输卵管。卵巢内有卵巢腔和产卵板,成熟的卵子先突破包围在它周围的滤泡膜而跌入卵巢腔,然后经输卵管从泄殖孔排出体外(洪磊等,2014)。美洲鲥精巢为小叶型,精巢与卵巢相似成对存在,基本对称。精巢由许多精小叶构成,分布及形状不规则。精小叶由许多精小囊组成。当精细胞发育成熟形成精子后,精小囊破裂,精子进入小叶腔中,经输精管排出。非成熟期精巢外观呈现浅粉色,成熟期的为乳白色(高小强等,2018)。

洪磊等(2014)采用组织学、形态学及电化学等技术方法,研究了人工养殖的、3龄以上的美洲鲥雌性亲本卵巢发育的周期变化规律,依据 Мейен 的分类标准,结合卵母细胞发育的结构特点,对卵母细胞发育进行分期。高小强等(2018)根据目测等级法及组织学切片法,随机选取性成熟亲本作为研究对象,研究了人工养殖的美洲鲥亲本(3龄)性腺发育的周年特性,参照 Roomiani 对云鲥 *Tenualosa ilisha* 的划分标准进行性腺分期。上海市水产研究所于 2016 年开展了美洲鲥亲本仿洄游的人工培育,研究观察了美洲鲥亲本卵巢和精巢不同发育阶段(Ⅱ～Ⅴ期)的形态特征及相关参数,确定了仿洄游培育美洲鲥亲本性腺初次发育的特征。性腺监测从 2016 年 7 月 12 日开始,当日雌雄亲本各取样 30 尾,以后约每 1 月取样 1 次,每次雌、雄共取 10～15 尾,取样后测量记录鱼体长和体质量,然后解剖取性腺,鉴别雌雄,进行发育分期,记录性腺质量,拍照后于 75% 乙醇溶液保存性腺样品。按性腺发育期进行分类统计和性腺形态学观察(施永海等,2020)。三个研究结果表明:根据卵巢外部形状大小及色泽等的不同,可将美洲鲥鱼卵巢发育过程分为 6个时期;根据卵母细胞的形态结构、卵黄物质的积累和滤泡细胞的变化,将卵子发生划分为 6 个时相;根据精母细胞的形态结构及变化,将精子发生分为 5 个时相,精巢发育分为 6 个时期。本节结合上述研究结果,介绍美洲鲥卵巢和精巢发育特征。

一、卵巢发育

卵巢的外部形态和组织结构,随着年龄的增加、季节的更换和性周期的运转而变化。根据卵巢外部形状、色泽及卵母细胞不同的发育时相等作为卵巢划分依据,将美洲鲥的卵巢发育分为以下 6 个时期(洪磊等,2014;施永海,2020)。

第Ⅰ期:卵巢很小,呈透明线状,难辨雌雄,卵巢内以卵原细胞为主,终生只出现 1 次,在雌性亲本卵巢成熟周期调查中不可见。

第Ⅱ期:此时卵巢重 2.86 g±1.71 g,性腺指数 0.89%±0.22%(表 2-5-1)。卵巢分化为两叶,单叶宽 0.8~1.0 cm、长 7.0~7.5 cm,呈扁带状,前端略膨大,呈橘红色,可见微细的血管,肉眼尚看不清卵粒(图 2-5-1a)。从组织切片观察,卵巢有明显的卵巢腔,由卵巢表面向腔体内部折叠形成产卵板,大量发育中的卵母细胞封闭在产卵板内;卵巢中以第 2 时相卵母细胞为主(图 2-5-2a),细胞外有单层滤泡膜包被,在较早阶段的细胞质中存在与核仁染色相近的团块状卵黄核(图 2-5-2b)。

表 2-5-1　美洲鲥卵巢发育各阶段参数(施永海等,2020)

发育阶段	体长(cm)	体质量(g)	性腺重(g)	性腺指数(%)	肥满度(%)	性腺重相对增长率(%)	性腺指数相对增长率(%)	样本数(n)
Ⅱ	26.50±4.39[a]	306.63±142.99[a]	2.86±1.71[a]	0.89±0.22[a]	1.55±0.13[a]	—	—	64
Ⅲ	35.18±2.43[b]	736.83±151.75[b]	23.31±12.32[b]	3.06±1.18[b]	1.67±0.08[a]	715.03	243.82	6
Ⅳ	36.53±3.15[b]	810.13±325.14[b]	88.44±43.13[c]	10.77±3.32[c]	1.59±0.30[a]	279.41	251.96	3
Ⅴ	33.50±2.78[b]	763.55±64.30[b]	196.41±34.58[d]	26.10±6.46[d]	2.07±0.36[b]	122.08	142.34	4

注:数据采用 Oneway ANOVA 进行方差分析,Duncan 检验进行多重比较,以 $P<0.05$ 为差异显著;表中同列不同字母表示卵巢不同发育阶段间存在显著差异($P<0.05$)。

第Ⅲ期:此时卵巢重 23.31 g±12.32 g,性腺指数为 3.06%±1.18%,均显著大于第Ⅱ期卵巢,雌鱼外腹部稍显饱满,卵巢体积明显增大,相对第Ⅱ期卵巢分别增长 715.03%和 243.82%(表 2-5-1);卵巢单叶宽 1.6~1.8 cm、长 9~11 cm,略呈圆柱形,呈红色,表面横纹明显、血管丰富,肉眼能看清细小的卵粒(图 2-5-1b)。从组织切片观察,卵母细胞大小不均,第 3 时相卵母细胞占绝大部分面积,第 2 时相卵母细胞所占面积很小。初级卵母细胞进入大生长期,其形态基本呈圆球形,细胞体积明显增大;早期只出现一层松散排列、大小不一的液泡,随后液泡数目不断增加并逐渐向内缘移位,从一层、两层到数层(图 2-5-2c、d)细胞外的滤泡细胞由单层扁平滤泡细胞期逐渐转化为双层扁平滤泡细胞期(图 2-5-2c)、立方形颗粒细胞期(图 2-5-2e);卵母细胞膜与滤泡细胞之间开始出现放射带并

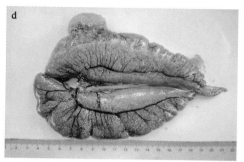

图 2-5-1　美洲鲥卵巢发育形态特征(施永海等,2020)

a. Ⅱ期卵巢;b. Ⅲ期卵巢;c. Ⅳ期卵巢;d. Ⅴ期卵巢

分化为内外两层(图 2-5-2d、e)。

第Ⅳ期:此时卵巢重 88.44 g±43.13 g,性腺指数 10.77%±3.32%,均显著大于第Ⅲ期卵巢,相对第Ⅲ期卵巢分别增长 279.41% 和 251.96%(表 2-5-1)。雌鱼腹部膨大,卵巢体积进一步增大,卵巢内部膨胀饱满,两叶棱角明显,每叶宽2.8～3.2 cm、长 13～14 cm,呈棕黄色,肉眼看卵粒饱满、明显,但不游离(图 2-5-1c)。从组织切片观察,以第 4 时相初期卵母细胞为主,存在部分第 2、3 时相卵母细胞。细胞和胞核直径均有所增大;小核仁数量增多,多位于核膜内侧周边;核膜形状不规则。卵黄球逐渐增多,直至几乎充满核外空间,只有在核的周围及靠近卵膜边缘有较多的细胞质;胞外膜可分为滤泡细胞构成的颗粒细胞层及由莢膜细胞、毛细血管等构成的莢膜细胞层(图 2-5-2f、h)。

第Ⅴ期:此时卵巢重 196.41 g±34.58 g,性腺指数 26.10%±6.46%,均显著大于第Ⅳ期卵巢,相对第Ⅳ期卵巢分别增长 122.08% 和 142.34%(表 2-5-1)。雌鱼后腹部膨大,手触感柔软,泄殖孔微红,有成熟卵流出的现象,卵巢体积达到最大。卵巢单叶宽约 5 cm、长 14～16 cm,呈灰黄色,卵巢松软,解剖后的卵巢放于平面出现坍塌的现象,肉眼看卵巢腔内充满颗粒大、成熟的卵粒,同时还有未发育的、

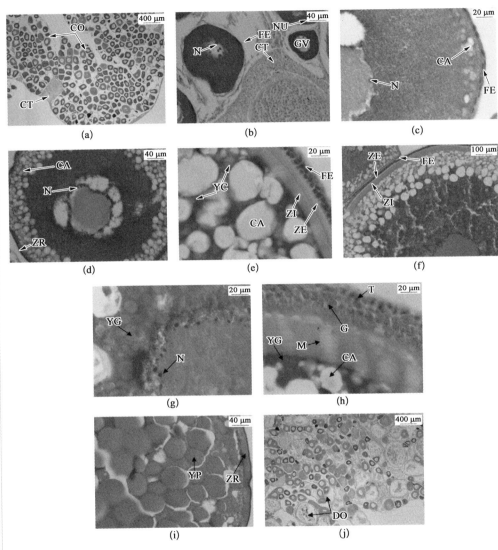

图 2-5-2　美洲鲥卵母细胞(洪磊等,2014)

a~b: 2 时相卵母细胞;c~e: 3 时相卵母细胞;f~h: 4 时相卵母细胞;i: 5 时相卵母细胞;j: 萎缩卵母细胞

CO. 产卵板;CT. 结缔组织;N. 核仁;NU. 卵黄核;GV. 胚泡;FE. 滤泡细胞层;CA. 皮质液泡;ZR. 放射带;ZI. 内放射带;ZE. 外放射带;YG. 卵黄球;M. 微绒毛;G. 滤泡细胞;T. 荚膜细胞;YP. 卵黄板;DO. 萎缩卵母细胞

细小的卵母细胞(图 2-5-1d)。从组织切片观察,卵巢内除第 5 时相的卵母细胞外,还含有第 3、4 时相的卵母细胞;细胞核膜破裂并消失,细胞质被卵黄挤到细胞的边缘。卵黄球散布于整个卵母细胞的胞质内,大多数呈椭圆形,排列十分紧密,有的卵黄球已经融合成卵黄板,呈均质红染;卵质的边缘仍有液泡,即将排卵的滤泡膜松弛,大部分与卵膜分离(图 2-5-2i)。

第Ⅵ期:卵巢退化,体积和重量大为减小,松软瘪塌,卵巢腔萎缩。细胞形状不规则,蜷曲于卵巢内,其特征是核消失,卵黄液化。在卵母细胞生长发育的过程中存在卵母细胞萎缩现象(图 2-5-2j)。

二、精巢发育

美洲鲥自第一次性成熟时,雄鱼生殖细胞会经过 5 个发育时期,即精原细胞、初级精母细胞、次级精母细胞、精子细胞和精子。依据雄性生殖细胞的发育阶段、分布和数量,将精巢发育分为以下 6 个时期(高小强等,2018)。

第Ⅰ期:精巢很小,呈透明线状,精巢内以精原细胞为主,终生只出现 1 次。

第Ⅱ期:此时雄鱼精巢重 0.51 g±0.40 g,性腺指数 0.18%±0.08%(表 2-5-2)。精巢分化为两叶,单叶宽 0.4~0.5 cm,长 5.0~6.0 cm,呈细管带状,半透明,呈肉红色(图 2-5-3a)。从组织切片观察,精巢中出现初级精母细胞,其体积较大,呈圆形或椭圆形,核大,核膜明显,HE 染色核较深,细胞质染色较浅(图 2-5-4A)。

表 2-5-2　美洲鲥精巢发育各阶段参数(施永海等,2020)

发育阶段	体长(cm)	体质量(g)	性腺重(g)	性腺指数(%)	肥满度(%)	性腺重相对增长率(%)	性腺指数相对增长率(%)	样本数(n)
Ⅱ	24.76±3.57[a]	252.51±113.47[a]	0.51±0.40[a]	0.18±0.08[a]	1.56±0.14[a]	—	—	47
Ⅲ	32.58±1.80[b]	598.04±120.38[b]	4.91±1.88[b]	0.88±0.49[b]	1.71±0.10[a]	862.75	388.89	5
Ⅳ	32.25±0.83[b]	561.75±62.42[b]	17.12±3.88[c]	3.06±0.63[c]	1.67±0.08[a]	248.68	247.73	4
Ⅴ	33.75±0.65[b]	652.92±47.55[b]	33.79±4.79[d]	5.18±0.68[d]	1.70±0.05[a]	97.37	69.28	6

注:数据采用 Oneway ANOVA 进行方差分析,Duncan 检验进行多重比较,以 $P<0.05$ 为差异显著;表中同列不同字母表示精巢不同发育阶段间存在显著差异($P<0.05$)。

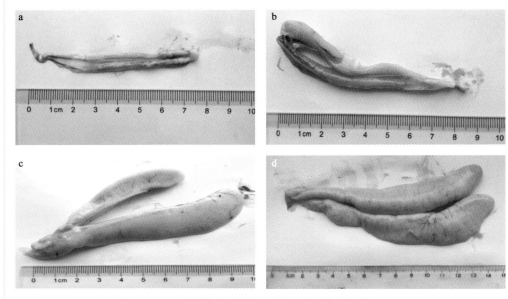

图 2-5-3　美洲鲥精巢发育形态特征(施永海等,2020)

a. Ⅱ期精巢;b. Ⅲ期精巢;c. Ⅳ期精巢;d. Ⅴ期精巢

第Ⅲ期:此时精巢重 4.91 g±1.88 g 和性腺指数 0.88%±0.49%也均显著大于第Ⅱ期精巢,相对第Ⅱ期精巢分别增长 862.75%和 388.89%(表 2-5-2)。雄鱼精巢体积明显增大。精巢单叶宽 1.6～1.8 cm、长 6.0～7.0 cm,稍呈圆管柱状,呈肉红色,肉眼能看到细小血管(图 2-5-3b)。从组织切片观察,精巢内已无精原细胞。在精小囊边缘的位置为体积较大、排列松散的初级精母细胞,嗜碱性增强,整个细胞被苏木精染成深蓝色,在其内侧分布的是排列更紧密的体积较小的次级精母细胞;在精小叶中间的精子细胞体积比次级精母细胞更小,嗜碱性强,整个细胞被苏木精染成深蓝色;此时的小叶腔被以上三种细胞充满(图 2-5-4B)。

第Ⅳ期:此时精巢重 17.12 g±3.88 g 和性腺指数 3.06%±0.63%均显著大于第Ⅲ期精巢,相对第Ⅲ期精巢分别增长 248.68%和 247.73%(表 2-5-2)。雄鱼腹部稍有轮廓,轻压后腹部有浓稠的精液流出,遇水不散。精巢体积进一步增大。精巢单叶宽 1.3～2.0 cm、长 7.0～8.5 cm,呈长扁平状,呈灰白色,肉眼看表面分布小血管(图 2-5-3c)。从组织切片观察,精巢小叶腔内充满流动的精子(图 2-5-4C)。

第Ⅴ期:此时精巢重 33.79 g±4.79 g 和性腺指数 5.18%±0.68%均显著大于第Ⅳ期卵巢,相对第Ⅳ期精巢分别增长 97.37%和 69.28%(表 2-5-2)。雄鱼腹部膨大、轮廓明显,泄殖孔微红,轻压后腹部有乳白色精液流出,遇水散开。精巢

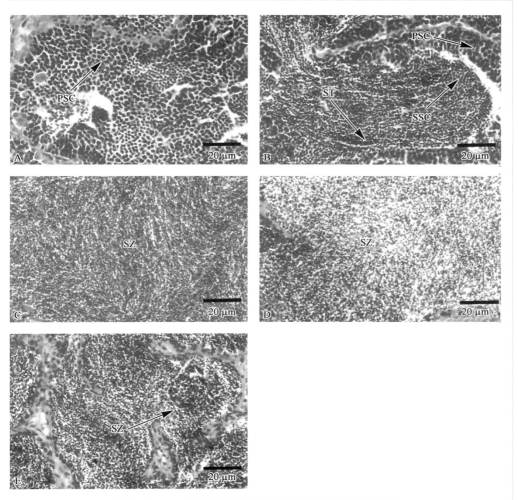

图 2-5-4 美洲鲥的精巢发育组织学(高小强等,2018)

A. Ⅱ期精巢;B. Ⅲ期精巢;C. Ⅳ期精巢;D. Ⅴ期精巢;E. Ⅵ期精巢
PSC.初级精母细胞;SSC.次级精母细胞;ST.精子细胞;SZ.精子

体积达到最大。精巢单叶宽 1.8～2.5 cm、长 11.0～13.0 cm,呈长扁平状,但明显增厚,呈乳白色,表面有明显血管分布(图 2-5-3d)。此时期精巢完全成熟,部分精子开始排出(图 2-5-4D)。

第Ⅵ期:此时精巢开始萎缩,表面出现褶皱,体积变小,精巢质地开始变硬。经过排精或自然退化到第Ⅵ期。此时期的精巢中仍然可见稀松未完全排出的精子,整个精巢开始萎缩,结缔组织增多(图 2-5-4E)。经过一段时间的生长,精巢将过渡到第Ⅱ时期,进入下一周期的发育。

第六节　胚　胎　发　育

美洲鲥受精卵呈球形、无油球,为透明沉性卵,卵径 2.85～3.28 mm。在水温为 20.3～21.9℃山泉水孵化条件下,经过 82 h 孵化后出膜,根据其胚胎发育过程的形态特征,胚胎发育分为受精卵、卵裂期、囊胚期、原肠胚期、神经胚期、器官形成期和出膜期 7 个发育阶段。美洲鲥胚胎发育过程见表 2-6 和图 2-6(洪孝友等,2011b)。

表 2-6　美洲鲥胚胎发育过程(洪孝友等,2011b)

胚胎发育时期	发育时间(h:min)	水温(℃)	积温(℃·h)	图 2-6 中编号
受精卵	0:00	20.4	0	—
胚盘期	0:35	20.4	11.90	1
2 细胞期	1:00	20.3	20.38	2
4 细胞期	1:20	20.3	27.15	3
8 细胞期	1:58	20.3	36.62	4
16 细胞期	2:22	20.3	44.74	5
32 细胞期	2:48	20.3	53.54	6
64 细胞期	3:25	20.4	66.09	7
多细胞期	5:30	20.5	108.69	8
高囊胚期	8:10	20.7	163.62	9
低囊胚期	9:50	20.7	198.12	10
原肠早期	13:00	21.2	260.97	11
原肠中期	17:40	21.9	332.80	12
原肠后期	19:50	21.8	380.14	13
神经胚期	22:15	21.2	432.10	14
肌节出现期	28:35	20.4	563.83	15
尾芽期	37:00	21.4	739.74	16
尾鳍出现期	39:40	21.5	796.94	17
肌肉效应期	43:00	21.8	869.11	18
心跳期	50:15	20.4	1 022.09	19
出膜前期	56:10	20.7	1 143.68	20
出膜期	82:00	20.9	1 667.15	—

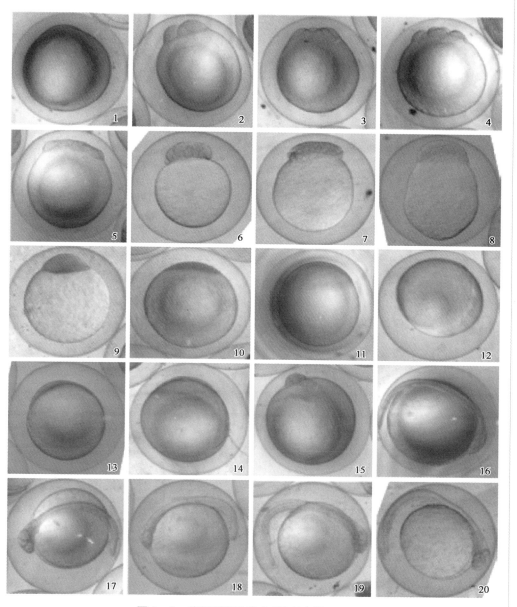

图 2-6 美洲鲥胚胎发育(洪孝友等,2011b)

1. 胚盘期;2. 2 细胞期;3. 4 细胞期;4. 8 细胞期;5. 16 细胞期;6. 32 细胞期;7. 64 细胞期;8. 多细胞期;9. 高囊胚期;10. 低囊胚期;11. 原肠早期;12. 原肠中期;13. 原肠后期;14. 神经胚期;15. 肌节出现期;16. 尾芽期;17. 尾鳍出现期;18. 肌肉效应期;19. 心跳期;20. 出膜前期

一、受精卵

美洲鲥受精卵呈球形、透明、无油球，为沉性卵。受精卵卵膜较薄，吸水膨胀后膜径为 2.85～3.28 mm。受精后 35 min，受精卵的卵质由植物极集中到动物极形成盘状突起，即为胚盘期。未受精卵和坏死卵逐渐变为白色。

二、卵裂期

美洲鲥的受精卵的卵裂方式与其他硬骨鱼类相同，属盘状卵裂。受精后 60 min，完成第 1 次卵裂，先是在胚盘中央出现裂痕，并且逐渐加深，最后卵裂纵沟把胚盘经裂成 2 个大小相同的分裂球，进入 2 细胞期。受精后 80 min，在与第 1 次卵裂面的垂直线上纵裂，把两个细胞分别一分为二，完成第 2 次卵裂，进入 4 细胞期。1 h 50 min 第 3 次分裂，进入 8 细胞期，8 个细胞前后排列。2 h 22 min 进入 16 细胞期，细胞大小开始出现差异。受精后 2 h 47 min、3 h 25 min 受精卵分别进入了 32 细胞期、64 细胞期。此后随着细胞的不断分裂，在受精后 5 h 30 min，胚盘的分裂面越来越多，细胞体积越来越小，细胞间的界限越来越模糊，细胞分裂进入多细胞期，在胚盘处形成多层排列隆起的实心细胞团。

三、囊胚期

受精后 8 h 10 min，胚盘实心细胞团进一步高度分裂，在受精卵动物极囊胚处细胞急剧增多，形成高高的隆起，胚盘呈高帽状，此为高囊胚期。之后囊胚处的胚层细胞向下移动，囊胚层的高度明显降低，到受精后 9 h 50 min，已看不到明显的突起，此时进入低囊胚期。

四、原肠胚期

受精后 13 h，囊胚层细胞开始下包卵黄体，下包边缘整齐，胚盘下包达 1/3，胚胎发育进入原肠早期。之后囊胚层细胞继续下包，17 h 40 min 胚盘下包达 1/2，为原肠中期。当受精 19 h 50 min 左右，胚盘继续下包到 2/3 处，胚环继续向植物极靠近，胚环逐渐改为胚孔，即进入原肠后期。

五、神经胚期

胚孔关闭后,胚体形成,胚体匍匐在卵黄囊上。受精 22 h 15 min 后,两侧神经褶向正中央愈合,形成神经管,神经管前端膨大隆起,开始分化形成前、中、后三个脑泡。胚体后部的中胚层不断分化,受精后 28 h 35 min,形成体节。

六、器官形成期

随着胚体的发育,胚体肌节继续分化增多,肌节清晰可见,头部结构越来越复杂,晶体和耳囊相继出现,受精后 37 h 尾芽开始离开卵黄囊。随着尾芽的延伸、增长,39 h 40 min 尾芽的边缘表皮外突成皮褶状的鳍,此时进入尾鳍出现期。43 h 胚体偶尔缓慢而轻微地收缩,胚体进入肌肉效应期,随着胚体的发育,尾部不断伸长。50 h 15 min 可以看到美洲鲥胚体的心脏原基有明显跳动,进入心跳期。随着时间的推移,心脏跳动得越来越频繁,围心腔逐渐增大,同时尾部越来越脱离卵黄囊。

七、出膜期

随着胚胎的进一步发育,胚体开始间歇性抽动,逐渐进入出膜期。胚体靠尾部的力量不断地在卵膜内翻滚摆动,卵膜破裂,头部或者尾部先破膜而出。82 h 大部分受精卵孵化出膜,出膜的仔鱼躯体细长透明,而卵黄囊较大,没有油球,活动能力较弱,常静止沉于水底,偶尔靠尾鳍和胸鳍的摆动浮游到水面。在水温 20.3~21.9℃孵化条件下,经过 82 h 孵化出膜,积温为 1 667.15℃·h。

八、初孵仔鱼

美洲鲥初孵仔鱼全长为 8.56 mm±0.36 mm,其卵黄囊体积为 4.57 mm^3±0.77 mm^3,附有轻微的色素。美洲鲥的卵黄囊吸收的速度较快,在孵化后不到 24 h 的时间卵黄囊已被吸收过半,出膜 48 h 时卵黄囊剩下不到 1/5。

第七节 仔稚幼鱼的骨骼发育

鱼类的发育进程和形态结构与其功能需求相互影响,一方面内源性营养物质促进鱼类的变态发育,另一方面有限的内源性营养物质不足以长期支撑鱼类发育,从而迫使其优先发育能够摄取外源性营养物质的相关功能结构,如与平衡游泳和摄食有关的骨骼。美洲鲥作为卵生鱼类,为了生存和生长的需要,骨骼系统的持续发育为仔鱼从内源性营养转化为外源性营养提供了基础条件。

为研究美洲鲥早期发育阶段的功能趋向及环境适应性,上海市水产研究所(邓平平等,2017)选取了在水温 18～23℃的条件下培育 1～51 d 的人工繁育美洲鲥鱼苗,运用软骨-硬骨双染色技术,通过 Olympus CX41 显微镜,对美洲鲥早期发育标本的脊柱以及胸鳍、尾鳍、背鳍等附肢骨骼系统的发育形态特征进行连续观测,详细记录不同发育阶段骨骼的形态特征、着色变化等,并使用 Photoshop 软件对拍摄图片进行编辑处理。研究了美洲鲥仔稚鱼(1～51 d)脊柱、胸鳍、尾鳍、背鳍等附肢骨骼的形态发育特征和发育变化过程,获得了在特定的繁育环境条件下美洲鲥骨骼发育的时序:美洲鲥的脊柱软骨发育开始于尾下骨以及尾部的髓弓和脉弓,发育的方向从尾椎到躯椎;脊柱的硬骨化则由头尾两端向中间靠拢,每一对髓弓、脉弓、背肋、腹肋、髓棘和脉棘都是基部向末梢硬骨化;各附鳍支鳍骨发育的顺序依次为胸鳍、尾鳍、背鳍、臀鳍和腹鳍;30 d 稚鱼所有椎骨和附肢骨骼骨化完成,此后骨骼系统发育无明显变化。(邓平平等,2017)

一、脊柱和腹鳍的发育

美洲鲥的脊柱软骨发育开始于尾下骨以及尾部的髓弓和脉弓,发育的方向从尾椎到躯椎;而脊柱的硬骨化则由头尾两端向中间靠拢,每一对髓弓、脉弓、背肋、腹肋、髓棘和脉棘都是基部向末梢硬骨化。

美洲鲥椎骨为 56～58 节,躯椎为 26～27 节,尾椎为 29～31 节。早期仔鱼的脊索呈管状(图 2-7-1a、2-7-2a),2 d(鱼体全长 MTL 8.4 mm)时脊索四周出现不规则凹凸(图 2-7-1b、2-7-2b);19 d(MTL 21.1 mm)部分脊柱出现分节的硬骨环(图 2-7-1f),23 d(MTL 24.5 mm)所有椎体形成。脊柱的发育开始于髓弓、脉弓和尾下骨的出现,尾下骨最早出现在 5 d(MTL 11.7 mm)。随着尾下骨增多，10 d仔鱼(MTL 14.4 mm)尾杆形成(图2-7-1d、图2-7-2c)，同时着生在尾部脊索上的髓弓、脉弓首先以软骨组织形式出现并整体向头部发生，且整个发生过程中髓弓比脉弓的速度快。16 d仔鱼(MTL 19.4 mm)在髓弓和脉弓的基础上延伸开始形成以软骨形式出现的背肋、腹肋、髓棘和脉棘(图2-7-1e、图2-7-2d)，17 d仔鱼(MTL 20.2 mm)背部前段首次出现软骨形式的鳍棘。19 d(MTL 21.0 mm)脊柱前端和后端都出现分节的硬骨环(图2-7-1f)，21 d仔鱼(MTL 23.3 mm)硬骨骨化的脊柱越来越多(图2-7-1g、2-7-2e)；23 d仔鱼(MTL 24.5 mm)所有椎体形成(图2-7-2f)。脊柱的硬骨化由头尾向中间靠拢，而每一对髓弓、脉弓、背肋、腹肋、髓棘和脉棘都是基部向末梢方向进行硬骨化。23 d

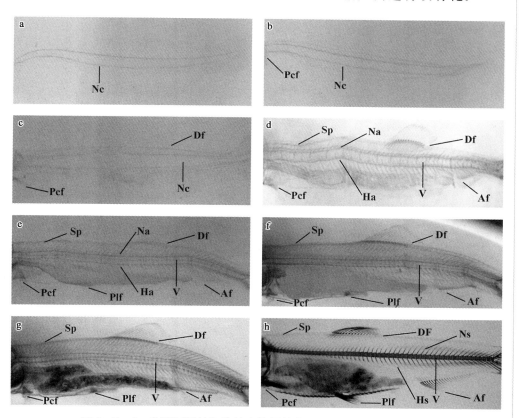

图2-7-1　美洲鲥脊柱和腹鳍支鳍骨的发育过程(邓平平等，2017)

a. 1 d仔鱼(MTL 6.8 mm)；b. 2 d仔鱼(MTL 8.4 mm)；c. 6 d仔鱼(MTL 12.1 mm)；d. 10 d仔鱼(MTL 14.4 mm)；e. 16 d仔鱼(MTL 19.4 mm)；f. 19 d仔鱼(MTL 21.1 mm)；g. 21 d仔鱼(MTL 23.3 mm)；h. 30 d仔鱼(MTL 36.3 mm)

Nc. 脊索；Pcf. 胸鳍；Df. 背鳍；Sp. 鳍棘；Na. 髓弓；Ha. 脉弓；V. 脊柱；Af. 臀鳍；Pif. 腹鳍；Ns. 髓棘；Hs. 脉棘

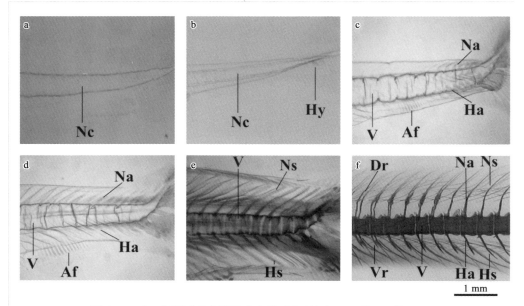

图2-7-2 美洲鲥部分脊柱发育的过程(放大图)(邓平平等,2017)

a. 1 d仔鱼(MTL 6.8 mm);b. 2 d仔鱼(MTL 8.4 mm);c. 10 d仔鱼(MTL 14.4 mm);d. 16 d仔鱼(MTL 19.4 mm);e. 21 d仔鱼(MTL 23.3 mm);f. 23 d仔鱼(MTL 24.5 mm)

Nc. 脊索;Na. 髓弓;Ha. 脉弓;V. 脊柱;Af. 臀鳍;Ns. 髓棘;Hs. 脉棘;Dr. 背肋;Vr. 腹肋

(MTL 24.5 mm)后,脊椎无明显变化。在试验染色拍摄过程中发现个别美洲鲥发育畸形的现象,但比长江刀鲚畸形率低,美洲鲥躯椎畸形部位集中于躯椎,长江刀鲚畸形部位集中于尾椎。

各附鳍支骨骨骼进行软骨化的顺序依次为胸鳍(2 d、MTL 8.4 mm)、尾鳍(5 d、MTL 11.7 mm)、背鳍(6 d、MTL 12.1 mm,图2-7-1c)、臀鳍(10 d、MTL 14.4 mm)和腹鳍(16 d、MTL 19.4 mm)。硬骨化最先完成的是尾鳍(23 d、MTL 24.5 mm),胸鳍、腹鳍和背鳍在24 d(MTL 25.1 mm)时同时硬骨化,最晚完成骨化的是臀鳍(30 d、MTL 36.3 mm,图2-7-1h)。美洲鲥的胸鳍、尾鳍、背鳍、臀鳍和腹鳍均为分支鳍鳍条,后期为硬骨条,无鳍刺。

二、胸鳍的发育

在所有鳍条中胸鳍是美洲鲥胚后发育最早的鱼鳍。2 d仔鱼(MTL 8.4 mm)便发现乌喙骨的存在(图2-7-3a),而其他鱼鳍皆以鳍褶的形式存在,此时在静水中已经具备一定的左右平衡能力,但头重脚轻易沉底。在4 d仔鱼(MTL

10.2 mm)卵黄囊完全消失之前,3 d(MTL 9.5 mm)时仔鱼便开始主动开口摄食,胃肠中可见轮虫。5 d(MTL 11.7 mm)时出现 2 枚尾下骨,在 6 d(MTL 12.1 mm)可见匙骨和支鳍骨原基,其中匙骨呈长条状(图 2 - 7 - 3b),有一定的横向游动能力。13 d仔鱼(MTL 16.3 mm)胸鳍就有鳍条出现,数目存在差异,支鳍骨原基裂缝从 1 个增至 3 个(图 2 - 7 - 3c)。随着缝隙的增大、增多,支鳍骨原基最早在 16 d(MTL 19.4 mm)分成 4 个分支,肩带部分出现骨化和上匙骨(图 2 - 7 - 3d),鳍条逐渐发育完整并且清晰可见。23 d仔鱼(MTL 24.5 mm)以后鳍条出现骨化并出现分节,胸鳍仅存在钙化程度的差异(图 2 - 7 - 3f)。

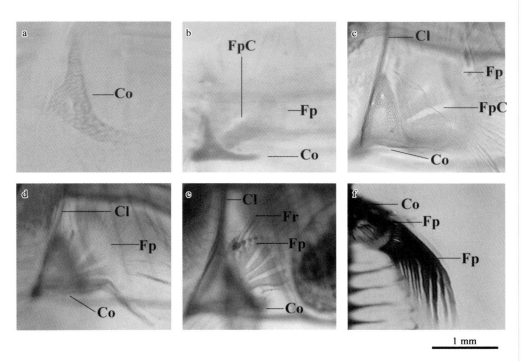

图 2 - 7 - 3 美洲鲥胸鳍支鳍骨的发育过程(邓平平等,2017)

a. 2 d仔鱼(MTL 8.4 mm);b. 6 d仔鱼(MTL 12.1 mm);c. 13 d仔鱼(MTL 16.3 mm);d. 17 d仔鱼(MTL 20.2 mm);e. 19 d仔鱼(MTL21.1 mm);f. 23 d仔鱼(MTL 24.5 mm)

Cl. 匙骨;Co. 乌喙骨;Fp. 支鳍骨原基;Fr. 鳍条

三、尾鳍的发育

在美洲鲥奇鳍附肢骨骼中,最早发育的是尾鳍,然后依次为背鳍和臀鳍。美洲鲥尾鳍在1~4 d都以鳍褶形式出现,尾鳍未见染色的软骨组织。2枚尾下骨(图2-7-4a)最早出现在5 d(MTL 11.7 mm),6 d(MTL 12.1 mm)有3枚尾下骨,7 d(MTL 12.6mm)有4枚尾下骨。8 d(MTL 13.4 mm)有6枚尾下骨,同时尾索下部鳍褶演变成10根鳍条着生在尾下骨上,尾索上部仍然是鳍褶,此时尾索仍然伸直。9 d(MTL 13.9 mm)尾索微微弯曲上翘。10 d(MTL 14.4 mm)尾索上翘更加明显,尾鳍鳍条呈现分节现象,同时形成髓弓、脉弓和臀鳍,具备较强的穿梭能力。10 d(MTL 14.4 mm)左右美洲鲥的死亡率达到15%,此时美洲鲥已经开口摄食能源,可能与尾索上翘和其他骨骼变态发育有关。直至11 d(MTL 15.2 mm)出现软骨质的尾下骨增大(图2-7-4b和图2-7-4c),上翘的尾索上方出现1枚尾上骨(图2-7-4d)。12 d(MTL 15.7 mm)脊索末端继续上翘,尾鳍骨骼基本成型,第1尾下骨与第2尾下骨中部呈现愈合趋势,尾鳍骨骼由上翘的尾索分为上下两部分,从而形成2枚尾上骨、1枚上翘的尾杆骨和6枚尾下骨(图2-7-4e),尾索上部的鳍褶演变成鳍条软骨鳍条数增加至23根,此时游泳能力迅速增强,对主动摄食和避敌都有重要作用。19 d仔鱼(MTL 21.1 mm)尾鳍脊索和部分尾鳍鳍条

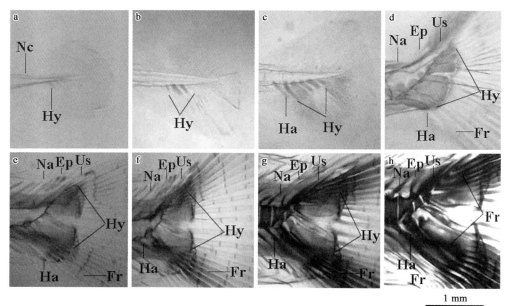

图2-7-4 美洲鲥尾鳍支鳍骨的发育过程(邓平平等,2017)

　　a. 5 d仔鱼(MTL 11.7 mm);b. 6 d仔鱼(MTL 12.1 mm);c. 8 d仔鱼(MTL 13.4 mm);d. 11 d仔鱼(MTL 15.2 mm);e. 12 d仔鱼(MTL 15.7 mm);f. 19 d仔鱼(MTL 21.1 mm);g. 21 d仔鱼(MTL 23.3 mm);h. 23 d仔鱼(MTL 24.5 mm)

　　Us. 尾杆骨;Ep.尾上骨;Hy.尾下骨;Ha. 脉弓;Hs. 脉棘;Na. 髓弓;Nc. 脊索;Ns. 髓棘;Fr. 鳍条

率先开始骨化(图2-7-4f),鳍条数上升为34根,由于尾鳍中轴线附近鳍条分布稀疏,而尾鳍的背面腹面鳍条分布密集从而形成原始的尾叉。21 d仔鱼(MTL 23.3 mm)尾椎、脉弓和髓弓骨化完全,但脉棘和髓棘尚以软骨形式出现,且尾下骨和尾上骨开始骨化(图2-7-4g),直至23 d(MTL 24.5 mm)尾鳍骨骼系统钙化完全(图2-7-4h),尾鳍鳍条数增至36根。美洲鲥尾鳍骨骼发育完善后形成6枚尾下骨(包括1枚侧尾下骨),其第1尾下骨与第2尾下骨的愈合也不十分明显,只在这两枚尾下骨的中段加以桥接。

四、背鳍和臀鳍的发育

背鳍早于臀鳍先发育,美洲鲥6 d仔鱼(MTL 12.1 mm)脊索背部中段出现7根软骨质的支鳍骨(图2-7-5a),随着时间的推移支鳍骨向后发育数量增多加粗。10 d(MTL 14.4 mm)时担鳍软骨出现(图2-7-5c),此时背鳍仍然以鳍褶出现,直至13 d(MTL 16.3 mm)时开始形成软骨质鳍条(图2-7-5d)。23 d仔鱼

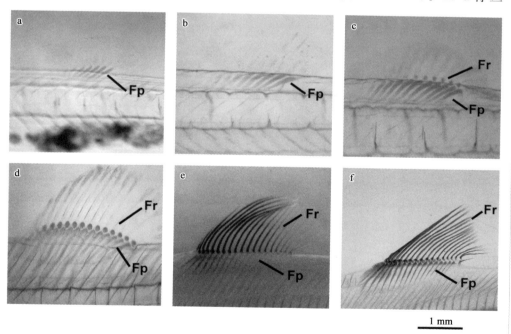

图2-7-5 美洲鲥背鳍发育的过程(邓平平等,2017)

a. 6 d仔鱼(MTL 12.1 mm);b. 8 d仔鱼(MTL 13.4 mm);c. 10 d仔鱼(MTL 14.4 mm);d. 13 d仔鱼(MTL 16.3 mm);e. 23 d仔鱼(MTL 24.5 mm);f. 24 d仔鱼(MTL 25.1 mm)

Fp. 支鳍骨原基;Fr. 鳍条

(MTL 24.5 mm)背鳍支鳍骨、担鳍支鳍骨和鳍条从肛门往尾鳍方向开始硬骨骨化（图 2-7-5e），且背鳍鳍条数稳定在 18 根，背鳍末端鳍条分叉。24 d 仔鱼（MTL 25.1 mm）背鳍硬骨化完成（图 2-7-5f）。（邓平平等，2017）

美洲鲥 10 d 仔鱼（MTL 14.4 mm）排泄孔后端出现 13 根软骨质的支鳍骨和鳍皱（图 2-7-6a）。13 d（MTL 16.3mm）时担鳍软骨出现，并开始形成软骨质鳍条（图 2-7-6b）。28 d 仔鱼（MTL 33.8 mm）时臀鳍支鳍骨、担鳍支鳍骨和鳍条从肛门往尾鳍方向开始硬骨骨化（图 2-7-6c），且臀鳍鳍条数稳定在 22 根，臀末端鳍条分叉。30 d 仔鱼（MTL 36.3 mm）臀鳍硬骨化完成（图 2-7-6d）。

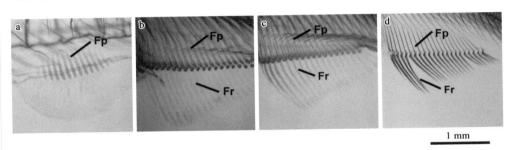

图 2-7-6　美洲鲥臀鳍发育的过程（邓平平等，2017）

a. 10 d 仔鱼（MTL 14.4 mm）；b. 13 d 仔鱼（MTL 16.3 mm）；c. 28 d 仔鱼（MTL 33.8 mm）；d. 30 d 仔鱼（MTL 36.3 mm）

Fp. 支鳍骨原基；Fr. 鳍条

五、骨骼发育的适应性意义

胸鳍是美洲鲥最早发育的鱼鳍，2 d（MTL 8.4 mm）时便发现胸鳍乌喙骨，而其他鱼鳍皆以鳍褶的形式存在，此时在静水中已经具备一定的左右平衡能力，但头重脚轻易沉底。在 4 d 仔鱼（MTL 10.2 mm）卵黄囊完全消失之前，3 d（MTL 9.5 mm）时仔鱼便开始主动开口摄食，胃肠中可见轮虫。5 d（MTL 11.7 mm）时出现 2 枚尾下骨，在 6 d 时（MTL 12.1 mm）可见匙骨和支鳍骨原基，有一定的向前推进的游动能力。10 d（MTL 14.4 mm）尾索上翘尾鳍基本成型，同时形成髓弓、脉弓和臀鳍，具备较强的穿梭能力。10 d 左右美洲鲥的死亡率达到 15%，此时美洲鲥已经开口摄食，能源的摄取有所保障，可能与尾索上翘和其他骨骼变态发育有关。美洲鲥在 12 d（MTL 15.7 mm）时尾鳍支鳍骨软骨发育基本成型，尾鳍鳍条也都以软骨形式存在，此时游泳能力迅速增强，对主动摄食和避敌都有重要作用。

六、骨骼发育的特殊性

美洲鲥各鳍支鳍骨早期发育的先后次序依次为胸鳍、尾鳍、背鳍、臀鳍和腹鳍，各鳍支鳍骨与髓弓、脉弓、背肋、腹肋、髓棘和脉棘皆由软骨固化成硬骨，而脊柱和上匙骨为骨膜直接硬骨化形成，软骨染色对脊柱和匙骨无显色作用。美洲鲥的脊柱软骨发育开始于尾下骨以及尾部的髓弓和脉弓，发育的方向从尾椎到躯椎；而脊柱的硬骨化则由头尾两端向中间靠拢，每一对髓弓、脉弓、背肋、腹肋、髓棘和脉棘都是由基部向末梢硬骨化。美洲鲥隶属鲱科，在同科物种中，大西洋后线鲱（*Opisthonema oglinum*）（Richards W J 等，1974）的髓弓、脉弓和脊柱发育方向与美洲鲥完全一致；而太平洋鲱（*Clupea pallasii*）（Gwyn A M，1940；Matsuoka M，1997）、鳀鱼（*Engraulis japonicus*）（Alart E F，1995）的髓弓和脉弓也是从脊索末端区域向前发育，但脊柱的发育方向与美洲鲥相反。大黄鱼（*Larimichthys crocea*）（王秋荣等，2010）、日本鬼鲉（*Inimicus japonicus*）（崔国强等，2013）等脊柱骨化方向都是从头至尾。每一对髓弓、脉弓、背肋、腹肋、髓棘和脉棘都是从基部向末梢进行软骨和硬骨化，这与大部分鱼类相同，如大菱鲆（*Scophthalmus maximus*）（Tong X H 等，2012）、大黄鱼（王秋荣等，2010）等，但与刀鲚（*Coilia nasus*）（陈渊戈等，2011；张宗锋等，2015）骨骼发育明显不同，其是每一髓弓、脉弓、髓棘和脉棘从中部向基部和末端硬骨化。（邓平平等，2017）

美洲鲥尾鳍骨骼发育完善后形成6枚尾下骨（包括1枚侧尾下骨），其第1尾下骨与第2尾下骨的愈合也不十分明显，只在这两枚尾下骨的中段加以桥接，这与鳀鱼（Alart E F，1995）、刀鲚（陈渊戈等，2011）等鲱形目鱼类相似。在试验染色拍摄过程中发现个别美洲鲥躯椎发育畸形的现象，但比长江刀鲚畸形率低。（邓平平等，2017）

第八节　仔稚幼鱼的形态发育

研究美洲鲥早期仔稚幼鱼的形态发育，有助于了解其形态发育的特点，明确各器官形成的关键期，分析其组织和器官形成与环境相适应的变化规律，对制定合理的投喂策略以及提高苗种培育早期的成活率有重要意义。

为提高美洲鲥早期培育过程中的成活率，江阴市水产指导站对1～65 d美洲鲥前期仔鱼、后期仔鱼、稚鱼和幼鱼各发育时期的连续取样进行观察,确定了仔、稚、幼各期的形态发育特征。在水温 20.0℃±1.0℃下,美洲鲥初孵仔鱼全长 6.75 mm±0.60 mm;2 d 仔鱼开口摄食,进入混合营养期;4 d 仔鱼卵黄囊吸收完毕随即进入后期仔鱼阶段,从而完全依靠外源物质获取能量和营养;培育至 36 d,仔鱼鳃盖后缘及脊椎骨两侧线有少量鳞片状突起物,标志美洲鲥从仔鱼期过渡到稚鱼期;培育至 65 d,仔鱼身上鳞片基本长出,腹膜闭合,美洲鲥完成变态,成为幼鱼。美洲鲥仔稚幼鱼的形态发育见图 2-8。(张呈祥等,2010)

一、前期仔鱼

初孵仔鱼全长 6.75 mm±0.60 mm。卵黄囊呈圆球形,直径 2.00 mm±0.21 mm,约占全长的 1/4,星状斑纹色素细胞分布整个卵黄囊,体色透明,眼睛布满黑色素;未开口,可见明显的心跳,频率 100~120 次/min;肌节"V"形,约 55 节;耳囊和 2 对圆形或近圆形的耳石清晰可见;脊索前端稍弯曲,头部紧贴卵黄囊,肛门前位。胸鳍原基形成,胸鳍基柄呈扇状,鳍褶明显,尾鳍褶出现一些散射状小丝。初孵仔鱼多静伏在水底,对外界反应迅速,稍有惊动便急速窜游(图 2-8a)。

1 d 仔鱼全长 8.18 mm±0.84 mm,口器形成,血细胞无色素,心房和心室形成;卵黄囊逐渐变小,呈梨形,前端膨大,后段稍尖细,胸鳍加长变宽,胃已拉长近似葫芦状,肠道变粗,直肠的后上方出现一个透明的圆形膀胱,肛门尚未开口,3 条前部带状、后部雪花状色素带分布在肠道部的两体侧,尾鳍鳍褶分化出 20 余条辐射状的弹性丝(图 2-8b)。

2 d 仔鱼全长 9.30 mm±0.50 mm,大部分卵黄囊被吸收,仅剩 1/3,口、咽、胃和肠相通,口径 0.31 mm±0.08 mm,肛门开口于体外,肠道及体外可见排泄物,少数仔鱼开始觅食,逐渐建立外源性摄食关系。直肠前端有些膨大,稍微弯曲,直肠边缘有较多的枝状黑色素(洪孝友等,2011b)。3 条前部带状、后部星状斑纹色素细胞带分布在体侧,从口的下端一直延伸到肛门处,尾鳍鳍褶逐渐呈扇形,辐射状的弹性丝下部也分布有 2~3 点雪花状色素(图 2-8c)。

3 d 仔鱼全长 10.10 mm±1.10 mm,脑分化为前、中、后三节,仅剩一点卵黄囊,口径 0.35 mm±0.10 mm,鳃弓出现,肠道逐渐粗大,内褶出现并不规则蠕动,仔鱼下颌开始活动,此时约有 50% 的仔鱼摄食小型轮虫;背部鳍褶逐渐消失,背鳍原基出现,尾部鳍褶呈明显扇形且尾椎骨稍微上翘,体侧的肠道部带状色素细胞带颜色有所加深(图 2-8d)。

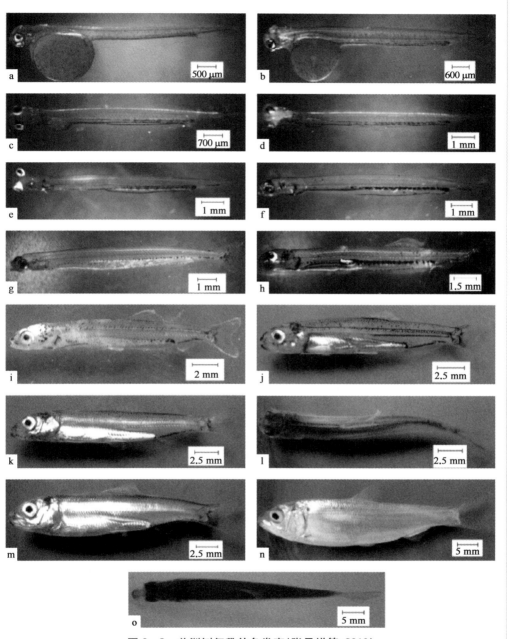

图 2-8　美洲鲥仔稚幼鱼发育(张呈祥等,2010)

　　a. 初孵仔鱼;b. 1 d仔鱼;c. 2 d仔鱼;d. 3 d仔鱼;e. 4 d仔鱼;f. 6 d仔鱼;g. 10 d仔鱼;h. 12 d仔鱼;i. 30 d仔鱼;j. 36 d仔鱼;k. 42 d稚鱼侧面观;l. 42 d稚鱼正面观;m. 50 d稚鱼;n. 65 d幼鱼侧面观;o. 65 d幼鱼正面观

4 d 仔鱼全长 11.00 mm±1.05 mm,肛前体长约为肛后体长的 4 倍,眼睛较大,眼眶为 0.39 mm±0.11 mm,口径为 0.62 mm。卵黄囊基本吸收完毕,开始转化为外源性营养,心脏变大,视杯更多地包围晶体,视杯色素集聚,眼乌黑外凸,耳囊中后部的耳石明显;背鳍进一步发育,仔鱼摄食能力增强,肠道中开始出现异物颗粒;鳔还未开始充气,但此时仔鱼游泳能力有所增强,在无外力的情况下靠身体的"蛇形"摆动,可以窜游到浅水区域,仔鱼开始集群活动,逐渐向池角和池边集群、环游(图 2-8e)。

二、后期仔鱼

后期仔鱼完全依靠外源性营养物质获取能量,以鳔室、脊椎的形成以及各鳍的分化为主要标志。背鳍原基可见,头骨变厚,开始不透明,头盖骨开始形成(洪孝友等,2011b)。6 d 仔鱼全长 11.90 mm±1.32 mm,体高 0.92 mm±0.15 mm。耳囊前部耳石变化不大,后部耳石变长变大呈椭圆形,第 2 及第 3 鳃弓外缘形成 4~5 个短突状原基,鳃弧中都有血液循环入鳃动脉,腹大动脉,肠胃间有大量的血液流动形成网状血流,心室及心房内的血细胞为红褐色,其余部分的血细胞淡黄色。胸鳍已伸长成扇形频繁扇动,背鳍鳍条原基呈辐射状,扇形尾鳍上部也分布辐射状弹丝及色素,尾鳍下部鳍条原基出现。口器翕张频繁,追捕生物饵料,"S"形肠环明显,食性转换,肠道镜检可见消化后的枝角类及桡足类浮游动物;管鳔与胃前端相通,已充气,此时仔鱼背面观似一根狭长针,侧面观则像纺锤(图 2-8f)。

10 d 仔鱼全长 12.80 mm±1.65 mm,体高 1.20 mm±0.23 mm。第 2 及第 3 鳃弓外缘形成鳃丝,摄食能力增强,肠道食物饱满;背部鳍褶消失,14 枚背鳍条清晰可见;脊索末端向上弯曲,近末端斜下方可见 19 枚尾鳍鳍条,色素明显增多,扇形尾鳍褶外缘内凹;与此同时,臀鳍原基亦出现(图 2-8g)。

12 d 仔鱼全长 14.80 mm±1.41 mm,体高 1.65 mm±0.35 mm。口径已达 1.00 mm±0.12 mm,第 5 鳃弓外缘均有鳃丝形成,锯齿状鳃盖开始形成;管鳔充放气明显,脊椎骨形成,臀鳍清晰可见 16 枚鳍条,此时可观察到尾鳍中央靠近尾柄的地方呈黑色,尾鳍后缘分叉呈典型的叉型尾(图 2-8h)。

30 d 仔鱼全长 19.00 mm±3.05 mm,体高 2.20 mm±0.71 mm。脂眼睑发达,呈现银白色,鳃盖完全发育完成,鳃丝呈血红色;腹鳍出现,尾鳍上下叶进一步发育,等长叉型更加明显。此时,全身分布色素细胞。肠道仍为直形,追击生物饵料的行为更加明显,"肠环"变粗。晚间鱼群有一定的趋光性,在灯光下,仔鱼成群在水体上层不停地做有规律的顺时针或逆时针游动(图 2-8i)。

36 d 仔鱼全长 23.00 mm±3.97 mm,此时体高 3.00 mm±0.85 mm。鳍褶基本消失,鳃盖已完全遮盖鳃丝,无法直接从侧面看到鳃丝,由于白色腹膜的遮盖,已经不能活体观察肠道中的状况,解剖发现"Y"形胃形成并有数根幽门盲囊,管鳔型单室,鳔始于胃盲囊端部,肠道呈直管状无盘曲。鱼苗十分活跃,摄食能力很强,喜趋光、集群,在主食浮游动物的同时,可以进行人工饲料的驯化,若及时驯化则可顺利过渡到全部摄食膨化配合饲料阶段(图 2-8j)。

三、稚鱼

42 d 稚鱼腹鳍鳍条基本长出,80%的仔鱼完成腹鳍的分化。仔鱼鳃盖后缘及前端及脊椎两侧附近有少量鳞片状反光突起物,躯体仍然透明(图 2-8k),正面观依稀可见鲜红的鳃丝,背部布满黑斑,臀鳍基部分布着一线状黑色素斑。此时稚鱼全长 26.00 mm±5.30 mm,体高 3.50 mm±0.85 mm,眼径为 0.27 mm±0.09 mm,全长为头长的 5.50 倍。初次出现的鳞片近圆形,由前区和后区两部分组成,前区为不闭合均匀鳞纹,后区边缘细花状。50 d 的稚鱼上颌两侧各具一列绒毛状微齿,眼眶呈金属光泽,鳞片继续增加,脊椎骨以下部位均已长满鳞片,呈银白色,锋利的锯齿状棱鳞形成。解剖和切片显微观察发现,鳃弓共 5 对,第 1 鳃弓鳃耙数 27+43,鳃耙细长而密集,最长鳃耙 0.85 mm,鳃耙间距 0.04~0.05 mm,肠道内壁柱状纤毛长而发达,"Y"形胃发达,肠道内有 60~65 条幽门盲囊(图 2-8l、图 2-8m)。

四、幼鱼

65 d 幼鱼全长 57.00 mm±8.05 mm,体长 48.50 mm±6.10 mm,体高 12.30 mm±1.29 mm,体质量 1.65 g±0.32 g,眼径为 3.50 mm±0.40 mm,口径长 7.00 mm±0.09 mm,全长为头长的 5.15 倍。全身鳞片基本长出,腹膜闭合,鳃盖后上端附近分布一黑斑连带一条细长不发达侧线,侧线鳞 52~55,在侧线上部还分布着 4 个黑斑,侧面观体色为银白色,背部青灰色兼蓝绿色光泽,尾鳍末端呈黑色"V"形带,鳞片清晰,已全身被鳞,标志着进入幼鱼期。此时鳞片长方形,鳞纹增密,前区隐约可见一环带,后区呈龟裂状。鳍条分节特征已与成鱼相同,各鳍鳍式:背鳍 D.15-19,胸鳍 P.16-18,臀鳍 A.18-24,腹鳍 V.8-9,尾鳍 T.25。此时,性腺已经开始分化,但肉眼无法辨别雌雄,其生殖导管独立于泌尿管,位于肛门与泌尿孔之间,由前至后依次为肛门、生殖孔和泌尿孔。至此,除体高与全长比相对较小之外,外部形态与成鱼相比基本无区别,早期发育完成(图2-8n、2-8o)。

参考文献

Balart E F. 1995. Development of the vertebral column, fins and fin supports in the Japanese anchovy, *Engraulis japonicus* (Clupeiformes:Engraulididae). Bulletin of Marine Science, 56(2):495-522.

Gwyn A M. 1940. The development of the vertebral column of the Pacific herring (*Clupea pallasii*). Journal of the Fisheries Research Board of Canada, 5(1):11-22.

Matsuoka M. 1997. Osteological development in the Japanese sardine, *Sardinops melanostictus*. Ichthyological Research, 44(3):275-295.

Richards W J, Miller R V, Houde E D, et al. 1974. Egg and larval development of the Atlantic thread herring, *Opisthonema oglinum*. Fishery Bulletin, 72(4):1123-1136.

Tong X H, Liu Q H, Xu S H, et al. 2012. Skeletal development and abnormalities of the vertebral column and of the fins in hatchery-reared turbot *Scophthalmus maximus*. Journal of fish biology, 80(3):486-502.

崔国强,陈阿琴,吕为群.2013.日本鬼鲉脊柱和附肢骨骼的早期发育.水产学报,37(2):230-238.

陈渊戈,夏冬,钟俊生,等.2011.刀鲚仔稚鱼脊柱和附肢骨骼发育.上海海洋大学学报,20(2):217-223.

杜浩.2005.美洲鲥(*Alosa sapidissima*)人工孵化、养殖及转运关键技术的研究.华中农业大学学位论文,15-22.

杜浩,危起伟.2004.美洲鲥的生物学特征及资源状况.淡水渔业,34(1):62-64.

邓平平,施永海,徐嘉波,等.2017.美洲鲥仔稚鱼脊柱及附肢骨骼系统的早期发育.中国水产科学,24(1):73-81.

高小强,刘志峰,黄滨,等.2018.美洲鲥繁殖特性研究.水产研究,5(2):98-111.

洪孝友,朱新平,陈昆慈,等.2011a.美洲鲥的形态特征与细胞核型.大连海洋大学学报,26(2):180-183.

洪孝友,朱新平,陈昆慈,等.2011b.美洲鲥胚胎及仔稚鱼的发育.水生生物学报,35(1):153-162.

洪孝友,陈昆慈,李凯彬,等.2014.水库网箱美洲鲥养殖试验.中国水产,(2):8-9.

洪磊,李兆新,陈超,等.2014.美洲鲥鱼卵巢发育规律和性类固醇激素变化研究.中国工程科学,16(9):86-92.

刘青华,贾艳菊,高永利,等.2006.美国鲥鱼的生物学特性与集约化养殖管理.渔业现代化,(1):26-27+34.

刘金兰,孙文君,董少杰,等.2008.美洲鲥形态结构初步观察.湖北农业科学,47(7):822-823.

施永海,蒋飞,于爱青,等.2020.仿洄游培育美洲鲥亲本的性腺发育.淡水渔业,50(2):38-44.

施永海,徐嘉波,陆根海,等.2017.养殖美洲鲥的生长特性.动物学杂志,52(4):638-645.

王汉平,张邦杰.1995.鲥鱼的驯养与生物学研究Ⅱ//王汉平,钟鸣远,陈大庆,等.池养鲥鱼的生长特性及其与温度的关系.应用生态学报,6(3):291－297.

王秋荣,倪玥莹,林利民,等.2010.大黄鱼仔稚鱼脊柱、胸鳍及尾鳍骨骼系统的发育观察.水生生物学报,34(3):467－472.

徐钢春,张呈祥,郑金良,等.2012.美洲鲥的人工繁殖及胚胎发育的研究.海洋科学,36(7):89－96.

徐纪萍,钱辉仁.2011.美洲鲥鱼循环水清洁养殖技术.中国水产,(9):33－36.

张呈祥,徐钢春,徐跑.等.2010.美洲鲥仔、稚、幼鱼的形态发育与生长特征.中国水产科学,17(6):1227－1235.

张宗锋,施永海,张根玉,等.2015.刀鲚脊柱及附肢骨骼早期发育研究.水产科技情报,42(4):175－178.

第三章

美洲鲥的人工繁殖技术

在目前中国鲥濒临灭绝的情况下,美洲鲥的养殖前景非常看好。为了满足市场需求,自20世纪末开始,国内学者从美国引进美洲鲥受精卵开展人工繁殖等方面的研究。上海市水产研究所自1998年起着手引进美洲鲥鱼卵并进行人工繁殖技术研究,经过多年关键技术参数的优化,形成了一整套全人工繁育的技术方案,现已具备规模化生产能力。

第一节　繁育场的建设

一、场地选择

美洲鲥人工繁育场宜选择在淡水资源丰富、水质良好、无工业及城市排污影响的江河湖泊或河口处进行建设,也可以对家鱼繁育场或者鳗鲡等养殖场的设施加以改造利用。场地选择要求"三通",即通水、通电和通路。

美洲鲥的人工繁殖、苗种培育都必须在淡水中进行,水质的优劣是繁育场建设的重要参考指标。通常,作为美洲鲥繁育场的水质应符合《渔业水质标准》的规定。具体要求如下:pH为$7.0 \sim 8.2$;溶解氧(DO)不低于5 mg/L;总氨氮(TAN)0.05 mg/L以下;亚硝酸盐氮($NO_2 - N$)0.01 mg/L以下;水中重金属含量不超过《渔业水域水质标准》;水中杂质少,透明度较高,不含过多的浮游动植物。

二、主要设施

1. 供水系统

供水系统主要由蓄水池、过滤设备、水泵及管道组成。蓄水池可按功能设计建造露天沉淀池和室内黑暗沉淀蓄水池等。前者为池塘，主要用于的初级沉淀和蓄水；后者通常为水泥结构，通过水泵和管道与繁育池连通，主要用于沉淀、消毒、曝气、预热或降温等。有条件的繁育场，在露天沉淀池和室内黑暗沉淀池之间设置过滤设备，如砂滤池和滤网。水泵管道主要包括闸口纳水泵房机组、引水渠道、蓄水池与繁育池的连接水泵、管道和阀门。

2. 供电系统

供电系统主要由电源、配电房和输电线路组成。此外，需另外配置 1 台发电机组应急用电，发电容量以保证繁殖培育场正常运作而定。

3. 控温系统

控温系统由制冷制热空调系统(如空气能机组)、管道和阀门等组成，为室内蓄水池、繁育池和孵化池等调控水温。制冷制热空调系统除空气能机组外，也可以利用制冷机组、深井水、山泉水等进行降温调节或利用锅炉、地热、工厂余热等进行升温调节。管道为不含重金属及有害物质的不锈钢管或铁管。

4. 供气系统

大型繁育场的供气系统由罗茨鼓风机(功率为 7.5 kW)和供气管道组成，小型繁育场供气系统可由小型(功率为 1.0～2.0 kW)气泵和供气管道组成。供气系统主要给亲本培育池、苗种培育池、生物饵料培育池等送气增氧。此外，为防止使用中的供气设备出现故障，应加配 1 台同型号供气设备应急。

5. 亲本池

美洲鲥亲本池一般分为后备亲本培育池和亲本强化适应池等。后备亲本培育池一般是越冬养殖池兼用。国内常用的后备亲本培育池有两种，一种是工厂化养殖池，面积以 100～400 m^2 为宜，水深以 1.2～1.5 m 为宜，一般用简易混凝土结构，上面建保温车间；另一种是土池大棚，在土池上方搭建柔性钢丝绳塑料薄膜大棚，面积以 0.13～0.33 hm^2 为宜，水深以 1.5～1.8 m 为宜。亲本强化适应池主要是为了在土池大棚培育的亲本到室内促产池之前有一个适应的水泥池，面积以 100～200 m^2 为宜，水深以 1.4～1.6 m 为宜。

6. 促产循环系统

促产循环系统一般由促产池、集卵池、集卵网箱以及水循环管道组成。促产池的上半部分以圆形或者抹角正方形的水泥池为宜,面积以 $100\sim200\ m^2$ 为宜,水深以 $1.0\sim1.5\ m$ 为宜;下半部分呈锥形,池中心设有排水口,排水口连接排水管,进入促产池旁边的集卵池,集卵池内设有集卵网箱,网片为 $20\sim30$ 目的聚乙烯网。在促产循环系统的上方搭建车间或者大棚,保证白天的光照强度为 $300\sim500\ lx$。

7. 孵化池

美洲鲥鱼卵是沉性卵,所以孵化容器需要用锥型底的容器,如锥型玻璃钢桶、锥型水泥池等,水体以 $0.2\sim2.0\ m^2$ 为宜,锥底的水深应超过 $0.5\ m$,锥形底部设置 $2\sim3$ 个散气石。

第二节　亲本的培育与选择

一、亲本的来源

有充足的高质量亲本是美洲鲥人工繁殖成功的先决条件。国内,美洲鲥繁殖用亲本是人工养成的成鱼再培育而成的。江苏和浙江地区,一般到 $11\sim12$ 月,美洲鲥经过一年半的养殖,在养殖群体中,选留色彩纯正、体格健壮、无外伤、肥满度较好、生长发育良好的 1 龄以上的个体作为美洲鲥第 2 年繁育用后备亲本,移入亲本池进行越冬及强化培育,后备亲本的雌雄比为 1:1。

二、亲本培育

亲本培育的方式主要有两种:一种是采用深井水+工厂化培育,培育方式与成鱼养殖方式类似,可以参阅接下来的成鱼养殖和越冬等相关章节,这里不再做详细介绍;另一种是池塘大棚越冬培育+水泥池适应性强化,上海市水产研究所经过多年的实践,采用此方式培育美洲鲥亲本获得良好的效果,本节主要介绍该亲本培育模式。

1. 亲本池塘大棚越冬培育

江浙地区,美洲鲥亲本越冬培育时间一般从 $11\sim12$ 月到次年的 3 月中下旬,在池塘上方搭建钢丝绳柔性大棚,全塘拉盖塑料薄膜。当外塘水温下降到 13℃

时,美洲鲥亲本移入池塘简易塑料大棚内进行越冬培育,亲本迁入越冬棚前,池塘必须清淤修整,然后用生石灰 2 250 kg/hm² 干法清塘消毒,注水 1 周后才可放鱼。亲本越冬密度为 0.48～1.56 尾/m²,投喂粗蛋白含量 44％以上的海水鱼膨化配合饲料,依据亲本规格选择不同直径的颗粒饲料,每天投饲 2 次,每次投喂 2 h 后要检查吃食情况,及时捞出残饵,同时调整下次的投饲量。越冬培育用水为当地河口水,有条件的地方可采用先升盐、再降盐的方法进行仿洄游调控,盐度调控范围以 0～15 为宜。当大棚内水温低于 12℃时不换水;12℃以上时,每次换水量不超过 30％;15℃以上时,每次换水量视水质状况可以增加到 50％以上。换水时棚内外的水温差小于 5℃,在越冬期间水温控制在 10℃以上。

2. 亲本适应性强化培育

一般 3 月中旬至 4 月中旬,将越冬培育的美洲鲥亲本从土池大棚移入简易大棚水泥池进行春季适应性强化培育,培育用池为面积 220 m²、深 1.2～1.8 m、池壁光滑的方形水泥池,水泥池上方架构拱形顶,顶部覆盖塑料薄膜和遮阴率 90％的遮阴膜,以互相补充调光调温,保证白天的光照强度为 300～500 lx,保持水温为 16～18℃。池内放置散气石,密度为 0.2～0.3 个/m²,连续充气。放养前,清池消毒后,晾干 3～4 d 后再使用,亲本放养密度为 0.7～2.0 尾/m²。其间,投喂粗蛋白含量为 44％的海水鱼膨化配合饲料 3# 料(明辉牌,浮性),每天投喂 2 次(9:00 和 15:00),以 1～2 h 摄食完为准;用水为当地河水(淡水),经过沉淀和自然预升降温,筛绢网(60 目)过滤,每 5～6 d 换水 1 次,每次 2/3,每 2 周倒池 1 次,换水温差小于 2℃,翻池水温差小于 1℃。

典型案例分析

美洲鲥性情急躁,池塘培育美洲鲥亲本长期在池塘大环境下生长,对水泥池小环境会有一定应激反应,亲本需要经过一个水泥池适应性的强化培育过程才能进行促产交配。上海市水产研究所奉贤科研基地于 2017 年和 2018 年采用上述技术,研究了池塘培育美洲鲥亲本的适应性强化培育技术。池塘培育美洲鲥亲本经约一个月的简易大棚水泥池适应性强化培育,培育成活率 2017 年较高(88.7％～92.9％)、2018 年较低(69.4％～78.1％),见表 3－2。适应性强化培育后,美洲鲥发育良好,雌鱼后腹部明显膨大,雄鱼腹部性腺轮廓明显。对 2017 年适应性强化培育的美洲鲥产前雌鱼亲本(Ⅴ期)进行测量解剖:体长 34.62 cm±2.90 cm、体质量 844.11 g±134.78 g、卵巢重 232.22 g±73.42 g、肥满度 2.07％±0.42％及卵巢性腺指数 27.59％±6.47％(17.39％～35.20％),卵巢腔内游离卵的数量和重量分别为 3.226 万粒±2.734 万粒和 114.83 g±73.42 g,每克游离卵的数量为 271.68 粒±127.47 粒,$n=9$。

表 3-2 美洲鲥亲本适应性强化培育情况

年份	池号	面积 (m²)	平均水温 (℃)	放养日期 (m-d)	放养数量 (尾)	放养密度/ (尾/m²)	收获日期 (m-d)	收获数量 (尾)	成活率 (%)
2017	M3	220	18.44±0.88	04-20	226	1.03	05-17	210	92.9
2017	W5	220	19.16±1.43	04-24	222	1.01	05-31	197	88.7
2018	M3	220	15.52±1.58	03-19	201	0.91	05-03	157	78.1
2018	M7	220	15.87±1.71	03-19	160	0.73	05-09	111	69.4

本案例中,2017 年的强化适应培育成活率(88.7%～92.9%)明显高于 2018 年(69.4%～78.1%),可能原因为在 2017 年池塘培育及池塘大棚越冬培育期间,每月对美洲鲥拉网进行生长及发育监测,这每月的拉网操作相当于对美洲鲥人为操作应激的一个锻炼,使美洲鲥性情趋于温和、适应人为拉网操作,这也成了 2017 年池塘拉网运输进入水泥池后的美洲鲥强化培育成活率高的主要因素。然而,频繁的监测拉网操作会干扰亲本性腺发育,进而可能影响亲本交配产卵的受精率,这可能是造成本研究中美洲鲥受精率 2017 年较低(6.68%)、2018 年较高(15.80%)的主要因素之一。

卵巢性腺指数是卵巢成熟度的系数,反映了鱼类亲本卵巢的发育程度。本案例中池塘培育美洲鲥 V 期雌鱼亲本卵巢性腺指数为 27.59%±6.47%(17.39%～35.20%),明显高于工厂化培育的亲本(4.58%、18.47%)(洪孝友等,2016;洪磊等,2014),也略好于自然野生亲本(均值为 20.5%,范围为 5.8%～35.4%)(Olney et al.,2001)。由此可见,美洲鲥亲本春夏秋遮阴池塘培育、冬季土池大棚越冬、遮阴水泥池强化培育及升盐降盐处理的仿洄游培育方式在其性腺发育的激发和调控方面优于工厂化培育模式,更接近自然生境。

第三节　亲本促产受精

目前,美洲鲥的催产催熟方法有注射激素人工授精法和人工环境调控下的自然交配受精法。前者是在美洲鲥繁殖技术研发过程中,早期使用的方法,采用的催产药物主要有 LHRH－A_2(促黄体素释放激素)、HCG(促绒毛膜性腺激素)、DOM(马来地欧酮)和鱼类催产助剂[主要成分为左旋甲状腺素钠(Thyroxine Sodium,T4)和地塞米松(Dexamethasone)]等,可联合使用也可以单独使用,采用背鳍基部或者胸腔基部注射法,注射可以 1 次性也可以分成 2 次注射,催产可获得成功,有一定量的受精卵(徐钢春等,2012;李卫芳,2013)。但是由于美洲鲥雌鱼分批成熟分批产卵,使用药物催产只能短期作用于发育到雌鱼卵巢内第 5 时相的卵母细胞,所以造成雌鱼的浪费。另外,美洲鲥亲本性情急躁,注射操作对亲本惊动大,鳞片掉落较多,亲本机械损伤不可避免,造成亲本死亡率较高,亲本消耗大。因此,现在国内很少使用药物催产美洲鲥亲本,大多数采用水流刺激、水温调控等方法促进美洲鲥亲本性腺发育和交配产卵受精。上海市水产研究所经过多年科研生产经验的积累,采用人工调控促使美洲鲥产卵交配获得良好效果。本节主要介绍此方法。

一、促产循环系统的构建

产卵池的上半部分为近正方形水泥池(图 3－3－1、图 3－3－2),规格为11.0 m×10.0 m×(1.2～1.3)m,水深为 1.05～1.15 m,下半部分呈锥形,池中心设有排水口,排水口和池壁底部的落差为 20～30 cm,排水口上设有排水罩,排水口连接4 寸排水管,沿产卵池四周底部铺设纳米充气管,形成闭合充气环;产卵池旁边设有一个集卵池,集卵池为狭长形水泥池,11.0 m×1.0 m×(1.6～1.7)m,水深 1.4～1.5 m,集卵池的一端设有 20 根 1 寸气提循环管,通过充气的方式把集卵池的水提升

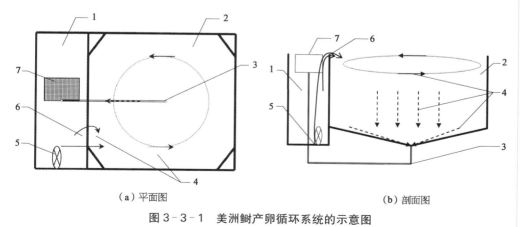

(a)平面图　　　　　　　　　　　(b)剖面图

图 3－3－1　美洲鲥产卵循环系统的示意图

1. 集卵池;2. 产卵池;3. 排水口;4. 水流方向;5. 潜水泵;6. 气提管;7. 集卵网箱

到产卵池内;同时,设有 2 寸 0.75 kW 的潜水泵,通过软管把集卵池的水回流到产卵池;集卵池中心位置设有集卵网箱,规格为 1.0 m×0.6 m×0.4 m,网片为 20~30 目的聚乙烯网,集卵网箱底部中心向下圆形开口做成袖管(图 3-3-3、图 3-3-4),同时将 4 寸排水管接入,促产池的水利用水位压力差通过中心排水口以及排水管顺水流方向进入集卵网箱,鱼卵随水流从底部进入集卵网箱,鱼卵滞留于网箱,水流

图 3-3-2 美洲鲥产卵循环系统实景

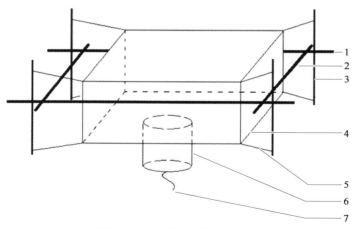

图 3-3-3 集卵网箱的示意图

1. 网箱架长边;2. 网箱架宽边;3. 网箱架支脚;4. 网箱;5. 网箱尼龙绳;6. 网套;7. 尼龙绳

图 3-3-4 集卵网箱的实物图

经过网箱网片进入集卵池,再由气提管以及潜水泵进入产卵池,完成整个水循环;在促产循环系统的上方设置拱形环顶,顶部覆盖 2～3 层遮阴膜,保证白天的光照强度为 300～500 lx,同时配备 20 kW 的空气能制冷机组维持水温。

二、促产亲本放养前准备

促产亲本放养前,对促产池和集卵池及附属设备进行消毒,给整个系统注水,用 10 mg/L 漂白精溶解后全池泼洒,开启气提管阀门,使整个系统内水循环 1～2 h;然后浸泡 24 h 后,排水冲洗干净,晾干 3～4 d 后再使用;亲本放养前 2～3 d 进水,用水经过池塘一级沉淀、水泥池二级沉淀及空气能机组调温,进水用 80 目筛绢网过滤;进水后,使用 1～2 mg/L 的大苏打溶解后全池泼洒,开启气提循环和纳米管充气,循环 24 h 方可使用,水温维持在 18～19℃。

三、促产亲本挑选及放养

4～5 月,在亲本强化培育池内挑选促产用亲本。挑选促产亲本的要求:雌鱼后腹部膨大而柔软,泄殖孔微红,轻压腹部不流卵;雄鱼,轻压泄殖孔有少量精液流出,且遇水不散(图 3-3-5)。挑选过程中,亲本分雌雄分别放入网箱暂养,网箱规格为 2.0 m×1.2 m×0.5 m,网箱的网片是网目为 2 mm×3 mm 的皮条网,暂养密度为雌鱼 10～15 尾/箱,雄鱼 20～30 尾/箱,暂养时间不超过 30 min;采用塑料圆桶运输放入促产池,塑料圆桶的直径为 32 cm,高度为 35 cm,桶的容量为 28 L,运鱼时桶内装水量 15 L,即桶的 1/2;运输时,雌鱼每桶放 1 尾,雄鱼每桶放 2～3尾;整个挑选和运输过程中操作要轻柔不离水,每次装载运输时间不超过 15 min;促产亲本放养密度为 1.0～1.5 尾/m²,雌雄比为 1：1.1～1：1.5。

图 3-3-5　培育的美洲鲥亲本(上为雌鱼;下为雄鱼)

四、亲本促产交配受精

亲本进入产卵池后,要保持周围绝对安静,24 h 连续不间断开启纳米管充气和气提循环,20:00 至次日 10:00 期间开启循环潜水泵,增强循环压力和水流流速,使产卵池水位高于集卵池水位 20～30 cm,使得产卵池的卵通过 4 寸排水管到集卵池的水流流速达到 20 m³/h,在促产池中心排水口上方形成旋涡。促产期间,上午投喂饲料 1 次,投饲量为鱼体质量的 0.3%～0.5%,每隔 2～3 d 换水 1 次,每次20%～30%,用水经过水泥池沉淀曝气及预降温至 17～18℃,并用 80 目筛绢网过滤进水,利用制冷机组保持促产水温为 17～20℃;及时清除死亡个体,以防止死亡个体堵住中心排水口。有条件的地方,可以每隔 10～15 d 清理亲本 1 次,把参与交配多次的、体型瘦瘪的亲本剔除出来,避免这些产后亲本干扰其他亲本的交配受精和摄取鱼卵,及时补充新的亲本到促产池。

五、鱼卵收集清洗

美洲鲥亲本交配受精时间一般在 5:00~8:00,收集鱼卵一般在 9:00~10:00。收集鱼卵前,先清洗集卵网箱的网片四周,清除附着在网片的垃圾,然后抬起网箱,使网箱底部悬于水面以下 5~10 cm 处,沉底的鱼卵半湿状态,用 24 目软筛绢圆形抄网抄网箱底部(图 3-3-6)。收集的鱼卵夹杂着鳞片和水体沉积物,需要清洗和分离,先用 24 目软筛绢圆形抄网分少量多次漂洗鱼卵,清除水体沉积物;再用网目规格为 6 mm×6 mm 的网过筛,剔除鳞片和成形的粪便,然后用烧杯量取鱼卵总体积,计数后移到孵化池,鱼卵清洗和清理用水采用促产池的水。

图 3-3-6　鱼卵收集

典型案例分析

上海市水产研究所奉贤科研基地选取 2 龄体表无外伤健康、经强化培育的美洲鲥作为亲本,于2017～2019年采用水流刺激、水温调控等上述方法,在全程不使用深井水条件下,开展了美洲鲥全人工繁殖技术研究。研究发现,池塘培育美洲鲥雌、雄鱼2龄达到初次性成熟,繁殖期为5～7月;2017年和2018年产卵持续时间分别为35 d(5月17日～6月21日)和89 d(5月4日～7月31日),产卵总量分别为277.96万粒和471.48万粒,日均产卵量分别为8.18万粒和5.30万粒,受精卵总量分别为18.58万粒和74.47万粒,平均受精率分别为6.68%和15.80%。

2017年,美洲鲥人工繁殖期间,每7～10 d对产卵池亲本进行清理,剔除无用亲本,补充挑选亲本。产卵持续时间为35 d(5月17日～6月21日),产卵总量277.96万粒,受精卵总量18.58万粒,平均受精率为6.68%(表3-3);日均产卵量为8.18万粒,日产卵量最高是29.4万粒,时间是5月19日(图3-3-7);受精率最高是17.69%,时间是6月7日(图3-3-8)。

表3-3　2017～2019年美洲鲥产卵受精情况

年份	产卵日期 (m-d)	平均水温 (℃)	产卵总量 (万粒)	受精卵总量 (万粒)	平均受精率 (%)	日均产卵量 (万粒)
2017	5-19～6-21	20.14±1.01	277.96	18.58	6.68	8.18
2018	5-4～7-31	18.73±1.18	471.48	74.47	15.80	5.30
2019	4-19～8-7	19.81±1.50	2 226.32	195.86	8.80	20.06

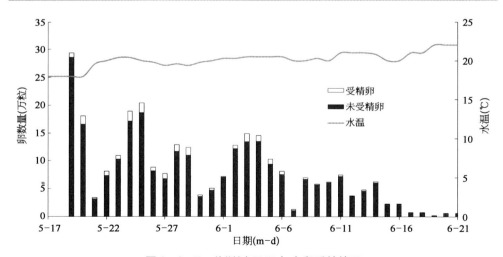

图3-3-7　美洲鲥2017年产卵受精情况

2018年,开展美洲鲥人工繁殖,挑选75组亲本放入产卵池,其间不再清理亲本。产卵持续时间为89 d(5月4日～7月31日),产卵总量471.48万粒,每尾雌

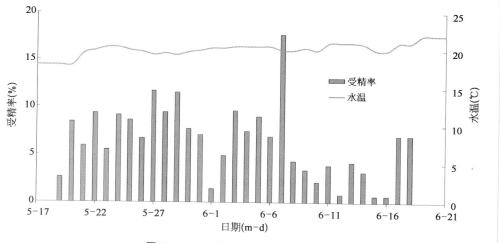

图 3-3-8　美洲鲥 2017 年的受精率

鱼平均产卵总量为 6.23 万粒,受精卵总量为 74.47 万粒,平均受精率为 15.80%,日均产卵量为 5.30 万粒(表 3-3、图 3-3-9)。

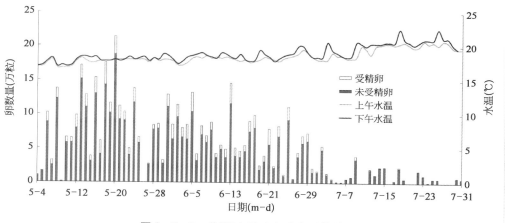

图 3-3-9　美洲鲥 2018 年产卵受精情况

2019 年,亲本繁殖产卵总历时 111 d(4 月 19 日～8 月 7 日),单批交配产卵历时 77 d,产卵 2 226.32 万粒,受精率 8.80%,受精卵为 195.86 万粒,总计挑选 940 尾促产亲本,每尾雌鱼平均产卵 4.74 万粒,受精率最高是 6 月 19 日,为 35.22%;日受精卵量最多的是 5 月 10 日,为 2.83 万粒(表 3-3、图 3-3-10)。

池塘培育美洲鲥雌、雄鱼 2 龄达到初次性成熟,繁殖期为 5～7 月,本案例中,养殖美洲鲥最小性成熟年龄为 2 龄,这与徐钢春等(2012)的研究结果相一致。然

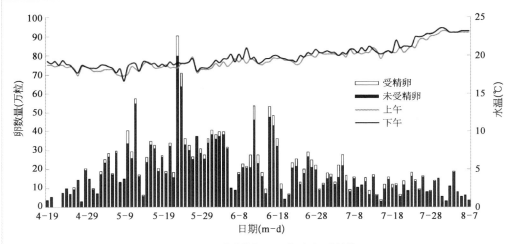

图 3-3-10　美洲鲥 2019 年产卵受精情况

而,早在 1967 年,Walhurg 和 Nichols 对分布在美国的 7 条河流中的美洲鲥成熟雌鱼生物学进行了调查研究,发现最小性成熟(即初次性成熟)年龄为 3 龄(杜浩,2005)。造成人工养殖美洲鲥性成熟年龄提早的原因可能是人工养殖环境下,饵料充足,饲料营养价值高,美洲鲥营养积累较好,这可能导致了性早熟。另外,本研究池塘培育美洲鲥亲本在促产交配期间依然保持低水平的摄食,摄食量占鱼体质量的 0.3%～0.5%,这与美洲鲥雌鱼卵巢分批成熟、分批产卵的习性有关,在实际的人工繁殖过程中,促产交配期间投喂高营养价值的饲料是非常有必要的。这现象也出现在中国鲥鱼,天然中国鲥溯入江河后,绝大部分停止摄食,性腺发育所需营养依赖于冬季储存的脂肪,养殖中国鲥在性腺发育过程中一直保持摄食状态(王汉平等,1995)。研究建议,美洲鲥促产期间投喂高营养价值的饲料。

目前,美洲鲥人工促产自然交配的受精率总体相对较低,本案例中 2017 年和 2018 年平均受精率分别为 6.68% 和 15.80%(极端最高值为 33.28%),这与其他研究人员对美洲鲥亲本人工促产、自然交配的研究结果也相一致,如徐钢春等(2012)(平均为 10%)和曹祥德等(2016a)(6.3%～20.5%)。造成受精率低下的可能原因是美洲鲥从美洲引进和驯养后,人工养殖及亲本培育还不一定符合其生理生态需求,特别是饲料,目前还没有开发专用饲料,大多采用海水鱼膨化配合饲料来代替,海水鱼膨化配合饲料不一定符合作为洄游性鱼类的美洲鲥生殖生理需求,有关美洲鲥亲本营养积累的问题在以往的研究中也有提及。因此,美洲鲥营养需求和商品饲料开发是美洲鲥人工繁殖及养殖的技术关键。

当然,造成美洲鲥受精率 2017 年较低(6.68%)、2018 年较高(15.80%)的主要因素,除了前面所述亲本性腺发育受到频繁拉网操作影响的因素之外,另外一个重要的因素是美洲鲥亲本促产的水温。美洲鲥交配产卵的适宜水温可能在20℃以下,2017年美洲鲥亲本促产平均水温相对过高(20.14℃),而2018年是18.73℃,这水温可能更加符合美洲鲥交配产卵的要求;另外,在2017年和2018年前中期促产水温控制在16～20℃,受精率较高,而产卵后期,水温长时间超过20℃后,受精率均大幅下降,这点再次证实了美洲鲥交配产卵适宜水温在20℃以下。这也与徐钢春等(2012)所述的"在14～19℃控制产卵效果更好"和曹祥德等(2016a)所述的"最佳产卵温度为16～19℃"相一致。研究建议,美洲鲥促产交配适宜水温为16～20℃。

第四节　受精卵孵化

目前美洲鲥受精卵常见的孵化方法有两种:一种是采用"四大家鱼"锥形孵化桶微流水孵化,水流量控制在3 m³/h,温度控制在18～20℃,孵化用水的溶氧保持在5 mg/L左右,pH为7.5～8.5(图3-4-1)(王达琼等,2020),流水孵化操作管理相对简单,但流水需要大量适宜温度的水源,如果气温上升,就需要不断提供预降温的清洁水来维持孵化池的水温;另一种是锥形底水泥池静水孵化,池中设置控温管道,来维持水温的相对稳定,经过上海市水产研究所奉贤科

图3-4-1　孵化桶流水孵化

研基地长期生产实践,美洲鲥受精卵静水孵化也能获得较好的效果。因静水孵化管理相对较复杂,故本节主要介绍锥形底水泥池静水孵化方式。

一、孵化条件

一般锥形底水泥孵化池上口规格为1.13 m×1.13 m×0.8 m,锥底深0.5 m,孵化池容积1.2 m³,实用水体1.0 m³,每个孵化池安装2个散气石,为保持受精卵

孵化时的水温和光照条件,专门建设受精卵孵化车间,车间主体为水泥结构,车间内每个孵化池设单独控温管道、进水管道和排水管道,车间上方为弓形镀锌管架覆盖保温塑料薄膜以及双层遮阴膜(图3-4-2)。

图3-4-2 水泥池静水孵化

二、孵化管理

从美洲鲥产卵池收集受精卵,其卵为缓沉性,透明状。用圆桶将鱼卵带水短途运输到受精卵孵化车间,运输过程中,避免太阳光直射。鱼卵经再次清洗滤去杂质,放入孵化池中孵化,卵孵化的密度控制在5万～7万粒/m³,孵化水温为17～19℃,充气使池水呈沸腾状,使卵上下翻滚,不沉底,水中溶解氧确保高于6 mg/L。白天双层遮阴膜遮光,晚上开灯补光,白天光照强度以800～1 000 lx为宜。每天换水1次,每次70%～80%,换水使用60目带浮球换水框与换水管。操作时,先移出散气石,将换水框置于孵化池中,换水框悬浮在水面,将散气石置于换水框内,换水管放入换水框中利用虹吸作用抽水,抽水时保持换水管在换水框中央的上层水面,避免贴近换水框边抽水时将受精卵吸附于换水框上,加水时进水口用130目筛绢网过滤。仔细观察受精卵胚胎发育和水质变化,水体环境变差时,及时增加换水。不定时测量温度,保持温度的稳定性。

三、孵化管理注意事项

美洲鲥鱼卵受精率相对较低,也就是说美洲鲥鱼卵孵化池中有大量未受精的卵,这些鱼卵会催生霉菌的暴发,导致受精卵感染霉菌。同时,这些鱼卵内的营养物质很快变质腐败,然后鱼卵裂解,产生大量的有机质和污染物,这给接下来的正常的胚胎顺利出膜造成不良的环境影响。建议生产上,在美洲鲥鱼卵孵化前期加大换水量,保持水质清新。

四、孵化计数

孵化温度为 18.5～19.5℃,一般受精卵受精后 30 h 左右,肉眼已能看到卵内的胚体,此时统计受精卵数,计算受精率。受精后 54 h 左右,胚胎开始破膜,再经过 24 h,直至 98% 以上发育正常的胚胎破膜,此时统计初孵仔鱼数,计算孵化率。

第五节　亲本的生长特性

亲本在性腺发育过程中,亲本体内的大量营养物质被转移或转化到性腺中,这会导致亲本生长受到一定的影响,弄清亲本的生长特性可为亲本培育管理提供科学依据。为此,上海市水产研究所(施永海等,2019b)以大棚结构式池塘培育的美洲鲥为对象,测定初次性成熟雌雄亲本各阶段的体长、体质量及性腺质量数据,研究了美洲鲥初次性成熟亲本的生长特性。美洲鲥初次性成熟时,雌雄亲本的体长与体质量关系均呈幂函数增长,相关幂指数接近于 3,均呈等速生长;雌鱼肥满度最高值出现时间比雄鱼晚 16 d。雌雄亲本生长均可分为稳定生长期(408～617 d)和滞长期(617～690 d);雌雄亲本的体长、体质量生长曲线均为具有拐点(t_r)不对称的 S 型三次函数曲线,雌雄亲本体长生长拐点的时间段位于 523～539 d,生长速度拐点前较快、拐点后明显下降。雌雄亲本分别在 430 d(8 月 3 日)和 421 d(7 月 25 日)前,体质量生长速度出现负值;而在 617 d(次年 2 月 6 日)后,雌雄亲本因性腺发育出现生长滞缓。

试验在上海市水产研究所奉贤科研基地(杭州湾北部沿岸)面积为 1 665 m^2 的

大棚结构式池塘中进行,水深约 1.5 m,每个池塘有独立进排水系统,并配备 1.5 kW 的叶轮增氧机 1 台。用水为当地河口水,盐度为 3～15,使用前经过蓄水池沉淀、孔径 250 μm 筛绢网过滤。试验用鱼为 2015 年 5～6 月人工繁育的养殖 1 龄、体表无外伤、健康的子代美洲鲥。

2016 年 5 月 1 日放养后备美洲鲥亲本,开始池塘培育,放养规格为体长 17.98 cm±1.58 cm、体质量 79.3 g±23.5 g,放养密度为 0.96～1.56 尾/m²。池塘培育期间,为降低池塘水温,于 6 月 30 日利用原越冬大棚构架,在池塘上方拉盖遮阴率 90% 的遮阴膜,9 月 1 日拆除遮阴膜;为池塘保温,于 11 月 2 日在池塘上方搭建钢丝绳柔性大棚,拉盖塑料薄膜,至次年 3 月 29 日拆除塑料薄膜,开始越冬及强化培育,放养规格为体长 26.41 cm±2.09 cm、体质量 295.6 g±81.0 g,放养密度为 0.48 尾/m²,越冬培育到 2017 年 4 月 20 日结束。

饲料投喂:饲料为海水鱼膨化配合饲料(明辉牌,浮性),2016 年 5～6 月,亲本生长检测前,投喂 2# 料(直径为 3.3～3.8 mm)。2016 年 7 月后,生长检测开始,投喂 3# 料(直径为 5.0～5.5 mm,水分质量分数为 6.95%±0.13%,粗蛋白质量分数为 40.50%±0.04%,粗脂肪质量分数为 10.61%±1.15%,粗灰分质量分数为 9.09%±0.09%,$n=3$)。当水温高于 12℃时,每天投喂 2 次(9:00 和 14:00),投饲量以 1～2 h 摄食完为准;当水温低于 12℃时每天投喂 1 次(10:00),以 2～3 h 摄食完为准。

水质管理:春秋两季,水温低于 28℃时,每 2 周换水 1 次,换水量为 1/3;盛夏季节,特别是水温高于 28℃,减少换水量,尽量选择阴凉天气、少量多次的换水方式,每次换水量为 1/5;冬季,每 2 周换水 1 次,水温高于 12℃,换水量为 1/3;当水温低于 12℃时,换水量为 1/5。为模拟美洲鲥洄游生境,进行升降盐度处理。亲本进入土池大棚半个月后,通过换入当地半咸水的方式逐步增加盐度,每次增幅小于 3,盐度升至 13～16 后,维持至次年 2 月下旬;再以换当地淡水的方法逐步降低盐度,每次降幅小于 3,至盐度降至 2 以下,并维持至亲本拉网进入强化培育。水质指标范围为:总氮(TN)为 2.04～4.15 mg/L,总氨氮为(TAN)0.35～0.85 mg/L,亚硝酸氮(NO_2-N)为 0.03～0.13 mg/L,硝酸氮(NO_3-N)为 0.60～1.70 mg/L,总磷(TP)为 0.21～0.33 mg/L,化学需氧量(COD_{Mn})为 4.61～7.94 mg/L,溶解氧(DO)>5 mg/L。

由于实验所用美洲鲥是 2015 年 5～6 月繁育的苗种,设定以 2015 年 6 月 1 日为 0 d,亲本生长检测从 2016 年 7 月 12 日(即 408 d)开始,第 1 次取样共 30 尾,以后每约 1 个月取样 1 次,每次取样共 10～15 尾,分别用卡尺(0.01 mm)和电子天平(0.01 g)测量记录亲本体长和体质量,解剖取性腺,鉴别雌雄。解剖性腺分期显示,2016年7月12日至12月5日,雌雄亲本性腺均处于Ⅱ期;至2017年的4月20日,雌雄性腺有Ⅳ期和Ⅴ期出现,亲本性腺成熟进入繁殖季节。因此,研究初次性成熟亲本生长特性的时间段选取为2016年7月12日至2017年的4月20日。

所用公式如下。

体长与体质量关系:$m = aL^b$

肥满度:$C_F = m/L^3 \times 100\%$

体长特定生长率:$L_{SGR} = (\ln L_2 - \ln L_1)/(t_2 - t_1) \times 100\%$

体质量特定生长率:$W_{SGR} = (\ln W_2 - \ln W_1)/(t_2 - t_1) \times 100\%$

式中,L是体长(cm),W是体质量(g),t是日龄(d),a、b为常数。

一、亲本生长的基本情况

池塘培育美洲鲥初次性成熟时,雌雄亲本的生长均可分为2个阶段:稳定生长期和滞长期。① 稳定生长期:前中期(408~617 d,7月12日至次年2月6日),雌雄亲本的体长和体质量均呈显著增长($P<0.05$),虽然水温从盛夏季节29.17℃逐步降至13.73℃,但雌雄亲本仍生长良好,特别是越冬期间(520~617 d,11月1日至次年2月6日),平均水温较低(13.73~18.04℃),但雌雄亲本生长较好;雌雄亲本的体长、体质量特定生长率均较高,分别为0.21%/d~0.28%/d和0.65%/d~1.08%/d(表3-5)。② 滞长期:随着性腺发育加速(617~690 d,次年2月6日~4月20日),雌雄亲本生长滞缓甚至出现微弱的负生长($P>0.05$);雌、雄亲本的体长、体质量特定生长率最低,分别为-0.06%/d~0.01%/d和-0.27%/d~0.01%/d(表3-5)。

对池塘培育美洲鲥雌雄亲本生长差异进行比较。除436 d的雌鱼体质量显著大于雄鱼($P<0.05$)外,雌雄亲本的体长、体质量均无明显差异($P>0.05$)。但总体来说,在整个亲本培育过程中,雌鱼体长、体质量平均值略大于雄鱼($P>0.05$),说明池塘培育美洲鲥初次性成熟时,雌鱼个体略大于雄鱼(表3-5)。

在盛夏期间,考虑到美洲鲥对高水温的应激性较强,拉网入网围的群体数量较少,可能导致2016年8月9日抽样样本的失真,该时间段的雌雄亲本体长、体质量特定生长率均不稳定,数值忽高忽低甚至出现负值(表3-5)。如在分析统计雌雄亲本特定生长率时,不单独计算该时间段的特定生长率,而将7月12日~9月6日合并为一个时间段来计算,得出7月12日~9月6日阶段的雌雄亲本体长特定生长率均为0.21%/d,体质量特定生长率分别为0.67%/d和0.71%/d。

表 3-5　池塘培育美洲鲥初次性成熟亲本生长的基本情况(施永海等,2019b)

性别	日期 (y-m-d)	日龄 (d)	水温 (℃)	体长 (cm)	体质量 (g)	性腺质量 (g)	体长特定生长率 (%/d)	体质量特定生长率 (%/d)	肥满度 (%)
♀	2016-07-12	408	—	21.44±1.32^aA	156.64±31.53^aA		—	—	1.57±0.07^abA
	2016-08-09	436	29.17±0.73	23.61±1.96^abA	220.80±53.21^aA	1.18±0.25^aA	0.34	1.23	1.65±0.11^abA
	2016-09-06	464	28.39±1.79	24.10±1.72^abA	227.96±48.86^aA	1.98±0.71^aA	0.07	0.11	1.61±0.08^abA
	2016-10-05	493	26.07±1.38	25.88±0.78^bA	268.78±39.76^abA	1.81±0.60^aA	0.25	0.57	1.54±0.12^abA
	2016-11-01	520	21.30±2.08	26.33±2.43^bcA	280.15±76.62^abA	2.76±0.59^aA	0.06	0.15	1.52±0.15^aA
	2016-12-05	554	18.04±1.63	29.00±3.35^cA	404.57±159.61^bcA	2.75±1.51^aA	0.28	1.08	1.60±0.14^abA
	2017-02-06	617	13.73±1.40	33.18±3.72^dA	623.73±208.92^dA	4.43±2.69^aA	0.21	0.69	1.66±0.06^abA
	2017-03-07	646	14.47±1.69	32.82±2.69^dA	576.67±169.90^dA	13.25±9.97^aA	-0.04	-0.27	1.59±0.14^aA
	2017-04-20	690	16.69±2.54	32.37±3.47^dA	527.43±267.94^cdA	14.02±16.65^aA	-0.03	-0.20	1.46±0.16^aA
♂	2016-07-12	408	—	21.37±1.31^aA	148.01±24.57^aA	0.20±0.11^aB	—	—	1.51±0.07^aA
	2016-08-09	436	29.17±0.73	21.30±1.10^aA	146.63±38.88^aB	0.14±0.05^aB	-0.01	-0.03	1.49±0.23^aA
	2016-09-06	464	28.39±1.79	24.05±1.58^bA	220.87±34.64^abA	0.29±0.09^aB	0.43	1.46	1.58±0.09^aA
	2016-10-05	493	26.07±1.38	25.24±1.42^bcA	253.68±26.66^bcA	0.49±0.15^aB	0.17	0.48	1.58±0.12^aA
	2016-11-01	520	21.30±2.08	26.51±1.51^cA	308.29±60.09^cA	0.72±0.27^aA	0.18	0.72	1.64±0.16^aA
	2016-12-05	554	18.04±1.63	28.53±1.25^dA	388.83±75.25^dA	1.20±0.50^aB	0.22	0.68	1.66±0.19^aA
	2017-02-06	617	13.73±1.40	33.00±0.61^eA	584.43±99.54^eA	2.98±1.34^abA	0.23	0.65	1.62±0.20^aA
	2017-03-07	646	14.47±1.69	32.48±1.11^eA	585.00±92.92^eA	5.70±6.17^bA	-0.06	0.00	1.70±0.14^aA
	2017-04-20	690	16.69±2.54	32.25±1.72^eA	546.38±137.34^eA	22.13±10.05^cA	-0.02	-0.16	1.60±0.15^aA

　　注: 数据用 Mean ± SD 表示,用 Oneway ANOVA 对亲本各阶段的生长及肥满度进行方差分析,经 Duncan's 多重比较,表中同列数据带不同小写字母表示同一性别的不同时间差异显著($P<0.05$);用独立样本 t 检验比较雌雄鱼之间的差异,同列数据带不同大写字母的表示性别之间差异显著($P<0.05$)。

二、亲本的肥满度

鱼类肥满度是评估鱼类生理、营养状况的指数，常用于比较鱼类的生长情况。池塘培育美洲鲥初次性成熟时，雌雄亲本肥满度随生长均无显著性变化（$P>0.05$），这与洪磊等（2014）所述工厂化深井水培育的美洲鲥亲本在卵巢发育过程中肥满度基本持平的研究结果一致。雌鱼肥满度最高点出现在 617 d（次年 2 月 6 日），最低点出现在 690 d（次年 4 月 20 日）（表 3-5-1）；雄鱼的肥满度与日龄呈有顶点的、开口向下的二次函数相关：$CF=-4.779\,1\times10^{-6}\,t^2+5.742\,2\times10^{-3}\,t-0.065\,88$（$n=9,R^2=0.797\,4,P<0.01,408\,\mathrm{d}\leqslant t\leqslant690\,\mathrm{d}$）（图 3-5-1），根据方程可预测到雄性亲本肥满度的理论最高值出现在 601 d（次年 1 月 20 日）。

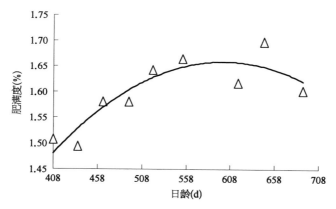

图 3-5-1　池塘培育美洲鲥雄鱼亲本的肥满度与
日龄关系（施永海等，2019b）

造成雌雄亲本肥满度最高点出现时间差异［雌鱼实际最高点出现 617 d（次年 2 月 6 日），雄鱼理论最高值出现在 601 d（次年 1 月 20 日）］的可能原因是：肥满度最高点前，雌雄亲本逐步积累营养物质，为性腺发育做准备；而后，亲本性腺逐步进入迅速发育阶段，体内积蓄的营养物质迅速消耗，肥满度下降。由此，雌鱼肥满度最高点出现时间比雄鱼晚 16 d，可能是雌性卵巢发育较雄性精巢晚所致。雌雄亲本性腺发育的不同步也可能是目前国内养殖美洲鲥亲本繁育时受精率低下（平均为 10%，6.3%～20.5%）（徐钢春等，2012；曹祥德等，2016a）的主要原因。为保持雌雄亲本性腺发育的同步性，建议在美洲鲥繁育过程中，雌雄亲本分开饲养，并适当降低雄性亲本的饲养水温。

三、亲本体长与体质量关系

对定期和随机取样的亲本进行体长和体质量相关性拟合得出,池塘培育美洲鲫初次性成熟时,雌雄亲本的体长与体质量均呈幂函数增长相关,方程分别为:♀ $m=0.015\,8L^{3.000\,2}(n=77,R^2=0.961\,6,P<0.01)$;♂ $m=0.008\,7L^{3.185\,0}(n=62,R^2=0.980\,2,P<0.01)$(图 3-5-2),指数均接近于 3,美洲鲫雌雄亲本均呈等速生长,即体长和体质量接近匀速生长。

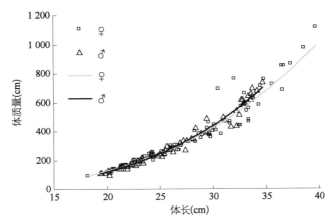

图 3-5-2　池塘培育美洲鲫亲本的体长与体质量关系(施永海等,2019b)

鱼类的体长和体质量是重要的鱼类生物学特征,其体长、体质量关系 $m=aL^b$ 是鱼类生物学研究的经典理论关系式。在整个鱼类生命周期内,b 值趋于 3,且 b 值随体长增加而略有增大:幼鱼阶段 b 值多小于 3,成鱼阶段 b 值接近或者大于 3。工厂化养殖美洲鲫周年生长(0~3 龄)的 b 值为 3.057 4(♀)和 3.111 3(♂)(施永海等,2017),而池塘养殖美洲鲫当年鱼种(0 龄,养殖第 1 年 7 月 18 日~11 月 15 日)的 b 值为 2.786 4~2.843 1(施永海等,2019a),池养美洲鲫 1^+ 龄(养殖第 2 年 5 月 1 日~11 月 1 日)鱼种的 b 值为 3.260 3(徐嘉波等,2012),本研究池塘培育美洲鲫亲本初次性成熟时(养殖第 2 年 7 月 12 日至第 3 年 4 月 20 日)的 b 值为 3.000 2(♀)和 3.185 0(♂),可见养殖美洲鲫生长符合经典理论。同时可见,在养殖美洲鲫整个生命周期中,当年鱼种阶段(0^+ 龄)体长生长略快于体质量生长,亚成鱼及成鱼阶段(1^+ 龄)体长生长略慢于体质量生长。另外,本研究的池塘培育亲本的日龄(养殖第 2 年 7 月 12 日至第 3 年 4 月 20 日)大于徐嘉波等(2012)研究的

池养 1^+ 龄美洲鲥(养殖第 2 年 5 月 1 日至 11 月 1 日,336～521 d),但本研究的 b 值较小,可能原因是亲本性腺发育需要大量的能量,一定程度上影响了亲本的体质量生长。

四、亲本的一般生长型

对体长、体质量与日龄进行拟合得出,池塘培育美洲鲥初次性成熟雌雄亲本的体长、体质量生长曲线均为具有拐点 (t_r) 不对称的 S 型三次函数曲线 $y=ax^3+bx^2+cx+d$ ($n=9, R^2>0.95, P<0.01, 408$ d $\leqslant x\leqslant 690$ d),其方程式为:♀ $L_t=-1.1763\times10^{-6}t^3+1.8487\times10^{-3}t^2-0.905733t+163.714$ ($R^2=0.9815$) (图 3 - 5 - 3);♂ $L_t=-1.2887\times10^{-6}t^3+2.0221\times10^{-3}t^2-0.990363t+176.202$ ($R^2=0.9872$)(图 3 - 5 - 3);♀ $m_t=-8.12766\times10^{-5}t^3+0.131311t^2-67.8508t+11535.128$ ($R^2=0.9581$) (图 3 - 5 - 4);♂ $m_t=-6.92407\times10^{-5}t^3+0.111565t^2-57.1019t+9580.315$ ($R^2=0.9896$)(图 3 - 5 - 4)。从图 3 - 5 - 3 和图 3 - 5 - 4 的拟合曲线来看,雌性亲本体长和体质量生长曲线大多落在雄性亲本的上方,由此可再次印证亲本雌鱼的个体规格比雄性略大的现象。

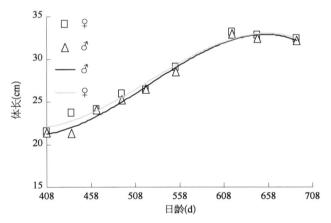

图 3 - 5 - 3　池塘培育美洲鲥亲本的体长生长曲线(施永海等,2019b)

拟合鱼类生长的模型主要有 von Bertallanffy 生长方程、幂指数生长方程、指数函数、直线方程、三次函数等,其中 von Bertallanffy 生长方程较适合拟合鱼类较长的生长时期,而拟合鱼类某个阶段的生长则其他方程更为适合,如养殖中国鲥 0～3 龄的周年生长用 von Bertallanffy 生长方程拟合较好,但其 1^+ 龄鱼种生长用

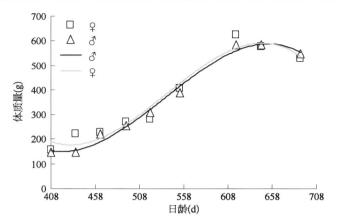

图 3 - 5 - 4 池塘培育美洲鲥亲本体质量生长曲线(施永海等,2019b)

直线方程更加适合。养殖美洲鲥也有类似现象,工厂化养殖美洲鲥 0～3 龄的周年生长适用 von Bertallanffy 生长方程,池养美洲鲥 1^+ 龄鱼种适用三次函数,本研究池塘培育美洲鲥初次性成熟时(408～690 d)亲本的生长用三次函数可拟合较好($R^2 > 0.95, P < 0.01$)。

五、亲本的生长速度

对体长、体质量生长方程求一阶导数,可得体长、体质量生长速度方程(408 d$\leqslant t \leqslant$690 d):♀$dL/dt = -3.5289 \times 10^{-6} t^2 + 3.6974 \times 10^{-3} t - 0.905733$(图 3 - 5 - 5);♂$dL/dt = -3.8661 \times 10^{-6} t^2 + 4.0442 \times 10^{-3} t - 0.990363$(图 3 - 5 - 5);

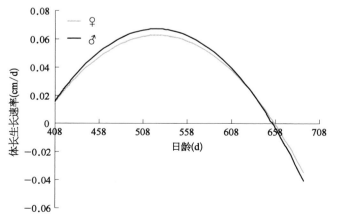

图 3 - 5 - 5 池塘培育美洲鲥亲本体长生长速度曲线(施永海等,2019b)

♀$dW/dt = -2.438\ 298 \times 10^{-4}t^2 + 0.262\ 622t - 67.850\ 8$(图3-5-6);♂ $dW/dt = -2.077\ 221 \times 10^{-4}t^2 + 0.223\ 130t - 57.101\ 9$(图3-5-6)。

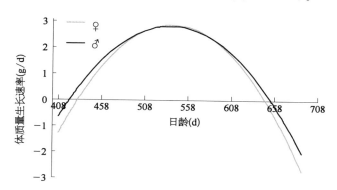

图3-5-6　池塘培育美洲鲥亲本体质量生长速度曲线（施永海等，2019b）

池塘培育美洲鲥初次性成熟的雌雄亲本体长生长速度曲线均为有顶点、开口向下的抛物曲线，体长生长速度最高点(t_r)分别位于524 d（11月5日）和523 d（11月4日）（图3-5-5）。当日龄$t < t_r$时，雌雄亲本的体长生长速度为上升曲线；当日龄$t > t_r$时，体长生长速度为下降曲线；随着日龄t的进一步增加，雌雄亲本的日龄t分别超过657 d（次年3月18日）和655 d（次年3月16日）后，体长生长速度位于日龄t轴下方，为负值，表明雌雄亲本体长出现了负生长（图3-5-5）。

雌雄亲本体质量生长速度呈现与体长生长相似的特征，即随日龄t（培育时间）的增加呈现有顶点、开口向下的抛物曲线，体质量生长速度最快点(t_r)分别位于539 d（11月20日）和537 d（11月18日）（图3-5-6）。雌雄亲本培育开始阶段，分别在430 d（8月3日）前和421 d（7月25日）前，体质量生长速度为负值，雌雄亲本体质量生长出现滞长甚至负增长；而后，当日龄$t < t_r$时，雌雄亲本的体质量生长速度为上升曲线；当日龄$t > t_r$时，体质量生长速度为下降曲线；随日龄t的进一步增加，雌雄亲本日龄t分别超过647 d（次年3月7日）和654 d（次年3月15日）后，体质量生长速度为负值，表明雌雄亲本体质量出现负增长（图3-5-6）。

根据体质量生长速度方程，预测雌雄亲本分别在430 d（8月3日）前和421 d（7月25日）前体质量生长速度出现负值，由实际的体质量特定生长率数据来看，确有数值忽高忽低的现象。这是因为该时间段是江浙地区盛夏高温季节，根据水温检测记录，7月22日至8月2日水温较高，上、下午水温维持在29～

30.6℃,最高水温 30.8℃ 出现在 7 月 29 日的下午。这现象也出现在池塘养殖美洲鲫 1⁺ 龄鱼种(养殖第 2 年 5 月 1 日~11 月 1 日,336~521 d),其 7 月份的体长特定生长率为负值。水温较高(特别是超过 30℃ 的水温)会对美洲鲫生长和存活产生极为不利的影响。

美洲鲫雌雄亲本体长生长最快点(t_r)分别位于 524 d(11 月 5 日)和 523 d(11 月 4 日),体质量生长最快点(t_r)分别位于 539 d(11 月 20 日)和 537 d(11 月 18 日),说明池塘培育美洲鲫初次性成熟时,亲本生长最快的时间段为 523~539 d(11 月 4 日~11 月 20 日),此时水温为 15.4~20.6℃(19.20℃±1.04℃),这在徐嘉波等(2012)研究中得到证实,池养美洲鲫 1⁺ 龄鱼种(养殖第 2 年 5 月 1 日~11 月 1 日,336~521 d)的特定生长率最高两个阶段的水温分别为 20.4℃±1.9℃ 和 21.3℃±2.1℃。

池塘培育美洲鲫亲本在 617 d(次年 2 月 6 日)进入滞长期,雌雄亲本生长滞缓。由亲本生长速度方程预测可知:雌雄亲本分别在 657 d(次年 3 月 18 日)和 655 d(次年 3 月 16 日)后,体长滞长;雌雄亲本分别在 647 d(次年 3 月 8 日)和 654 d(次年 3 月 15 日)后,体质量出现负增长。这现象也出现在水泥池养殖的美洲鲫亲本,养殖到第 3 年的雌鱼亲本体质量没有明显增加。亲本滞长的原因可能是:在该阶段,美洲鲫亲本性腺发育加速,消耗了大量的营养物质和能量,占用了生长能;同时,性腺体积的迅速增大,又挤压亲本内脏(特别是胃肠),可能导致摄食量大幅下降,美洲鲫亲本摄入营养减少,体内性腺发育消耗能量增多,进而导致亲本培育后期生长出现负值。因此建议,在美洲鲫亲本培育中后期,提高亲本饲料的营养成分,适当增加投喂次数,采用"少量多次"的投喂原则。

第六节　性腺发育进程

弄清亲本的性腺发育进程,有助于繁育技术人员及时掌握亲本性腺发育情况,确定亲本交配的窗口时间,为亲本培育、强化培育及促产等技术提供科学依据。上海市水产研究所采用解剖学、组织学、形态测量等技术方法对池养美洲鲫亲本初次性成熟时性腺发育进程进行了研究。研究发现,池塘培育美洲鲫雌雄鱼 2 龄开始初次性成熟,卵巢和精巢的发育进程呈现明显的阶段性,即等待期(12 月 5 日前)、启动期(12 月 5 日后)和快速期(雄鱼在 3 月 7 日后,雌鱼在 4 月 20 后)。雌雄亲本的体重与性腺重均呈良好的指数函数关系($y = ae^{br}$,$P < 0.01$)。雄性成熟期早雌

性成熟期约半个月,即Ⅴ期精巢出现在 4 月 20 日,而Ⅴ期卵巢则出现在 5 月 6 日,表明池塘培育美洲鲥亲本催产的交配窗口期开始于 5 月 6 日。本文建议,长三角地区美洲鲥亲本的池塘培育,应将雌雄亲本分开饲养,以减少互相干扰,同时适当降低雄鱼的培育水温;当亲本性腺发育进入快速期,应强化饲料营养,增加投喂频率;亲本的人工催产可选择 5 月初开始。

　　试验在上海市水产研究所奉贤科研基地(地处杭州湾北部沿岸)进行,亲本培育和越冬培育用池塘面积均为 0.17 hm²,水深约 1.5 m。每个池塘有独立的进排水系统,并配备 1 台 1.5 kW 的叶轮增氧机,夏季遮阴度夏,冬季塑料大棚保温。亲本强化培育用池是上口为蔬菜大棚结构的水泥池(20 m×11 m×1.6 m),可调温调光,池内连续充气,水深约 1.6 m,当水温达到 15～16℃,启动通风等降温措施,维持水温在 16～18℃。采用 2015 年 6 月人工繁育的 1 龄美洲鲥,选取体表无外伤的健康个体作为试验用鱼,规格为体长 17.98 cm±1.58 cm,体质量 79.3 g±23.5 g。亲本培育分为后备亲本池塘培育、池塘大棚越冬培育和水泥池强化培育 3 个阶段,具体培育情况见表 3 - 6 - 1。整个亲本培育阶段(2016 年 5 月～2017 年 6 月)的水温变化见图 3 - 6 - 1,水温较高的时期出现在 7 月 22 日～8 月 2 日和 8 月 19 日～22 日,水温维持在 29～30.6℃,水温较低的时期在次年 1 月 18 日～24 日,水温维持在 11～12.5℃。

表 3 - 6 - 1　美洲鲥亲本放养的基本情况

培育阶段	池号	面积 (m²)	放养日期 (y - m - d)	放养密度 (ind/m²)	体长(cm)	体质量 (g)
池塘培育	E10	1 665	2016 - 05 - 01	1.56	17.98±1.58	79.3±23.5
	W10	1 665	2016 - 05 - 01	0.96	17.98±1.58	79.3±23.5
池塘大棚越冬培育	W10	1 665	2016 - 11 - 08	0.48	26.41±2.09	295.6±81.0
水泥池强化培育	M3	220	2017 - 04 - 20	1.03	33.43±1.25	580.0±94.8
	W5	220	2017 - 04 - 24	1.01	33.43±1.25	580.0±94.8

　　日常管理:饲料为粗蛋白含量为 40%的海水鱼膨化配合饲料(明辉牌,浮性),依据亲本规格选择不同口径的颗粒;当水温高于 12℃时,每天投喂 2 次(9:00 和 14:00),投饲量以 1～2 h 摄食完为准;当水温低于 12℃时,每天投喂 1 次(10:00),以 2～3 h 摄食完为准。亲本池塘培育和越冬培育期间,春秋两季,水温低于 28℃时,每 2 周换水 1 次,每次换水量为 1/3;盛夏季节,特别是水温高于 28℃,选择在阴凉

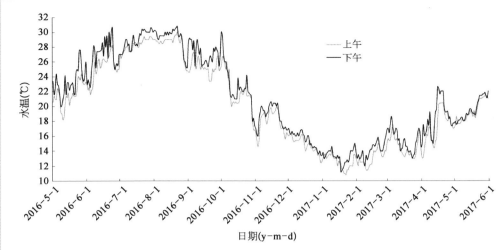

图 3 - 6 - 1　美洲鲥亲本培育期间水温变化

天气下采用少量多次的方式换水;冬季,每 2 周换水 1 次,当水温低于 12℃时,换水量减为 1/5。水泥池强化培育期间,每 5～6 d 换水 1 次,每次 2/3,每隔 2 周原池翻池 1 次,换水温差小于 2℃,翻池水温差小于 1℃。当年鱼种养殖和后备亲本池塘培育期间(即 2015 年 6 月～2016 年 10 月)盐度为 3～5,池塘大棚越冬培育期间(即 2016 年 11 月～2017 年 2 月)盐度为 10～15,水泥池强化培育期间(即 2017 年 3 月～4 月)盐度为 0～3,每次升降盐幅度不超过 3。

　　性腺监测从 2016 年 7 月 12 日开始,第 1 次雌雄各取样 30 尾,以后每约 1 个月取样 1 次,每次雌雄共取 10～15 尾,测量记录鱼体长和体质量,然后解剖取性腺,鉴别雌雄,称性腺质量。所用公式如下。

　　性腺指数:$GSI = W_G/W_B \times 100$

　　性腺日均增重:$DW_G = (W_{G2} - W_{G1})/t$

式中,W_B 是鱼体质量(g),W_G 是性腺质量(g),t 是培育天数(d)。

一、雌鱼卵巢发育进程

　　池塘培育美洲鲥雌鱼卵巢发育呈明显的阶段性。卵巢发育等待期(2016 年 7 月 12 日～12 月 5 日),卵巢发育均停留在 Ⅱ 期,雌鱼卵巢均重和性腺指数分别从 1.18 g 和 0.75% 增加到 4.43 g 和 1.05%,卵巢日均增重为 0.022 3 g/d(范围为 -0.006 1 g/d～0.049 6 g/d);卵巢发育启动期(2016 年 12 月 5 日～2017 年 4 月 20 日),卵巢均重和性腺指数分别从 4.43 g 和 1.05 增加 18.07 g 和 2.13,卵巢日均增重为 0.100 3 g/d(范围为 0.026 5 g/d～0.139 9 g/d),其间有 31.58% 的卵巢发育到Ⅲ期、5.26% 的卵巢发育到Ⅳ期;卵巢发育快速期(2017 年 4 月 20 日～5 月 6 日),卵巢均重和性腺指数均显著高于在此前阶段的($P<0.05$),数值分别从 18.07 g 和 2.13%快速增加到 107.40 g 和 14.60%,卵巢日均增重为 5.583 4 g/d;卵巢发育快速期结束时(5 月 6 日),占 2/3 的卵巢发育到Ⅳ和Ⅴ期(表 3-6-2、图 3-6-2)。

表 3-6-2　池塘培育美洲鲥亲本性腺初次发育的基本情况

性别	日期 (y-m-d)	性腺重 (g)	性腺日均增重(g/d)	性腺指数 (%)	样本数(n)				
					总数 (n)	Ⅱ	Ⅲ	Ⅳ	Ⅴ
♀	2016-7-12	1.18±0.25^{aA}		0.75±0.09^{aA}	14	14	0	0	0
	2016-8-9	1.98±0.71^{aA}	0.028 7	0.88±0.15^{aA}	8	8	0	0	0
	2016-9-6	1.81±0.60^{aA}	-0.006 1	0.78±0.15^{aA}	7	7	0	0	0
	2016-10-5	2.76±0.59^{aA}	0.032 7	1.02±0.09^{aA}	6	6	0	0	0
	2016-11-1	2.75±1.51^{aA}	-0.000 4	0.94±0.37^{aA}	4	4	0	0	0
	2016-12-5	4.43±2.69^{aA}	0.049 6	1.05±0.38^{aA}	6	6	0	0	0
	2017-2-6	13.25±9.97^{aA}	0.139 9	1.89±0.91^{aA}	6	2	4	0	0
	2017-3-7	14.02±16.65^{aA}	0.026 5	2.02±1.86^{aA}	6	4	2	0	0
	2017-4-20	18.07±36.48^{aA}	0.092 1	2.13±3.05^{aA}	7	6	0	1	0
	2017-5-6	107.40±94.34^{b}	5.583 4	14.60±12.37^{b}	9	3	0	2	4
♂	2016-7-12	0.20±0.11^{aB}		0.13±0.06^{aB}	15	15	0	0	0
	2016-8-9	0.14±0.05^{aB}	-0.002 2	0.10±0.03^{aB}	3	3	0	0	0
	2016-9-6	0.29±0.09^{aB}	0.005 5	0.13±0.03^{aB}	6	6	0	0	0
	2016-10-5	0.49±0.15^{aB}	0.006 7	0.19±0.05^{aB}	5	5	0	0	0
	2016-11-1	0.72±0.27^{aA}	0.008 5	0.23±0.06^{aB}	9	9	0	0	0
	2016-12-5	1.20±0.50^{aB}	0.014 2	0.30±0.10^{aB}	4	4	0	0	0
	2017-2-6	2.98±1.34^{abA}	0.028 3	0.49±0.16^{abB}	4	1	3	0	0
	2017-3-7	5.70±6.17^{bA}	0.093 9	0.90±0.97^{bA}	4	2	1	1	0
	2017-4-20	22.13±10.05^{cA}	0.373 4	3.64±0.82^{cA}	3	0	0	2	1

注:数据用 Mean±SD 表示,用 Oneway ANOVA 对亲本各时间的性腺发育进行方差分析,经 Duncan's 多重比较,表中同列不同小写字母表示同一性别的不同时间存在显著差异($P<0.05$);用独立样本 t 检验比较雌雄鱼之间的差异,同列不同大写字母表示同一时间的雌雄之间存在显著差异($P<0.05$)。

二、雄鱼精巢发育进程

雄鱼精巢发育阶段也呈现与雌鱼卵巢类似的现象。精巢的发育等待期(2016

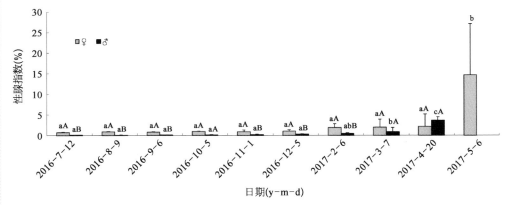

图 3 - 6 - 2　池塘培育美洲鲥亲本的性腺指数变化

注：数据用 Mean±SD 表示，用 Oneway ANOVA 对亲本各时间的性腺指数进行方差分析，经 Duncan's 多重比较，图中不同小写字母表示同一性别的不同时间存在显著差异（$P<0.05$）；用独立样本 t 检验比较雌雄鱼之间的差异，图中不同大写字母表示同一时间的雌雄之间存在显著差异（$P<0.05$）。

年 7 月 12 日～12 月 5 日），精巢发育均停留在 Ⅱ 期，雄鱼精巢均重和性腺指数分别从 0.20 g 和 0.13% 增加到 1.20 g 和 0.30%，精巢日均增重为 0.006 8 g/d（范围为 -0.002 2 g/d～0.014 2 g/d）。精巢发育启动期（2016 年 12 月 5 日～2017 年 3 月 7 日），精巢均重和指数分别从 1.20 g 和 0.30% 增加 5.70 g 和 0.90%，精巢日均增重为 0.049 0 g/d（范围为 0.028 3 g/d～0.093 9 g/d）；精巢发育启动期结束时（3 月 7 日），雄鱼精巢均重和性腺指数均显著高于 2016 年 12 月 5 日及以前阶段的（$P<0.05$），已有 50% 精巢发育到 Ⅲ 期和 Ⅳ 期。精巢发育快速期（3 月 7 日～4 月 20 日），精巢均重和性腺指数分别从 5.70 g 和 0.90% 快速增加到 22.13 g 和 3.64%，精巢日均增重为 0.373 4 g/d；精巢发育快速期结束时（4 月 20 日），雄鱼精巢均重和性腺指数均显著高于在此前阶段的（$P<0.05$），已有 2/3 的精巢发育到 Ⅳ 期，1/3 精巢发育到 Ⅴ 期（表 3 - 6 - 2、图 3 - 6 - 2）。

三、性腺发育的阶段性

池塘培育美洲鲥雌雄鱼 2 龄达到初次性成熟，其卵巢和精巢初次发育进程呈现明显的阶段性，即发育等待期、启动期和快速期；越冬前（即 12 月前），卵巢和精巢均处于发育等待期，性腺发育均处于 Ⅱ 期；次年开春后，美洲鲥性腺发育进入启动期，特别是次年 2 月份后，卵巢和精巢重量明显增加，这时美洲鲥亲本需要大量的营养来支持性腺的发育，特别是雌鱼处在卵黄发生期，体内储能被肝脏调用于卵黄蛋白原合成及运输。因此,这时美洲鲥亲本的摄食水平较高。在实际的美洲鲥亲本培育过程中,特别是早春期间(2～3月份),水温逐渐上升,需要加强饲料投喂,及时增加投饲量,以提高亲本体内的能量储备。

随着性腺发育,美洲鲥亲本进入性腺发育快速期。雌鱼在4月20后,雄鱼在3月7日后,性腺迅速发育膨大,快速侵占胃肠等其他内脏空间,特别是性腺发育到Ⅳ和Ⅴ期,美洲鲥亲本摄食量下降明显,而此时性腺物质仍在加速积累,体内储能进一步被快速消耗。因此,在美洲鲥性腺发育进入快速期,加强营养强化,投喂高营养价值的饵料,增加投喂频率,以提高亲本的产卵量和卵的质量。

四、雌雄亲本性腺发育的不同步性

池塘培育美洲鲥性腺发育,雌雄亲本存在一定的差异。在12月5日之前,雌雄亲本的性腺发育均处于发育等待期,发育均停留于Ⅱ期,雌鱼卵巢的均重和性腺指数均显著高于雄鱼精巢的均重和性腺指数($P<0.05$);虽然美洲鲥雌雄亲本的性腺发育同时进入启动期,但卵巢发育相对精巢要滞后些,随着性腺发育启动后,雄鱼精巢发育快于雌鱼卵巢,卵巢的均重和性腺指数虽均高于精巢的,但雌雄亲本之间没有明显差异($P>0.05$)(表3-6-2);到3月7日Ⅲ期和Ⅳ期的精巢占比50%,同时精巢进入发育快速期,而到4月20日Ⅲ期卵巢占比才36.84%,卵巢也由此进入发育快速期。到4月20日,雄鱼有2/3的精巢发育到Ⅳ期,1/3精巢发育到Ⅴ期;而5月6日时,有2/3雌鱼卵巢发育到Ⅳ和Ⅴ期。由此可见,美洲鲥Ⅴ期的精巢在4月20日出现,Ⅴ期的卵巢在5月6日出现;也就是说,雄鱼4月20日即可追尾交配,而雌鱼要到5月6日才可催产交配产卵。由此说明,池塘培育美洲鲥雌雄亲本存在性腺发育不同步的现象,雄鱼精巢发育成熟早于雌鱼卵巢约半个月。这种雄鱼亲本性腺发育早于雌鱼的现象在其他一些鱼类品种上也有较多发现,如中国鲥(王汉平等,1999)、七彩神仙(*Symphysodon* spp.)(徐亚飞等,2015)、牙鲆(*Paralichthys olivaceus*)(孙朝徽,2008)、黄姑鱼(*Nibea albiflora*)(马世磊等,2014)等,说明有些鱼类雄鱼性腺发育早于雌鱼是其本身的自然生理特性,本研究的美洲鲥可能属于这一类鱼类。在实际的美洲鲥繁殖过程中,有研究发现美洲鲥雌鱼产卵期延续时间较长、雄鱼排精期相对较短(曹祥德等,2016a),这可能能用美洲鲥雄鱼性腺发育早于雌鱼的结论来解释,在美洲鲥雌鱼产卵刚开始时,雄鱼已经过了约半个月的排精期,如果雌雄亲本产卵、排精的持续时间相似的话,那么理论上可以解释为雄鱼排精的结束时间会早于雌鱼产卵。因此,建议在美洲鲥亲本池塘培育中,雌雄亲本分开饲养,减少互相干扰,同时适当降低雄性亲本的饲养水温。

池塘培育美洲鲥雄鱼精巢发育成熟早于雌鱼卵巢约半个月;Ⅴ期的精巢在 4 月 20 日出现,Ⅴ期的卵巢在 5 月 6 日出现。建议在美洲鲥亲本池塘培育过程中,雌雄亲本分开饲养,减少互相干扰,同时适当降低雄鱼的培育水温;当亲本性腺发育进入快速期,强化饲料营养,增加投喂频率;人工繁殖应选择在 5 月初开始。

五、性腺重量与体质量的关系

对亲本性腺重量和体质量的相关性进行拟合,发现池塘培育美洲鲥雌雄亲本的性腺重与体质量均呈良好的指数函数增长相关($y = ae^{bx}$),方程分别为:♀W_G = 0.504 6$e^{0.005 5 WB}$($n=77, R^2 = 0.799 5, P < 0.01$);♂$W_G$ = 0.045 3$e^{0.008 8 WB}$($n=62, R^2 = 0.854 6, P < 0.01$)(图 3 - 6 - 3)。

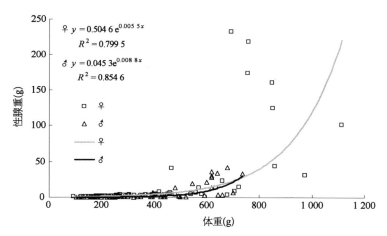

图 3 - 6 - 3　池塘培育美洲鲥亲本的体质量与性腺重关系

池塘培育美洲鲥性腺初次发育过程中,卵巢和精巢随亲本生长而发育增重,雌雄亲本的体质量与性腺重均呈良好的指数函数增长正相关($y = ae^{bx}, P < 0.01$)。但值得注意的是,美洲鲥大个体雌鱼亲本(特别是性腺发育良好的大个体雌鱼)的数据点离散度较大,离开预测曲线比较远,分析其原因,可能是美洲鲥雌鱼亲本在性腺发育后期,特别是Ⅳ和Ⅴ期时,亲本性腺迅速增重,而亲本摄食明显下降,其体质量没有明显增加。

第七节 产卵受精规律

美洲鲥属于分批成熟、分批产卵的产卵类型,其产卵受精有一定的规律性,弄清其规律有助于更好管理美洲鲥亲本人工促产自然交配。上海市水产研究所于2018年采用强化培育、水流刺激、水温调控等方法(相关技术内容参阅本章第二节和第三节),研究了池塘培育美洲鲥亲本产卵受精规律和趋势。美洲鲥产卵可分为产卵稳定期(第1、3、4、5和6旬)、产卵高峰期(第2旬)和产卵停滞期(第7~9旬)3个时期,随时间(旬)的推移,日产卵量旬均值总体呈现先上升后下降趋势,受精率旬均值呈现显著的双峰波动趋势,而日受精卵量旬均值呈现微弱的双峰波动。总体上说,日产卵量、日受精卵量及受精率随产卵持续时间(日)均呈现有顶点、开口向下的二次函数抛物线($P<0.01$)。研究建议,美洲鲥产卵持续60 d后结束促产调控。

一、产卵受精总体情况

2018年人工繁殖开始,挑选75组亲本放入产卵池,其间不再清理亲本。产卵持续时间为89 d(5月4日~7月31日),产卵总量471.48万粒,每尾雌鱼平均产卵总量为6.23万粒,受精卵总量为74.47万粒,平均受精率为15.80%;日均产卵量为5.30万粒,日产卵量最多是21.4万粒,时间是5月20日(图3-7-1);日受

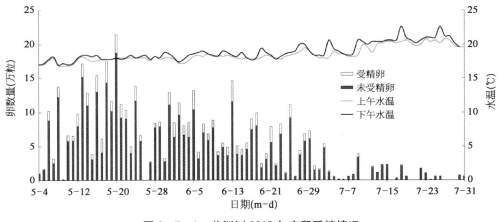

图3-7-1 美洲鲥2018年产卵受精情况

精卵量最多的是 3.24 万粒,时间是 5 月 18 日(图 3 - 7 - 1);受精率最高是
33.28%,时间是 5 月 17 日(图 3 - 7 - 2)。

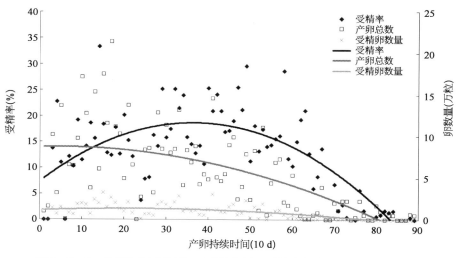

图 3 - 7 - 2　美洲鲥日产卵量、日受精卵量及受精率与产卵持续天数的关系

二、产卵受精趋势分析

1. 回归分析

对日产卵量、日受精卵量及受精率分别与产卵持续时间作回归分析(图 3 - 7 - 2):
均呈现有顶点、开口向下的二次函数抛物线,方程式分别为 $y = -0.001\,479x^2 + 0.011\,632x + 8.744\,312\,(n = 89, R^2 = 0.422\,654, P < 0.01)$、$y = -0.000\,45x^2 + 0.017\,289x + 1.145\,264\,(n = 89, R^2 = 0.405\,294, P < 0.01)$ 和 $y = -0.008\,486x^2 + 0.619\,741x + 7.370\,594\,(n = 80, R^2 = 0.492\,676, P < 0.01)$(图 3 - 7 - 2);依据二次
函数方程预测到理论最高的日产卵量、受精卵量和受精率预期分别产生于产卵第
4 d(5 月 7 日)、第 21 d(5 月 24 日)和第 37 d(6 月 9 日)。

2. 旬均值趋势分析

依据二次函数预测产生最高的日产卵量、受精卵量和受精率的理论日期(5 月
7 日、5 月 24 日和 6 月 9 日)与实际时间(5 月 20 日、5 月 18 日和 5 月 17 日)的
差异还是比较大(特别是受精率最高的时间),为了进一步弄清美洲鲥产卵结果
趋势,对日产卵量、日受精卵量及受精率的旬(10 d)均值分别进行比较(表 3 - 7,图
3 - 7 - 3)。

表 3-7　美洲鲥日产卵量、日受精卵量及受精率的旬均值

旬(10 d)	日产卵量(万粒)	日受精卵量(万粒)	受精率(%)
1	6.99±5.72b	0.90±0.77b	10.07±7.97c
2	11.52±5.62a	1.86±0.77a	17.56±6.20a
3	7.61±4.54b	1.06±0.82b	11.85±7.20bc
4	7.25±2.77b	1.32±0.69ab	18.16±5.44a
5	6.55±3.83b	1.37±0.85ab	20.66±5.09a
6	4.88±3.51b	0.79±0.62b	15.93±5.05ab
7	0.95±1.22c	0.11±0.16c	10.23±7.33c
8	1.06±1.00c	0.03±.042c	1.33±1.83d
9	0.39±0.38c	0.00±0.00c	0.70±0.77d

注: 数据采用 Mean±SD 表示,用单因素方差分析,经 Duncan's 多重比较,表中同列不同小写字母表示旬间存在显著差异($P<0.05$)。

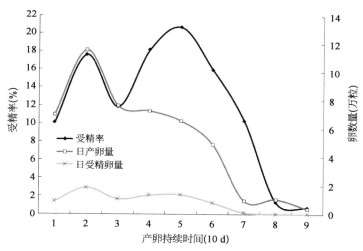

图 3-7-3　美洲鲥日产卵量、日受精卵量及受精率的旬均值趋势

日均产卵量随产卵持续时间(旬)呈现单峰的抛物线(图 3-7-3),峰值位于第 2 旬,即日均产卵量最高(11.52 万粒)($P<0.05$),第 1、3、4、5 和 6 旬日均产卵量(4.88 万~7.61 万粒)明显高($P<0.05$)于第 7、8 和 9 旬的(0.39 万~1.06 万粒),第 1、3、4、5 和 6 旬的日均产卵量相对比较稳定,无显著性差异($P>0.05$)(表 3-7)。由此说明美洲鲥产卵可分为产卵稳定期(第 1、3、4、5 和 6 旬)、产卵高峰期(第 2 旬)和产卵停滞期(第 7~9 旬)3 个时期。

日均受精卵量随产卵持续时间（旬）呈现微弱的双峰波动，双峰分别位于第 2 旬和第 4~5 旬（图 3-7-3），第 2 旬的日受精卵量（1.86 万粒）显著高（$P<0.05$）于 1、3、6、7、8、9 旬的，而第 7、8、9 旬的日均受精卵量（0.00~0.11 万粒）显著低（$P<0.05$）于前面第 1~7 旬的（0.79 万~1.86 万粒）（表 3-7）。

受精率旬均值随产卵持续时间（旬）呈现显著的双峰波动，双峰分别位于第 2 和第 5 旬（图 3-7-3），在第 5 旬的受精率均值最高（20.66%），且显著高于（$P<0.05$）第 1、3、7、8 和 9 旬的（分别为 10.07%、11.85%、10.23%、1.33% 和 0.70%），第 8 和 9 旬的受精率均值最低（分别为 1.33% 和 0.70%），且显著低于（$P<0.05$）前面第 1~7 旬的（10.07%~20.66%）（表 3-7）。

三、产卵受精的总体趋势及规律

1. 日产卵量的趋势及规律

美洲鲥产卵可分为产卵稳定期（第 1、3、4、5 和 6 旬）、产卵高峰期（第 2 旬）和产卵停滞期（第 7~9 旬）3 个时期，日产卵量总体呈现先上升后下降趋势。日产卵量理论和实际的最高值分别产生于 5 月 20 日和 5 月 7 日，即产卵第 17 d 和第 4 d，产卵高峰时间出现比较早，日产卵量正态分布的峰值出现时间较早（图 3-7-1），这可能是本研究美洲鲥亲本促产时间有些晚，亲本产卵可能有滞后。美洲鲥亲本产卵高峰过后，日产卵量下降过程中，在产卵第 30~60 d 有 1 个稳定期，日产卵量比较稳定，呈现出持续稳定产卵（图 3-7-1），这与美洲鲥雌鱼亲本卵巢卵细胞分批成熟、分批产卵的习性有关。

另外，虽然美洲鲥亲本产卵量总体呈现大的单峰抛物线趋势，但其间还存在小的多峰波动。在促产交配试验中，每隔 3 d 换水 1 次，换水后第 2 d 凌晨产卵很少甚至不产卵，第 3 d 凌晨产卵量最高，即换水间隔的中间日凌晨产卵较高，并连续波动。这现象可以解释为：换水操作对美洲鲥亲本有应激作用，惊扰亲本正常的交配产卵活动，应激作用消除了后，新水的换入对亲本又有 1 个刺激产卵的作用。

2. 受精率的趋势及规律

虽然美洲鲥的受精率总体较低，但其受精率均值随产卵持续时间呈现显著的双峰波动，双峰分别位于第 2 和第 5 旬（图 3-7-3），受精率极端最高值（33.28%）产生在 5 月 17 日，即产卵第 14 d，即处于第 1 波峰；而受精率旬均值最高（20.66%）产生于第 5 旬，处于第 2 波峰。通常上来说，分批产卵类型鱼类随着产卵时间的持续鱼卵质量会逐渐下降，那造成美洲鲥卵受精率趋势呈现双峰波动的原因,可能主要与美洲鲥亲本应激性强有关,美洲鲥亲本刚进入产卵池,对产卵池的环境有一定的应激,雌雄鱼交配受到一定的影响,而随着时间的推移,美洲鲥亲本逐渐适应了产卵池的环境,这有利于雌雄亲本发情追逐交配。

3. 日受精卵量的趋势及规律

美洲鲥日均受精卵量随产卵持续时间呈现微弱的双峰波动,双峰分别位于第2旬和第4～5旬(图3-7-3),第2旬的日均受精卵量(1.86万粒)最多($P<$ 0.05),日受精卵量理论和实际的最高值分别产生于5月24日和5月18日,即产卵第21 d和第15 d,均处于第1波峰附近(图3-7-3)。第1波峰主要受日产卵量较多影响,而第2波峰主要受日产卵量较稳定和受精率较高共同影响。另外产卵第60 d后,即第7、8、9旬的日均受精卵量在0.00～0.11万粒,受精卵量非常少,基本上无生产性培育的价值。因此,为了避免不必要的浪费,建议在美洲鲥产卵持续60 d后及时结束促产调控。

第八节　影响胚胎发育的主要环境因子

和其他动物一样,美洲鲥的生命周期中死亡率较高的是胚胎发育阶段,在此阶段会受到温度、盐度、光照周期及光照强度、溶解氧、pH、水体悬浮物等一系列外部环境条件的影响。明确美洲鲥胚胎发育阶段所需适宜环境因子对美洲鲥繁殖具有非常重要的意义。本节主要介绍影响美洲鲥胚胎发育的主要环境因子。

一、温度

温度是鱼类早期发育阶段中重要的外部影响因子。温度是通过酶反应的速度来决定个体发育的。不同的种类因其生活环境不同而具有不同的适宜温度,即使是同一种鱼,在适应不同的生长环境后,也会有其特定的适温范围。

有关美洲鲥胚胎发育的适应温度范围研究,国外有一些报道,Moyle(2002)研究发现,当温度在10℃或24℃时,美洲鲥胚胎不能孵化出健康的仔鱼;在温度为24℃时,受精卵孵化时长仅为3 d,但是初孵仔鱼成活率很低。Painter 等(1979)研究发现美洲鲥受精卵孵化最适温度为15.6～21.1℃。美洲鲥受精卵孵化时长随孵化温度升高而缩短,孵化时长与温度之间的关系为:$y=729.06-8.75x$[y 表示孵化时长(h),x 表示孵化温度(℃)]。当温度为11～18.5℃时,孵化时长为8～

12 d;当温度为 15～18℃时,孵化时长为 4～6 d;当温度为 16～17℃时,孵化时长为 96 h;温度低于 16℃会延长受精卵的孵化时间。

在中国,美洲鲥从 1998 年引进以来,已经有 20 年的历史,美洲鲥养殖群体长期在国内生长繁殖,适应了国内的环境,也可能产生特定的适宜温度范围。有研究发现,在水温 20.3～21.9℃条件下,美洲鲥受精卵经过 82 h 孵化出膜,积温为 1 667.15℃·h(洪孝友等,2011)。

上海市水产研究所(曹祥德等,2016b)对养殖美洲鲥所产受精卵的适宜温度范围做了系统的研究。研究发现,美洲鲥受精卵孵化的最佳温度为 18～20℃。温度与培育周期的关系用二次曲线 $y=0.2009x^2-15.248x+291.3;r^2=0.991$[$y$ 表示孵化时长(h),x 表示孵化温度(℃)]可以较好地拟合。

2015 年,上海市水产研究所将人工养殖美洲鲥于繁育前一年的秋季进行营养强化培育,于第 2 年 3 月份转入亲鱼产卵池进行自然产卵受精。通过集卵网收集得到受精卵,挑选处于 4 细胞期的受精卵进行孵化实验。实验设置 6 个温度梯度,分别为 14℃、16℃、18℃、20℃、22℃和 24℃,共试验两批受精卵,每批 2 个重复。受精卵孵化容器为 1 000 mL 烧杯,每个烧杯中放置 100 个受精卵,同一梯度的烧杯置于同一水浴池内,在自然光照及光周期下进行孵化试验。温度梯度的调节采取 1℃/h 的速率进行升降。烧杯水体采用微充氧的方式,每天测量 4 次水温,每天换水 50%,及时去除坏卵(曹祥德等,2016b)。

温度对美洲鲥受精卵影响的评估标准为:① 培育周期,指同时受精的一批卵中 50%孵化出膜所用时间;② 孵化周期,指同时受精的一批卵从第 1 尾孵化出膜到最后 1 尾孵化出膜的时间间隔;③ 总孵化率,指初孵仔鱼占所放置受精卵总数的百分比;④ 畸形率,指尾部弯曲、油球异位或异数、脊柱弯曲的个体占初孵仔鱼的百分比;⑤ 初孵仔鱼 24 h 和 48 h 的成活率,即将初孵仔鱼从出膜后立即移入盛有相同温度的烧杯中,观察记录 24 h 和 48 h 的成活率。(曹祥德等,2016b)

美洲鲥受精卵培育周期和孵化周期随温度的升高而缩短(表 3-8-1)。温度为 14℃时,培育周期长达 119.3 h,孵化周期为 13 h;温度为 24℃时,培育周期仅为 38.7 h,孵化周期为 4 h。孵化温度与培育周期之间的关系可以由二次曲线函数有效地拟合 $y=0.2009x^2-15.248x+291.3;r^2=0.991$[$y$ 表示孵化时长(h),x 表示孵化温度(℃)]。在试验温度范围内,美洲鲥孵化率呈先升高后降低的变化趋势。当孵化温度为 18℃时,孵化率最高(89.9%);畸形率在 14℃、22℃、24℃时显著升高。在温度 18℃和 20℃条件下,初孵仔鱼 24 h 和 48 h 的成活率均显著高于

其他组($P<0.05$)，据此可以得到美洲鲥受精卵孵化最适温度为 18～20℃。（曹祥德等，2016b）

表 3-8-1　不同温度下美洲鲥受精卵的孵化情况（曹祥德等，2016b）

测定项目	温度(℃)					
	14	16	18	20	22	24
培育周期(h)	119.3±2.5[a]	96.3±3.0[b]	79.5±1.3[c]	68.5±2.7[d]	56.5±1.3[e]	38.7±2.2[f]
孵化周期(h)	13.0±1.8[a]	10.0±0.8[b]	8.0±0.8[c]	7.3±1.0[c]	5.0±0.8[d]	4.0±0.8[d]
总孵化率(%)	27.0±2.6[f]	75.3±2.5[c]	89.8±1.3[a]	84.8±2.1[b]	64.0±3.4[d]	35.5±3.7[e]
畸形率(%)	8.0±1.4[b]	4.0±0.8[c]	2.3±0.5[c]	3.8±1.0[c]	10.0±1.6[b]	15.3±2.5[a]
24 h 成活率(%)	82.3±4.4[c]	87.3±3.7[b]	94.0±1.6[a]	91.0±1.4[a]	86.3±2.2[c]	81.8±3.3[d]
48 h 成活率(%)	78.3±4.1[d]	83.8±3.7[c]	91.3±1.5[a]	88.5±1.3[a]	83.5±1.3[c]	79.0±1.0[c]

注：数据采用 Mean±SD 表示，用单因素方差分析($P<0.05$)，经 Duncan's 多重比较，同行中不同字母表示差异显著($P<0.05$)。

二、盐度

盐度也是海水鱼和半咸水鱼的鱼类生活史中重要的外部影响因子。而鱼类的早期发育阶段往往对盐度非常敏感，另外由于鱼类调节渗透压需要大量的能量，所以盐度同样也影响着鱼类早期阶段的生长和成活，如鱼类受精卵的孵化、仔鱼的成活和生长。美洲鲥是洄游性鱼类，对盐度的适应性相对较强。

国外早期观察发现(Leim，1924)，在最适温度条件下(17℃)，美洲鲥受精卵可以在淡水及盐度 7.5 和 15 的水体中孵化，且在盐度为 7.5 和 15 的水体中的孵化率均高于淡水，且仔鱼的活力也明显不同。淡水中的美洲鲥初孵仔鱼看上去正常，但活力仅维持了 1 d，之后活动能力就逐渐减弱，直至停止活动；盐度 7.5 中的美洲鲥初孵仔鱼全部正常，且充满活力，直至卵黄耗尽后仍能存活；盐度 15 中的结果与盐度 7.5 的相似，但是仔鱼的存活时间和活力维持的时间都短些；盐度 22.5 则显然不适合美洲鲥受精卵的孵化，该盐度会使受精卵发育停止或者卵膜变软，过早破膜，即使在盐度 22.5 中获得了 3 尾初孵仔鱼，但都不正常，1 尾几乎不游动，1 尾尾鳍弯曲无法正常游动，1 尾躯体和尾鳍呈畸形扭曲。基于这些初步的观察结果，该研究者建议：为保证美洲鲥受精卵正常发育和孵化以及仔鱼的正常活力，不能将受精卵在淡水中孵化，而应置于盐度 7.5 的水体或者大约为自然海水的 1/4 盐度的水体中(表3-8-2)(Leim,1924)。但是,在国内,美洲鲥繁育实践发现,美洲鲥受精卵不仅能在淡水中正常孵化而且仔鱼存活率较高,所以美洲鲥受精卵孵化一般均采用淡水。作者也经过多年的实践发现,美洲鲥交配产卵期间,盐度不高于1,在孵化期间盐度可以控制在3以下,可获得良好的孵化效果,同时孵化期间稍有盐度可以抑制霉菌的暴发。有关美洲鲥胚胎发育的适宜盐度仍需进一步研究。

表3-8-2　不同盐度下美洲鲥受精卵的孵化情况(17℃;Leim,1924)

盐度(‰)	胚胎及仔鱼平均存活天数(d)	胚胎及仔鱼最大存活天数(d)	孵化率(%)	仔鱼平均存活天数(d)	仔鱼最大存活天数(d)	发育程度
0	7.4	11	77	2.3	4	卵黄被吸收殆尽
7.5	24.6	31	88	17.3	23	卵黄被完全吸收
15.0	19.2	31	100	12.6	24	卵黄被完全吸收
22.5	4.7	8	33	1.0	1	卵黄被吸收80%

三、光照

早在1924年,Leim(1924)就对美洲鲥受精卵的光照条件进行了比较初步的研究。在4个容积为120 mL的瓶子中分别放入3个处于发育早期的美洲鲥受精卵,再将其中2个瓶子放置于不透光的金属容器中,另外2个置于光照(非直射)条件下,经过16 d的孵化,黑暗处理的受精卵能正常发育并孵化,且能得到活力正常的仔鱼,初孵仔鱼存活时间均在5 d以上;而光照条件下,其中1个受精卵的胚胎停止了发育,仅获得了2尾初孵仔鱼,且在2 d内全部死亡。据此试验结果,就认为黑暗比光照更有利于美洲鲥受精卵的孵化。

相较于黑暗和光照两种情形,作者经过多年实践发现,美洲鲥受精卵孵化期间,白天采用双层遮阴膜遮光,白天光照强度800~1 000 lx,晚上开灯补光,获得良好的孵化效果。究竟多少光照强度和光周期是最适宜的范围,具体的影响效果仍需要进一步的探索研究。

四、溶解氧

由于胚胎发育过程中呼吸作用的需要,水体溶氧量的影响也不可忽视。当水体溶解氧含量较低时,会造成胚胎发育减缓、仔鱼过早出膜等问题,进而导致死亡率和畸形率的升高;但溶解氧过高也可对受精卵的孵化产生抑制作用。所以,适宜的水体溶解氧含量对胚胎发育、孵化及仔鱼的生长至关重要。

国外有研究显示(Painter 等,1979),生活于康涅狄格河中的美洲鲥,当水体溶解氧含量低于 5 mg/L 时,没有发现任何受精卵的存在;对于生活在哥伦比亚河里的美洲鲥而言,水体溶解氧对受精卵的半致死浓度为 3.5 mg/L,但对于康涅狄格河中的美洲鲥,这一浓度低至 2.0～2.5 mg/L。对处于繁殖产卵期的美洲鲥,其水体中溶解氧含量必须大于 5.0 mg/L(Moyle,2002;Stier 和 Crance,1985)。作者实践发现,美洲鲥受精卵静水孵化溶解氧最好要高于 7 mg/L。

五、pH

受精卵在孵化过程中有细胞膜的保护,可以在一定范围内承受环境水体中 pH 的变化。当水体 pH 的变化超过其调节范围,将会破坏胚胎内外环境的平衡,威胁胚胎的正常发育。此外,较大的体内外 pH 差值容易在仔鱼体内形成高碳酸值,导致初孵仔鱼死亡率升高。Painter 等(1979)研究发现,美洲鲥受精卵的正常发育及孵化适宜 pH 为 6.0～9.4,pH 低于 5.2 对美洲鲥将是致命的。

六、浊度

浊度也影响着美洲鲥受精卵的发育和仔鱼的成活率。Stier 和 Crance(1985)研究发现,美洲鲥受精卵对水体悬浮物的耐受能力高于仔鱼,当水体悬浮物超过100 mg/L 时,仔鱼 96 h 成活率会降低。

参考文献

David J. Stier, Johnie H. Crance. 1985. Habitat Suitability Index Models and Instream Flow Suitability Curves: American Shad. Washington, DC: National Coastal Ecosystems Team, Division of Biological Services, Research and Development, Fish and Wildlife Service, U. S. Dept. of the Interior.

Leim A H. 1924. The life history of the shad (*Alosa sapidissima*, Wilson) with special reference to the factors limiting its abundance. Contributions to Canadian Biology & Fisheries, 2(1): 161 - 284.

Olney J E, Denny S C, Hoenig J M. 2001. Criteria for determining maturity stage in female

American shad，*Alosa sapidissima*，and a proposed reproductive cycle．Bulletin Français de la Pêche et de la Pisciculture，362/363：881－901．

Painter，R L，L Wixom，L Meinz．1979．American Shad Management Plan for the Sacramento River Drainage．Anadromous Fish Conservation Act Project AFS－17，Job 5．CDFG，Sacramento．

Peter B．Moyle．2002．Inland Fishes of California．California，Berkeley：University of California Press．

曹祥德，乔燕平，李雪松.2016a．美国鲥鱼亲鱼培育及促熟产卵技术研究.科学养鱼,(4)：6－7.

曹祥德，张根玉，乔燕平，等.2016b.温度对美国鲥鱼受精卵孵化和仔鱼活力的影响.水产科技情报,43(2)：29－32.

杜浩.2005.美洲鲥(*Alosa sapidissima*)人工孵化、养殖及转运关键技术的研究.武汉：华中农业大学：15－22.

洪磊，李兆新，陈超，等.2014.美洲鲥鱼卵巢发育规律和性类固醇激素变化研究.中国工程科学,16(9)：86－92.

洪孝友.2011.美洲鲥早期发育的形态学及组织学观察.上海海洋大学,21－24.

洪孝友，朱新平，陈昆慈，等.2016.池养美洲鲥卵巢周年发育和血清激素变化研究.基因组学与应用生物学,35(10)：2696－2701.

李卫芳.2013.美国鲥鱼人工繁殖试验报告.渔业致富指南,(3)：71－72.

马世磊，耿智，徐冬冬，等.2014.黄姑鱼性腺发育的组织学观察.浙江海洋学院学报(自然科学版),33(2)：129－133＋146.

施永海，徐嘉波，刘永士，等.2019a.敞口池塘和遮阴池塘养殖美洲鲥当年鱼种的生长规律和差异.上海海洋大学,28(2)：161－170.

施永海，徐嘉波，陆根海，等.2017.养殖美洲鲥的生长特性.动物学杂志,52(4)：638－645.

施永海，徐嘉波，谢永德，等.2019b.池塘培育美洲鲥初次性成熟亲本的生长特性.广东海洋大学学报,39(2)：45－52.

孙朝徽.2008.牙鲆 *Paralichthys olivaceus* 性腺分化与发育的组织学研究.哈尔滨：东北农业大学.

徐钢春，张呈祥，郑金良，等.2012.美洲鲥的人工繁殖及胚胎发育的研究.海洋科学,36(7)：89－96.

徐亚飞，陈在忠，高建忠，等.2015.人工养殖七彩神仙鱼性腺发育的研究.安徽农业大学学报,42(1)：115－123.

王达琼，卞云斌，黄仁良.2020.美洲鲥全人工繁殖技术研究.科学养鱼,(1)：10－11.

王汉平，魏开金，姚红，等.1999.养殖鲥鱼性腺发育的年周期变化.水产学报,(S1)：15－21.

王汉平，钟鸣远，陈大庆，等.1995.鲥鱼的驯养与生物学研究Ⅱ.池养鲥鱼的生长特性及其与温度的关系.应用生态学报,6(3)：291－297.

第四章

美洲鲥的苗种培育技术

20世纪90年代末，中国开始了对美洲鲥的引进培育工作，通过对开口饵料的强化处理、水环境的科学调控以及对转口饲料和投喂技术的研究，突破了鱼苗培育敏感期的关键性技术，大幅度提高了美洲鲥苗种培育成活率。从最初的引进美洲鲥受精卵孵化到全人工养殖美洲鲥亲鱼的催产、受精和孵化以及苗种培育，其培育方式也在不断改进和提高。培育方式通常分为工厂化育苗和半工厂化育苗。其中，工厂化育苗，整个育苗过程都是在人工控制的条件下，完全依靠人工投喂饵料，在室内水泥池内进行集约化培育和管理，不仅能够监控育苗的水环境变化（温度、盐度、光照、pH等），而且能够便于全人工调控并优化苗种培育的环境条件，同时有计划地进行批量生产，有效地提高美洲鲥幼苗的成活率和生产量。半工厂化育苗，则是结合工厂化育苗的方式，采用"网箱＋圆形玻璃钢池或水泥池"，进行小批量、多批次的生产。

第一节 工 厂 化 育 苗

美洲鲥工厂化室内水泥池集约化育苗，根据仔稚幼鱼生活习性和食性的变化情况，仔稚幼鱼的培育分成3个阶段。① 美洲鲥初孵仔鱼延续在孵化池中进行培育，仔鱼主要依靠体内卵黄囊作为内源营养，且不能自主游动，易沉入池底，主要靠充气将仔鱼翻起，2 d后随着卵黄囊的逐渐消失，及时补充投喂外源生物饵料，来满足仔鱼的营养需求，一般投喂用网目为80目的网片筛滤的轮虫或桡足类无节幼体。② 投喂饵料 3～4 d 后,静气下仔鱼能自主游动,有集群的趋向性,转入育苗池培育,主要投喂 60～10 目过筛的生物饵料,体长逐渐达到 2.5 cm,此为仔稚鱼的培育阶段。③ 鱼苗体长 2.5～4.0 cm 以上为生物饵料转口人工配合饲料的幼鱼培育阶段。根据仔稚鱼培育要求,利用空气能制冷制热机组将育苗水温控制在 18.0～20.5℃,用天然海水来调节育苗盐度,盐度为 4～5,通过清底、换水、分池等日常管理来提高美洲鲥育苗的成活率(张根玉等,2008;严银龙等,2020)。

一、培育条件

美洲鲥初孵仔鱼在孵化池中培育,孵化池为室内锥形水泥池(图 4-1-1),其规格为 1.1 m×1.1 m×1.2 m,在距池底 0.4 m 处制作成锥形池底。每个孵化池配备 2 个散气石,不间断充气,充气时水体呈微翻滚状态。池子内安装制冷制热循环管,对水体起到降温或升温的作用。

图 4-1-1　孵化池

美洲鲥工厂化育苗采用室内水泥池(图 4-1-2),其规格为 6.5 m×2.5 m×(1.2～1.3)m。每个苗种培育池安装 10～12 个散气石,连续不断充气,并保持水体呈翻滚状态。放苗前用 50 mg/L 漂白精对育苗池进行全池浸泡消毒 48 h,清洗干净并干燥 48 h 后再使用。

图 4-1-2 苗种培育池

利用空气能制冷制热机组控制育苗温度,通过不锈钢循环管在育苗池中进行冷(热)交换,对水体起到降温(升温)的作用(图 4-1-3)。

图 4-1-3 空气能制冷制热机组和苗种培育池循环管

育苗用淡水为天然河道水,海水为杭州湾水系天然海水(盐度 13～15)。通过水泵抽入土池池塘自然沉淀净化,每天中午和晚上开启增氧机各 2 h,再抽入棚内蓄水池并用 80 目网袋过滤,沉淀曝气 48 h,使用前 1 d 调配成与育苗池相同盐度和温度的育苗用水。

二、放苗

美洲鲥初孵仔鱼培育密度,延续孵化池原来的仔鱼密度。转入苗种培育池时,放苗水位为 45～55 cm,放养密度一般在 2 000～3 000 尾/m²,水温控制在 18～19℃,盐度为 1～2。

三、生物饵料的培养与投喂

刚孵化出的仔鱼,主要依靠体内卵黄囊作为内源性营养,且不能自主游动,易沉入池底,依靠充气随水翻起。48～60 h 后,卵黄囊逐渐消失,及时投喂外源生物饵料来满足仔鱼的营养需求。目前,美洲鲥仔稚鱼培育的生物饵料主要采用池塘人工培养的淡水轮虫、淡水枝角类(俗称红虫)、桡足类和卤虫无节幼体等。卤虫无节幼体为市场上购买的真空包装的卤虫卵经孵化而成。人工配合饲料为市场上购买的微颗粒和海水鱼膨化配合饲料 0# 料。

1. 生物饵料培养

(1) 培养方法

池塘准备:生物饵料培养前进行池塘的清塘和消毒,一般池塘加水漫过池塘塘底,用漂白精 30～45 kg/hm²,充分溶解,进行全池泼洒。5～7 d 后注水,加水时进水口用 2 层孔径为 60 目网片滤除敌害生物。

施肥:培养前期施基肥,主要是发酵的牛粪(干),堆放在池塘一角的水下,一般 750～1 125 kg/hm²,池塘加水 1.0～1.2 m。一般 3～5 d 能培养出轮虫,观察水色的变化,水色变淡及时捣散牛粪堆,释放肥力。每天检查轮虫的密度及带卵情况,轮虫不纯、种群衰败时,可将本池排空后重新进水接种。每天定量抽取轮虫作为育苗饵料,同时维持轮虫生长的良性循环。随着鱼苗的生长,需要不同规格大小的虫子,后期主要以裸腹溞(俗称红虫)或桡足类填补适口的生物饵料。

(2) 培养特点:鲜活生物饵料,投喂方便,管理简便,但存在局限性:① 培养鲜活生物饵料需要配套一定面积的多口土池池塘,特别是淡水轮虫高峰期很短,有时没有达到高峰,就会有大量的枝角类或桡足类的繁殖,所以在时间上需要多口池塘交替发塘培养。②培养鲜活生物饵料的高峰期与鱼苗培育的适口时间匹配较难,受自然环境、天气条件的影响,特别是开口饵料,往往会出现这样的情况,育苗生产大量需要的时候,轮虫达不到高峰,满足不了需要;而育苗生产不需要的时候,生物饵料培养池内会出现大量的轮虫。

2. 饵料的投喂

2~6 d,投喂用 80 目的网片筛滤过的轮虫或桡足类无节幼体,每天投喂 2 次,每次投喂量,以维持密度 5~10 ind/L 为标准。

6~12 d,在投喂轮虫的基础上,增加投喂用 60 目的网片筛滤过的枝角类和桡足类,混合投喂密度以维持在 5~8 ind/L 为标准。

12~20 d,在投喂用 60 目的网片筛滤过的枝角类和桡足类,增加投喂用 40 目的网片筛滤过的枝角类和桡足类,混合投喂密度以维持在 5~8 ind/L 为标准。

20~30 d,投喂用 30 目的网片筛滤过的枝角类和桡足类,投喂密度以维持在 3~5 ind/L 为标准。

30~35 d,投喂用 10 目的网片筛滤过的枝角类和桡足类,投喂密度以维持在 3~5 ind/L 为标准。

经过 35~40 d 的培育,获得体长 2.5 cm 以上的美洲鲥幼鱼。幼鱼从生物饵料逐渐转口投喂人工配合饲料,转口成功后不再投喂生物饵料。用微颗粒作为配合饲料适口料,5~7 d 后过渡混合投喂海水鱼膨化饲料 0# 料,直至幼鱼能摄食 0# 料。

培养的生物饵料不足时,可用刚孵出的卤虫无节幼体代替,投喂密度以维持在 1~2 ind/L 为标准。

四、水质调控

1. 水温控制

初孵仔鱼培育和放苗时水温控制在 18~19℃。放入育苗池后,第 2 d 开始每 24 h 增加 1.0℃,直至升到 20.5℃,育苗温度维持在 19.0~20.5℃。待鱼苗体长 2.5 cm 以上,转口投喂人工配合饲料后,每 24 h 增加 1.0℃,直至自然水温。

2. 盐度控制

初孵仔鱼培育和放苗时盐度为 1~2。放入育苗池后,每 24 h 盐度提升 1,直至育苗期间盐度控制在 4～5。待鱼苗体长 2.5 cm 以上,转口投喂人工配合饲料后,每 24 h 盐度降低 1,直至天然淡水。

五、日常管理

日常管理主要包括清底、换水、分池和出苗计数。

1. 清底

如图 4-1-4,清底方式采用虹吸吸污的方式。虹吸吸污工具包括吸污管、吸污框和大脚盆。吸污管由吸污软管、硬质透明管和鸭嘴管三部件连接组成。吸污软管主要将吸出污水导入大脚盆中吸污框内,硬质透明管主要用于把持操作和观察吸污情况,鸭嘴巴可紧贴池底并增加吸污的有效面积。根据鱼苗的大小,及时更换吸污框的网袋,网目依次使用 60 目、40 目、30 目和 20 目。放苗后第 4 d 开始吸污清底,以后每天吸污 1 次。吸污时,停止充气,将散气石移出育苗池,鸭嘴巴紧贴池底,轻轻移动吸污管,通过虹吸原理将池底污水和极少量鱼苗一并吸出导入吸污框。将吸出的污物和极少量鱼苗带水舀入白搪瓷脸盆内,再将仔细分离出的活鱼苗舀回育苗池内。

图 4-1-4 清底

2. 换水

初孵仔鱼培育不采用吸污来排除沉积物,主要采用换水来改善培育池水质,一般每天换水 1 次,每次换水量为总水体的 70%～80%(图 4-1-5)。

育苗采用低水位鱼苗放养法,育苗池中加入经过二级沉淀且用 120 目的筛绢过滤掉敌害浮游生物的育苗用水,第 2 d 加水 30～40 cm,第 3 d 育苗池加满。育苗期间一般每 2～3 d 换水 1 次,每次换水量为 30%～70% 不等,前期换水少些。换水操作有排水和加水两个过程。

图 4-1-5　初孵仔鱼培育池排水

（1）排水：排水工具由虹吸管和换水框组成。虹吸管采用黑夹布橡胶软管，换水框由框架和网衣包围组成。一般框架由铁或不锈钢钢筋制作而成，网衣由不同网目的筛绢网片制作而成。根据鱼苗的大小，判断网目的大小，分别依次使用 60 目、40 目、30 目和 20 目。如图 4-1-6，排水时，把换水框置于育苗池内，将虹吸管插入换水框中，通过虹吸作用，将育苗池中的水排出。同时，在换水框内放置 1～2 个散气石，充气呈沸腾状，并注意虹吸管插入端吸水口的位置，尽量放在换水框的中间，不要离网衣太近或触碰到网衣，避免换水过程中因吸力过大，导致鱼苗被吸附在换水框的网衣

图 4-1-6　苗种培育池排水

111

上,造成机械损伤或死亡。

（2）加水：加水由进水系统组成,包括蓄水池、水泵、进水管道和过滤袋。加水前,先排掉进水管道系统内的遗留水以及与育苗池内不一样温度和盐度的水。加水时,注意加入新鲜水的温度和盐度与育苗池的温差小于 0.5℃、盐度差小于 0.5,并在进水口套上 120 目筛绢网过滤袋。

图 4-1-7　分池拉网

3. 分池

苗种培育期间,一般分池倒池 2 次,第 1 次时间为 20 d 左右,第 2 次分池倒池时间为 35～40 d,每次倒池根据鱼苗存活率判断分池情况,通常以分池后密度减半为标准。每次倒池分池前,先吸污再排水,保持育苗池中留有 35～40 cm 的水位,移去散气石,使用 40 目的筛绢网低水位拉网(图 4-1-7),带水舀苗,估数倒池分池。第 2 次倒池分池,采用相同的方法,使用 30 目的筛绢网低水位拉网,带水舀苗,估数倒池分池。

4. 出苗计数

目前,鱼苗出池计数的传统方式有 3 种。第 1 种,采用"打杯"的方法,就是把鱼苗集入筛绢网兜中,然后用小型密网圆漏斗来捞,记录漏斗数,然后乘以随机抽样漏斗(2～3 次)的平均数就是总的鱼苗数量。此法是传统常规鱼苗计数的常用方法,但不太适合美洲鲥鱼苗计数,因为美洲鲥的应激反应强烈,极易掉落鳞片,导致机械损伤厉害,而造成鱼苗死亡。第 2 种,把鱼苗高密度集中到一个容器中,用单位体积水体中(如 1 L)的鱼苗数来折算整个容器内的鱼苗数,此方法由于美洲鲥鱼苗活动能力强,集群性好特点,以致整个容器内往往会出现有些地方鱼苗很集中,有些地方相对很少,取样不太稳定,通过单位水体来计数会造成计数准确度下降。第 3 种,直接人工数苗,此法虽然比较原始和繁琐,但比较适合美洲鲥鱼苗的计数方法,全程带水操作,既解决了"离水即死"的问题,同时又极大地提高了计数的准确度。即拉网后将幼鱼放置在育苗池顶端的数苗网围中,带水舀苗进行计数(图 4-1-8)。

图 4-1-8　出苗计数

典 型 案 例

案例 1

2007 年 6 月上海市水产研究所引进美国美洲鲥受精卵进行人工育苗（张根玉等，2008）。在美国哥伦比亚河内捕捞正在作产卵洄游的美洲鲥亲本，现场进行人工授精后，经漂洗、降温，装入鱼苗袋充氧，受精卵经过 72 h 航空运输、动物检疫及海关检查后抵达奉贤科研基地。受精卵经孵化得到卵黄苗，2 d 后放入培育池培养，放养密度为 2.5 万尾/池。投喂淡水轮虫、淡水枝角类和转口投喂人工配合饲料。育苗水温保持在 24～25℃。获得体长 3.0～4.0 cm 的鱼苗 17.56 万尾，平均育苗成活率为 63%，初步达到受精卵引进、鱼苗培育之目的（详见表 4-1-1）。

表 4-1-1　2007 年度美洲鲥苗种培育成活率（张根玉等，2008）

育苗池号	布苗日期（m.d）	布苗（尾）	出苗日期（m.d）	出苗（尾）	培育成活率（%）	体长（cm）
1	6.14	14 000	7.9	6 300	45	3.8
2	6.14	14 000	7.9	6 500	46	3.7
3	6.14	14 000	7.9	8 100	58	3.4

续　表

育苗池号	布苗日期(m.d)	布苗(尾)	出苗日期(m.d)	出苗(尾)	培育成活率(%)	体长(cm)
4	6.14	14 000	7.9	5 500	39	4.0
5	6.14	14 000	7.9	4 100	29	4.1
6	6.14	13 000	7.9	3 500	27	4.2
7	6.16	14 000	7.10	9 500	68	3.5
8	6.16	14 000	7.10	11 400	81	3.2
9	6.16	14 000	7.10	12 200	87	2.9
10	6.16	14 000	7.10	9 100	65	3.2
11	6.16	14 000	7.10	8 700	62	3.5
12	6.16	14 000	7.10	9 600	69	3.0
13	6.16	14 000	7.10	8 300	59	3.5
14	6.16	14 000	7.10	9 200	66	3.4
15	6.16	14 000	7.10	11 200	80	3.2
16	6.16	14 000	7.10	13 100	94	2.9
17	6.16	14 000	7.10	7 800	56	3.7
18	6.16	14 000	7.10	10 500	75	3.1
19	6.16	14 000	7.10	11 000	79	3.1
20	6.16	12 000	7.10	10 000	83	3.0
合　计		277 000		175 600		
平　均					63	3.4

案例 2

近年来,上海市水产研究所奉贤科研基地开展美洲鲥全人工繁育,获得批量受精卵,然后进行苗种培育(严银龙等,2020)。全人工养殖美洲鲥亲本,通过温度和盐度的调节控制,诱导美洲鲥自然产卵受精,收集受精卵,孵化得到卵黄苗 2 d 后,进行工厂化苗种培育,培育温度为 18.0～20.5℃,盐度为 4～5。2017～2020 年,每年经过 40～50 d 的培育,分别获得体长为 3.0～5.0 cm 并已成功驯化转食人工配合饲料的美洲鲥幼鱼 9 392 尾、40 083 尾、78 600 尾和 207 921 尾,累计 335 996 尾,平均育苗成活率分别为 11.01%、15.00%、15.72%和 13.92%(详见表 4-1-2、表4-1-3、表 4-1-4 和表 4-1-5)。

上海市水产研究所经过多年关键技术参数的优化,形成了较为完善的工厂化苗种培育技术方案,已具备美洲鲥全人工苗种培育的能力。

表 4-1-2　2017 年度美洲鲥苗种培育成活率(严银龙等,2020)

批次	布苗日期(m.d)	布苗(尾)	出苗(尾)	培育成活率(%)
1	5.29—5.31	31 500	4 010	12.73
2	6.5—6.7	25 250	3 320	13.15
3	6.13—6.15	28 590	2 062	7.21
合　计		85 340	9 392	
平　均				11.01

表 4-1-3　2018 年度美洲鲥苗种培育成活率(严银龙等,2020)

批次	布苗日期(m.d)	布苗(尾)	出苗(尾)	培育成活率(%)
1	5.13—5.16	29 500	5 796	19.65
2	5.23—5.25	36 250	5 010	13.82
3	5.31—6.1	28 590	4 814	16.84
4	6.3—6.4	31 860	4 323	13.57
5	6.7—6.8	28 930	3 930	13.58
6	6.9—6.11	22 890	3 733	16.31
7	6.13—6.16	32 020	3 144	9.82
8	6.20—6.23	21 460	3 242	15.11
9	6.29—7.2	35 720	6 091	17.05
合　计		267 220	40 083	
平　均				15.00

表 4-1-4　2019 年度美洲鲥苗种培育成活率(严银龙等,2020)

批次	布苗日期(m.d)	布苗(尾)	出苗(尾)	培育成活率(%)
1	4.28—4.30	40 720	7 185	17.64
2	5.5—5.7	31 530	6 155	19.52
3	5.12—5.13	38 680	5 130	13.26
4	5.17—5.19	42 100	6 365	15.12
5	5.23—5.25	48 650	8 210	16.88
6	5.30—6.1	31 670	4 105	12.96
7	6.3	8 960	1 230	13.73
8	6.4	35 610	5 130	14.41
9	6.6—6.7	38 180	6 155	16.12
10	6.8—6.10	38 920	6 165	15.84

批次	布苗日期(m.d)	布苗(尾)	出苗(尾)	培育成活率(%)
11	6.11	28 560	4 612	16.15
12	6.12	32 830	5 138	15.65
13	6.13—6.15	15 420	2 410	15.63
14	6.18—6.20	26 830	4 105	15.30
15	6.22—6.24	19 680	2 400	12.20
16	6.28—6.30	21 730	4 105	18.89
合　计		500 070	78 600	
平　均				15.72

表 4-1-5　2020 年度美洲鲥苗种培育成活率

批次	孵化日期(m.d)	受精卵(粒)	出苗(尾)	培育成活率(%)
1	4.15—4.19	59 100	13 700	23.18
2	4.20—4.23	60 700	7 000	11.53
3	4.24—4.27	79 500	11 250	14.15
4	4.28—4.30	76 600	18 700	24.41
5	4.30—5.1	104 300	15 031	14.41
6	5.2—5.3	98 000	14 950	15.26
7	5.4—5.5	81 300	15 900	19.56
8	5.6—5.7	90 300	14 150	15.67
9	5.7—5.8	85 000	10 350	12.18
10	5.9	99 300	14 000	14.10
11	5.10	103 000	14 650	14.22
12	5.11—5.12	79 700	10 050	12.61
13	5.13	93 300	13 550	14.52
14	5.14	72 700	9 900	13.62
15	5.15—5.16	74 000	9 200	12.43
16	5.17—5.18	83 300	3 900	4.68
17	5.19—5.22	77 700	5 700	7.34
18	5.23—5.26	89 300	5 940	6.65
合　计		1 507 100	207 921	
平　均				13.92

注: 2020 年美洲鲥育苗培育成活率是从受精卵孵化到出苗数计算而来。

第二节　半工厂化育苗

目前,美洲鲥育苗场大多采用自然产卵、人工收卵的育苗方式,根据美洲鲥不同步、分批产卵的繁殖习性,以及苗种市场的需求,很多育苗场还是采取了半工厂化育苗方法,即结合工厂化育苗方式,采取"网箱+圆形玻璃钢池或水泥池",进行小批量、多批次的生产。

一、培育条件

1．设施

美洲鲥育苗前中期在圆形玻璃钢池或水泥池中挂设的小网箱中进行,圆形玻璃钢池或者水泥池面积一般为 $4\sim6$ m²,深 1.0 m,挂设小网箱规格为 1.0 m×1.0 m×0.8 m,用 40 目和 20 目聚乙烯网片缝制而成。小网箱安装时入水 50 cm,离池底 50 cm,箱内用直径 25 mm 的塑胶管做成边长为 1.0 m 的正方形框架(管内注水)沉放于箱底,使网衣充分展开。每个小网箱配备散气石 2 个,由气泵通过主支管道进行连续充气。每个网箱上面 30 cm 处安装一盏 25 W 白炽灯。后期苗种培育直接撤掉网箱,放入玻璃钢池或水泥池中培育,池底四周设微孔增氧管连续充气(林添福,2004)。

2．水质

放苗时水温和孵化水温一致,以后每隔 24 h 升温 1.0℃,水温升至 24℃±0.5℃后保持,溶解氧保持在 5 mg/L 以上。

二、放苗和分级培育

根据苗种的形态变化和生长情况分三个培育阶段。

第 1 阶段:初孵仔鱼,体长为 5.4 mm 左右,身体纤细呈透明状,体弱力微,无游泳能力,所以仍留在孵化缸内,借助气流浮游在水体中。

第 2 阶段:从初孵仔鱼培育至夏花鱼种(全长 3.0 cm),初孵仔鱼 2 d 后转入 40 目网箱,放养密度为 2 000～3 000 尾/m²(孙阿君,2013),由于鱼苗长到一定时期时会有残食现象,必须注意将大小苗分开培育。当鱼苗生长至 2.0 cm 时,开始进行第 1

次分苗。在夜间利用灯光引诱法,使鱼苗集中在水表层后,用塑料盆连苗带水舀出,计数后移入 20 目网箱,放养密度为 1 000～1 500 尾/m²,继续培育至全长平均规格为 3.0 cm(林添福,2004)。这一阶段鱼苗较为娇嫩,鳞片尚未发育完整,只在尾柄和下腹部见有鳞片生成,鱼苗对环境的适应能力较差,在洗箱、吸污时动作要轻快。

第 3 阶段:从夏花鱼种培育至形态发育完成的幼鱼阶段,这一阶段由于个体间的摄食差异,苗种大小分化较为明显,可分选培育,按不同规格分开放养,进入后期培育阶段。这阶段苗种在圆形玻璃钢池或水泥池中培育,放养密度为 300～500 尾/m²。鱼苗分池计数时应带水操作,尽量减少鱼苗的机械损伤。

三、饵料和投喂技术

第 1 阶段:美洲鲥初孵仔鱼,不摄食,以内源性营养为主。

第 2 阶段:3 d 后,卵黄囊逐渐消失,鱼体可以水平游动,此时鱼苗开始摄食。投喂轮虫开口,轮虫密度应控制在 5～7 ind/mL,根据网箱内饵料密度量及时补充轮虫,每天投喂轮虫 5～8 次。开口后 5 d,开始投喂小型枝角类并逐步投喂个体较大的枝角类及桡足类,饵料数量不足时,应添加投喂卤虫无节幼体,使饵料生物控制在 3～5 ind/mL。当鱼苗全长达 1.5 cm 时,集群、主动摄食的能力增强,即可转食驯化微囊料。饵料采用山东升索牌饲料 S_1 料(粒径 10 μm),转食驯化一般在晚间进行,利用鱼苗趋光性强的特性,并坚持少量多次的投喂方法。当鱼苗全长达到 3.0 cm 时,撤离白炽灯,全天投喂饵料改为 4 次,分别为 6:00、10:00、14:00 和 18:00。

第 3 阶段:当鱼苗全长达到 3.0 cm 时,饵料采用山东升索牌饲料 S_2 料,经过 10 d 左右的驯养即可摄食膨化配合饲料(浮性),随着鱼体生长,粒径逐步增大。当鱼苗全长达到 5.0 cm 以上时,可投喂海水鱼类膨化配合饲料 0# 料。

四、日常管理

1. 换水和清污

在苗种培育过程中,网箱和水泥池的充气量应根据不同培育阶段由小到大逐渐加大。在夏花鱼种培育阶段,每 3 d 换水 1 次,换水量为 25%～30%,每 2 d 吸污 1 次,每次换水前需吸污。夏花培育后期,每 2 d 换水 1 次,换水量为 50%,每天吸污 1 次。

2. 检测

每天定时检测、记录水温,注意观察鱼苗吃食、活动情况,发现问题及时解决。

每半个月测量 1 次苗种的体长、体质量，及时调整放养密度、饲料的粒径及投饲量。

3. 消毒

育苗设施和养殖工具在使用前用 50 mg/L 漂白精消毒，清洗后干燥 24 h 再使用。苗种在每次分箱、分池放养时用盐度为 3 的食盐水浸浴 5 min，注意密度不能太大，并进行连续充气。

第三节　发育早期脂肪酸的利用

脂类和脂肪酸作为鱼类发育早期内源性营养阶段的主要能量和营养物质，密切关系着鱼类早期生命阶段的发育、生长及存活。脂类作为鱼类胚胎及胚后发育中（特别是内源性营养期间）的主要营养物质，不仅参与调节生理活动和构建组织器官，还是其能量的主要来源。因此，脂类和脂肪酸的组成及含量对鱼类发育早期的生长及存活起着关键的作用，特别是 n-3 系列的高不饱和脂肪酸（DHA 和 EPA）是海水鱼胚后发育的必需脂肪酸。

美洲鲥人工繁育技术日趋完善，但在美洲鲥苗种培育早期，特别是仔鱼开口摄食后的混合营养阶段的成活率较低，这也成了美洲鲥规模化人工繁育的技术瓶颈。由于美洲鲥仔鱼内源性及混合营养阶段时间特别长，体内的营养物质需要长时间支持其生理活动。因此，弄清美洲鲥仔鱼发育早期营养支持和消耗情况可探究美洲鲥发育早期成活率低的问题，为美洲鲥苗种培育技术提供科学依据。

为分析美洲鲥发育早期内源性营养阶段对脂肪酸利用的规律，上海市水产研究所采用生化分析手段，检测和分析了美洲鲥胚胎出膜前后和仔鱼开口前对脂肪酸的利用。研究表明，美洲鲥仔鱼出膜后到开口摄食前，对脂肪酸的利用有一定的优先顺序：n-6 PUFA＞MUFA＞SFA＞n-3 PUFA。美洲鲥胚胎孵化出膜期间，EPA 被先期暂存，而 DHA 没有发现类似的现象；仔鱼出膜后，n-3 PUFA 被优先保存，特别是 EPA＋DHA；美洲鲥内源性营养阶段的 $\sum$ n-3 PUFA/$\sum$ n-6 PUFA 较低（0.69～0.94），显示出淡水鱼类的脂肪酸特征。因此，建议美洲鲥亲本产前培育和产卵期间，增加投喂富含 $\sum$ n-3 PUFA（特别是 DHA）的饲料，以增强亲本体内营养积累和及时补充 $\sum$ n-3 PUFA（特别是 DHA），增加受精卵营养储备，进而提高美洲鲥开口前仔鱼的成活率。

2018 年，上海市水产研究所选取全人工繁育获得的胚胎（原肠期）、0 d 和 4 d 仔鱼（摄食前），用滤纸吸干表面水分，每个发育阶段算一组，每组样品分 3 个平行，每个平行按胚胎(15～17 g)和仔鱼(2～3 g)的鲜质量取样,再测算每组样品单位鲜质量的个体数。采用真空冻干法测定水分,采用氯仿甲醇法提取粗脂肪,用气相色谱仪测定及色谱峰峰面积归一法计算出脂肪酸相对含量,所有数据用 Mean±SD 表示(施永海等,2019a)。

相关计算公式(施永海等,2019b)如下:

单个个体的脂肪酸实际含量(M_n,μg/ind)$M_n = M_{wt} \times C/N \times 100$;

胚胎出膜阶段脂肪酸减少量(M_g,μg/ind)$M_g = M_u - M_0$;

胚胎出膜阶段脂肪酸减少率(R_g,%)$R_g = (M_u - M_0)/M_u \times 100$;

仔鱼开口摄食前脂肪酸利用量(M_f,μg/ind)$M_f = M_0 - M_4$;

仔鱼开口摄食前脂肪酸利用率(R_f,%)$R_f = (M_0 - M_4)/M_0 \times 100$;

式中,M_{wt} 是单位鲜重的粗脂肪含量(%),C 是各脂肪酸的相对含量(%),N 是各发育时期每 g 鲜重的生物体个数(ind),M_u、M_0 和 M_4 分别是胚胎、0 d 仔鱼、4 d 仔鱼个体的脂肪酸实际含量(μg/ind)(施永海等,2019b)。

一、水分和粗脂肪含量变化

美洲鲥内源性营养阶段水分含量随着个体的发育而显著降低($P < 0.05$),每个发育阶段的水分含量均显著高于下个阶段($P < 0.05$)(表 4-3-1)。美洲鲥内源性营养阶段干物质的粗脂肪含量随个体发育微弱升高,各阶段之间无显著性差异($P > 0.05$)(表 4-3-1);鲜质量的粗脂肪含量从胚胎的 0.58% 显著上升至 4 d 仔鱼的 2.25%($P < 0.05$)(表 4-3-1);但单个个体的粗脂肪含量随个体的发育呈现显著下降($P < 0.05$),从胚胎的 60.04 μg/ind 显著下降到 4 d 仔鱼的 41.91 μg/ind($P < 0.05$)(表 4-3-1)。

表 4-3-1 美洲鲥内源性营养阶段的水分和粗脂肪含量($n = 3$)

指　标	胚　胎	0 d仔鱼	4 d仔鱼
水分含量(%湿重)	96.42±0.21[a]	90.60±0.21[b]	88.25±0.25[c]
干质量的粗脂肪(%)	16.33±0.32[a]	18.83±1.31[a]	19.13±2.14[a]
鲜质量的粗脂肪(%)	0.58±0.04[a]	1.77±0.16[b]	2.25±0.26[c]
个体粗脂肪(μg/ind)	60.04±4.00[a]	50.46±4.64[b]	41.91±4.80[b]

注:同行数据采用单因素方差分析,经 Duncan's 多重比较,同行上标不同字母表示差异显著($P < 0.05$)。

二、脂肪酸的组成变化

对美洲鲥内源性营养阶段各时期的干样进行了 C6～C24 脂肪酸（37 种）的检测，各样品均检测到 6 种饱和脂肪酸（SFA）、5 种单不饱和脂肪酸（MUFA）和 11 种多不饱和脂肪酸（PUFA）。

1. 各个发育阶段单个脂肪酸相对含量的变化

美洲鲥胚胎、0 d 和 4 d 仔鱼的 22 种检测到的脂肪酸相对含量见表 4 - 3 - 2，内源性营养阶段各时期的相对含量排前 4 的脂肪酸均分别是 C16：0、C18：1n9c、C22：6n3（DHA）和 C18：2n6c（表 4 - 3 - 2）。

表 4 - 3 - 2　美洲鲥内源性营养阶段的脂肪酸组成及相对含量（$n=3$，%）

脂 肪 酸	胚 胎	0 d 仔鱼	4 d 仔鱼
C14：0	0.93 ± 0.01^a	0.94 ± 0.01^a	0.81 ± 0.02^b
C15：0	0.23 ± 0.04^a	0.21 ± 0.04^a	0.26 ± 0.01^a
C16：0	21.99 ± 0.54^a	23.06 ± 0.54^b	21.65 ± 0.23^a
C17：0	0.30 ± 0.00^a	0.37 ± 0.00^b	0.45 ± 0.02^c
C18：0	8.86 ± 0.18^a	8.71 ± 0.18^a	10.17 ± 0.21^b
C20：0	0.08 ± 0.02^a	0.10 ± 0.02^a	0.19 ± 0.03^a
C16：1	1.07 ± 0.01^a	1.17 ± 0.01^b	1.00 ± 0.03^a
C17：1	0.16 ± 0.00^a	0.23 ± 0.00^a	0.15 ± 0.01^a
C18：1n9c	20.93 ± 0.21^a	19.80 ± 0.21^b	19.02 ± 0.51^c
C20：1n9	0.48 ± 0.02^a	0.45 ± 0.02^{ab}	0.45 ± 0.01^b
C24：1n9	0.18 ± 0.01^a	0.18 ± 0.01^a	0.31 ± 0.04^b
C18：2n6t	1.22 ± 0.01^a	1.07 ± 0.01^b	1.03 ± 0.02^c
C18：2n6c	14.43 ± 0.12^a	14.35 ± 0.12^a	12.33 ± 0.13^b
C18：3n6	3.99 ± 0.00^a	3.64 ± 0.00^b	3.23 ± 0.08^c
C18：3n3	0.63 ± 0.01^a	0.66 ± 0.01^a	0.48 ± 0.01^b
C20：2	1.28 ± 0.02^a	1.27 ± 0.02^a	1.20 ± 0.01^b
C20：3n6	4.68 ± 0.09^a	4.36 ± 0.09^c	4.51 ± 0.05^b
C20：4n6	1.03 ± 0.04^a	1.15 ± 0.04^b	1.47 ± 0.04^c
C22：2	0.61 ± 0.02^a	0.66 ± 0.02^b	0.62 ± 0.01^a
C20：5n3（EPA）	1.05 ± 0.04^a	1.38 ± 0.04^b	1.49 ± 0.07^c

续　表

脂　肪　酸	胚　胎	0 d 仔鱼	4 d 仔鱼
C22：5n3(DPA)	0.84 ± 0.04^a	0.96 ± 0.05^b	0.99 ± 0.02^b
C22：6n3(DHA)	15.02 ± 0.48^a	15.26 ± 0.48^a	18.20 ± 0.89^b
$\sum$SFA	32.39 ± 0.75^a	33.39 ± 0.75^{ab}	33.53 ± 0.47^b
$\sum$MUFA	22.82 ± 0.22^a	21.85 ± 0.22^b	20.92 ± 0.57^c
$\sum$PUFA	44.79 ± 0.68^a	44.76 ± 0.68^a	45.55 ± 1.04^a
$\sum$PA + DHA	16.07 ± 0.51^a	16.63 ± 0.10^a	19.69 ± 0.95^b
$\sum$n - 3 PUFA	17.55 ± 0.55^a	18.26 ± 0.55^a	21.16 ± 0.97^b
$\sum$n - 6 PUFA	25.35 ± 0.22^a	24.57 ± 0.22^b	22.57 ± 0.14^c
$\sum$SFA/$\sum$UFA	0.48 ± 0.02^a	0.50 ± 0.02^{ab}	0.50 ± 0.01^b
$\sum$n - 3 PUFA/$\sum$n - 6 PUFA	0.69 ± 0.02^a	0.74 ± 0.02^a	0.94 ± 0.04^b

　　注：SFA 是饱和脂肪酸,MUFA 是单不饱和脂肪酸,PUFA 是多不饱和脂肪酸,UFA 是不饱和脂肪酸;同行数据采用单因素方差分析,经 Duncan's 多重比较,同行上标不同字母表示差异显著($P<0.05$)。

　　C16：0 相对含量较高(21.65%～23.60%),0 d 仔鱼的 C16：0 相对含量显著高于胚胎和 4 d 仔鱼的($P<0.05$),且胚胎和 4 d 仔鱼之间无显著性差异($P>0.05$);C18：1n9c 的相对含量丰富(19.02%～20.93%),其相对含量随着个体的发育而显著降低($P<0.05$),发育的每个阶段的水分含量均显著高于下个阶段($P<0.05$),数值从胚胎的 20.93% 显著下降到19.02%;C18：2n6c 相对含量相对较稳定(12.33%～14.43%),其相对含量随着个体的发育而显著降低($P<0.05$),4 d 仔鱼的 C18：2n6c 相对含量显著低于胚胎和 0 d 仔鱼的($P<0.05$),且胚胎和0 d 仔鱼之间的差异不显著($P>0.05$)(表 4 - 3 - 2)。

　　美洲鲥胚胎、0 d 和 4 d 仔鱼的 C22：6n3(DHA)均较丰富(15.02%～18.20%),其相对含量随着个体的发育而显著升高($P<0.05$),数值从胚胎的15.02% 显著上升到 4 d 仔鱼的 18.20%,4 d 仔鱼的 C22：6n3(DHA)相对含量显著高于胚胎和 0 d 仔鱼的($P<0.05$),且胚胎和 0 d 仔鱼之间无显著性差异($P>0.05$)(表 4 - 3 - 2)。美洲鲥内源性营养阶段的 C20：5n3(EPA)虽然相对含量不高(1.05%～1.49%),但也呈现了显著上升的规律,C20：5n3(EPA)的相对含量随个体发育而显著上升($P<0.05$),其值从胚胎的 1.05% 下降到 4 d 仔鱼的1.49%(表 4 - 3 - 2)。DHA 和 EPA 含量均随个体发育而上升的相似变化规律也导致了 DHA＋EPA 随个体发育呈现显著的上升趋势($P<0.05$),数值从胚胎的16.07% 上升到 4 d 仔鱼的 19.69%,4 d 仔鱼的 DHA＋EPA(19.69%)显著高于胚

胎和 0 d 仔鱼的($P<0.05$),且胚胎和 0 d 仔鱼之间(分别是 16.07% 和 16.63%)的差异不显著($P>0.05$)(表 4 - 3 - 2)。

2. 各发育阶段的 SFA、MUFA 和 PUFA 相对含量的变化

美洲鲥内源性营养阶段的 SFA 相对含量随个体发育而显著上升($P<0.05$),且 4 d 仔鱼的 SFA(33.53%)显著高于胚胎的(32.39%)($P<0.05$)(表 4 - 3 - 2)。MUFA 的相对含量相对较低(20.92%～22.82%),且随个体发育而显著下降($P<0.05$),数值从胚胎的 22.82% 下降到 4 d 仔鱼的 20.92%(表 4 - 3 - 2)。美洲鲥内源性营养阶段的 PUFA 含量丰富且稳定(44.76%～45.55%)(表 4 - 3 - 2),胚胎、0 d 和 4 d 仔鱼之间的 PUFA 含量无显著变化($P>0.05$)(表 4 - 3 - 2)。

3. 各发育阶段的 $\sum$SFA/$\sum$UFA 和 $\sum$n - 3 PUFA/$\sum$n - 6 PUFA 的变化

美洲鲥 4 d 仔鱼的 $\sum$SFA/$\sum$UFA(0.50)显著高于胚胎的(0.48)($P<0.05$)(表 4 - 3 - 2)。美洲鲥内源性营养阶段的 $\sum$n - 3 PUFA/$\sum$n - 6 PUFA 随生长发育而明显上升($P<0.05$),其数值从 0.69 上升到 0.94(表 4 - 3 - 2),胚胎和 0 d 仔鱼的 $\sum$n - 3 PUFA/$\sum$n - 6 PUFA 显著低于 4 d 仔鱼的($P<0.05$),且胚胎和 0 d 仔鱼之间的差异不显著($P>0.05$)(表 4 - 3 - 2)。

三、单个个体的主要脂肪酸的绝对含量变化及利用

由表 4 - 3 - 1 中鲜质量的粗脂肪相对含量乘以表 4 - 3 - 2 中各个脂肪酸相对含量,再除以每克鲜质量的个体数量,计算得到各脂肪酸在单个个体中的绝对含量(表 4 - 3 - 3)。由表 4 - 3 - 3 中各发育阶段的脂肪酸绝对含量依据公式可分别获得主要脂肪酸在胚胎孵化出膜阶段的减少量和减少率,以及在仔鱼内源营养阶段的利用量和利用率(表 4 - 3 - 4)。

表 4 - 3 - 3 美洲鲥内源性营养阶段单个个体的脂肪酸绝对含量($n=3$,μg/ind)

脂 肪 酸	胚 胎	0 d 仔鱼	4 d 仔鱼
C14：0	55.64 ± 4.02[a]	47.30 ± 3.88[a]	33.91 ± 4.74[b]
C15：0	14.03 ± 2.16[a]	10.51 ± 0.59[b]	10.72 ± 1.32[b]
C16：0	1 318.78 ± 64.21[a]	1 164.23 ± 103.44[a]	907.89 ± 115.09[b]
C17：0	17.71 ± 1.29[a]	18.77 ± 1.13[a]	18.90 ± 1.75[a]
C18：0	531.84 ± 30.43[a]	439.90 ± 38.38[b]	426.89 ± 58.37[b]
C20：0	5.06 ± 1.30[a]	5.43 ± 4.74[a]	8.06 ± 2.16[a]

脂　肪　酸	胚　胎	0 d仔鱼	4 d仔鱼
C16：1	64.27 ± 4.39^a	59.24 ± 5.47^a	41.80 ± 5.83^b
C17：1	9.37 ± 0.74^{ab}	11.61 ± 4.12^a	6.42 ± 1.10^b
C18：1n9c	$1\,256.54 \pm 81.89^a$	$1\,000.23 \pm 93.68^b$	798.37 ± 114.50^c
C20：1n9	28.88 ± 2.80^a	22.97 ± 2.13^b	18.84 ± 2.79^b
C24：1n9	10.55 ± 1.18^{ab}	9.13 ± 1.09^a	13.03 ± 2.79^b
C18：2n6t	73.08 ± 5.58^a	54.17 ± 5.37^b	43.23 ± 4.17^c
C18：2n6c	866.46 ± 56.04^a	724.52 ± 68.06^b	517.04 ± 64.22^c
C18：3n6	239.60 ± 15.91^a	183.82 ± 18.02^b	135.04 ± 12.92^c
C18：3n3	37.99 ± 2.88^a	33.39 ± 4.27^a	20.22 ± 2.42^b
C20：2	76.79 ± 6.23^a	64.10 ± 6.86^b	50.39 ± 5.82^c
C20：3n6	281.32 ± 22.78^a	220.41 ± 21.65^b	188.65 ± 19.58^b
C20：4n6	61.72 ± 6.33^a	57.90 ± 5.55^a	61.45 ± 5.31^a
C22：2	36.80 ± 3.38^a	33.57 ± 2.91^a	25.86 ± 2.63^b
C20：5n3(EPA)	63.22 ± 6.32^a	69.54 ± 5.88^a	62.26 ± 4.28^a
C22：5n3(DPA)	50.68 ± 5.78^a	48.46 ± 2.83^{ab}	41.23 ± 3.94^b
C22：6n3(DHA)	903.00 ± 87.98^a	770.78 ± 75.99^a	759.80 ± 50.05^a
$\sum$SFA	$1\,943.07 \pm 99.64^a$	$1\,686.16 \pm 150.74^{ab}$	$1\,406.37 \pm 183.09^b$
$\sum$MUFA	$1\,369.62 \pm 90.75^a$	$1\,103.18 \pm 96.99^b$	878.46 ± 126.45^c
$\sum$PUFA	$2\,690.65 \pm 217.98^a$	$2\,260.66 \pm 215.87^a$	$1\,905.17 \pm 174.35^b$
EPA＋DHA	966.22 ± 94.14^a	840.32 ± 81.85^a	822.06 ± 54.29^a
$\sum$n－3 PUFA	$1\,054.90 \pm 102.63^a$	922.17 ± 88.01^a	883.50 ± 60.43^a
$\sum$n－6 PUFA	$1\,522.16 \pm 106.43^a$	$1\,240.82 \pm 118.50^b$	945.41 ± 106.08^c

注：SFA是饱和脂肪酸,MUFA是单不饱和脂肪酸,PUFA是多不饱和脂肪酸,UFA是不饱和脂肪酸;同行数据采用单因素方差分析,经 Duncan's 多重比较,同行上标不同字母表示差异显著($P < 0.05$)。

表 4-3-4　美洲鲥内源性营养阶段单个个体的主要脂肪酸的利用程度

脂　肪　酸	胚胎孵化期间		仔鱼内源性营养期间	
	减少量(μg/ind)	减少率(%)	利用量(μg/ind)	利用率(%)
C16：0	154.55	11.72	256.35	22.02
C18：0	91.94	17.29	13.01	2.96
C18：1n9c	256.31	20.40	201.86	20.18

脂　肪　酸	胚胎孵化期间		仔鱼内源性营养期间	
	减少量(μg/ind)	减少率(%)	利用量(μg/ind)	利用率(%)
C18：2n6c	141.93	16.38	207.48	28.64
C18：3n6	55.78	23.28	48.77	26.53
C20：3n6	60.90	21.65	31.76	14.41
C20：5n3(EPA)	−6.32	−10.00	7.28	10.47
C22：6n3(DHA)	132.23	14.64	10.98	1.42
$\sum$SFA	256.91	13.22	279.79	16.59
$\sum$MUFA	266.43	19.45	224.72	20.37
$\sum$PUFA	429.99	15.98	355.49	15.73
EPA+DHA	125.90	13.03	18.26	2.17
$\sum$n−3 PUFA	132.73	12.58	38.67	4.19
$\sum$n−6 PUFA	281.35	18.48	295.41	23.81

注：SFA 是饱和脂肪酸,MUFA 是单不饱和脂肪酸,PUFA 是多不饱和脂肪酸,UFA 是不饱和脂肪酸。

美洲鲥内源性营养阶段的单个个体的脂肪酸绝对含量前四的分别为 C16：0、C18：1n9c、C22：6n3(DHA)和 C18：2n6c(表 4-3-3)。随着美洲鲥的个体发育,除了 C24：1n9 绝对含量显著上升($P<0.05$),C17：0、C20：0、C20：4n6、C20：5n3(EPA)和 C22：6n3(DHA)的绝对含量无显著变化外($P>0.05$),其余的 16 个脂肪酸绝对含量均呈现显著的下降趋势($P<0.05$)(表 4-3-3);多数脂肪酸下降的叠加效应造成了单个个体的 SFA、MUFA 和 PUFA 绝对含量随个体发育呈现显著的下降趋势($P<0.05$)(表 4-3-3)。另外,随着美洲鲥个体发育,EPA+DHA 和 $\sum$n−3 PUFA 绝对含量无显著性差异($P>0.05$),而 $\sum$n−6 PUFA 绝对含量呈现显著的下降趋势($P<0.05$)(表 4-3-3)。

美洲鲥胚胎孵化出膜造成主要脂肪酸实际减少量前四的分别是 C18：1n9c(256.31 μg/ind)、C16：0(154.55 μg/ind)、C18：2n6c(141.93 μg/ind)和 DHA(132.23 μg/ind)(表 4-3-4)。比较单个个体中 SFA、MUFA 和 PUFA 的实际减少量,PUFA 为最高(429.99 μg/ind);从各主要脂肪酸的实际减少率来看,除了 C20：5n3(EPA),其他的主要脂肪酸减少率相对较均衡(11.72%~23.28%)(表 4-3-4);SFA、MUFA 和 PUFA 减少率也较均衡,数值分别为 13.22%、19.45% 和 15.98%。综合减少量和减少率,胚胎孵化破膜过程中,C18：1n9c 的减少较多(分别为 256.31 μg/ind 和 20.40%),更值得注意的是,C20：5n3(EPA)减少量和

减少率均为负值(分别为−6.32 μg/ind 和−10.00%)(表 4-3-4)。

美洲鲥仔鱼开口摄食前,单个个体的各主要脂肪酸的利用量前三的分别是 C16:0(256.35 μg/ind)、C18:2n6c(207.48 μg/ind)和 C18:1n9c(201.86 μg/ind),利用量最少的两个脂肪酸是 EPA 和 DHA(分别是 7.28 μg/ind 和 10.98 μg/ind)(表 4-3-4)。比较单个个体 SFA、MUFA 和 PUFA 的实际利用量,PUFA 为最高(355.49 μg/ind)。单个个体的各主要脂肪酸的利用率前四的分别是 C18:2n6c(28.64%)、C18:3n6(26.53%)、C16:0(22.02%)和 C18:1n9c(20.18%),利用量最少的 3 个脂肪酸是 DHA、C18:0 和 EPA(分别是 1.42%、2.96% 和 10.47%)(表 4-3-4)。SFA、MUFA 和 PUFA 减少率较均衡,数值分别为 16.59%、20.37% 和 15.73%(表 4-3-4)。综合利用量和利用率,仔鱼开口摄食前,利用较多的单个脂肪酸是 C16:0、C18:2n6c 和 C18:1n9c。值得注意是,美洲鲥开口前仔鱼对 $\sum$n-6 PUFA 的占用较多(295.41 μg/ind 和 23.81%),对 $\sum$n-3 PUFA 的占用较少(38.67 μg/ind 和 4.19%),尤其是 DHA + EPA (18.26 μg/ind 和 2.17%)(表 4-3-4)。

四、各生长发育阶段的脂肪酸组分比较

美洲鲥鱼卵、胚胎、开口前仔鱼、当年鱼种鱼体、江苏养成的成鱼肌肉之间的脂肪酸组成及含量相似,而与摄食饲料的仔鱼、摄食卤虫的仔鱼以及广东养殖的成鱼肌肉差异很大(表 4-3-5)。美洲鲥鱼卵、胚胎、开口前仔鱼、当年鱼种鱼体、江苏养成的成鱼肌肉之间的脂肪酸含量较多的均是 C18:1n9c、C16:0、C18:2n6c 和 C18:0。仔鱼分别摄食卤虫和配合饲料后,其脂肪酸组分差异较大,如 C18:1n9c (分别为 32.54% 和 19.66%)、C16:0(分别为 10.41% 和 24.52%)和 DHA(分别为 0.26% 和 10.71%)(刘志峰等,2018),美洲鲥当年鱼种体和江苏养殖的成鱼肌肉的 $\sum$n-3 PUFA、$\sum$n-6 PUFA、$\sum$SFA/$\sum$UFA、$\sum$n-3 PUFA/$\sum$n-6 PUFA (分别是 3.65%～6.99%、18.04%～27.12%、0.40～0.58 和 0.15～0.29)(施永海等,2019a;顾若波等,2007)与广东养殖成鱼肌肉的相差较大(分别是 0.93%、44.06%、0.85 和 0.02)(洪孝友等,2013),同时广东养殖成鱼肌肉脂肪酸主要是 C16:0 和 C18:2n6c,两者加起来的百分含量达到 67.66%,其 C18:0 和 C18:1n9c 的百分含量非常少,分别是 0.79% 和 0.95%(洪孝友等,2013)(表 4-3-5),造成这些现象的原因可能与饲料的脂肪酸组成有关。

鱼卵脂类不仅是内源性营养阶段的主要能量来源,还参与构建机体组织和调

表 4-3-5　美洲鲥各发育阶段的主要脂肪酸组成及相对含量(%)

脂肪酸	鱼卵	胚胎	开口前仔鱼	摄食卤虫的仔鱼	摄食饲料的仔鱼	当年鱼种的鱼体	成鱼肌肉（江苏）	成鱼肌肉（广东）
C16：0	22.39	21.99	21.62~23.06	10.41	24.52	19.63~25.33	19.73	33.25
C18：0	6.75	8.86	8.71~10.17	4.83	4.55	6.42~7.46	6.64	0.79
C18：1n9c	27.13	20.93	19.02~19.80	32.54	19.66	27.11~36.87	37.93	0.95
C18：2n6c	14.56	14.43	12.33~14.35	4.81	4.72	16.87~22.95	14.62	34.41
C18：3n6	7.24	3.99	3.23~3.64	0.49	0.13	2.12~3.84	2.96	8.57
C20：3n6	3.62	4.68	4.36~4.51	—	—	0.25~0.30	1.03	0.91
C20：4n6	0.68	1.03	1.15~1.47	2.02	0.71	0.15~1.01	0.10	0.17
C20：5n3(EPA)	0.73	1.05	1.38~1.49	16.28	12.37	0.13~0.55	0.39	0.21
C22：6n3(DHA)	11.29	15.02	15.26~18.20	0.26	10.71	1.62~4.00	0.30	0.44
∑SFA	30.43	32.39	33.39~33.53	17.32	37.53	28.64~36.57	31.05	45.80
∑MUFA	28.45	22.82	20.92~21.85	46.67	28.52	31.29~39.44	44.41	8.81
∑PUFA	41.04	44.79	44.76~45.55	32.15	30.04	28.71~34.51	21.69	45.46
EPA+DHA	12.02	16.07	16.63~19.69	16.54	23.07	1.84~4.21	0.69	0.65
∑n-3 PUFA	13.16	17.55	18.26~21.16	24.83	24.48	3.93~6.99	3.65	0.93
∑n-6 PUFA	26.11	25.35	22.57~24.57	7.32	5.56	21.22~27.12	18.04	44.06
∑SFA/∑UFA	0.44	0.48	0.50	0.20	0.60	0.40~0.58	0.45	0.85
∑n-3 PUFA/∑n-6 PUFA	0.51	0.69	0.74~0.94	3.39	4.40	0.15~0.29	0.20	0.02

注：SFA 是饱和脂肪酸，MUFA 是单不饱和脂肪酸，PUFA 是多不饱和脂肪酸，UFA 是不饱和脂肪酸。

节生理活动。因此,脂类及脂肪酸的含量对内源性营养阶段的发育及存活有着密切的关系(施永海等,2017)。同时,美洲鲥(特别是亲本)肌肉的营养蓄存与其所产鱼卵的营养水平存在密切关系(施永海等,2017)。美洲鲥内源性营养阶段(鱼卵、胚胎和开口摄食前仔鱼)的$\sum n-3$ PUFA 含量(13.16%～21.16%),特别是EPA+DHA 的含量(12.02%～19.69%)远远高于其养殖成鱼肌肉的(分别为0.93%～3.65%和0.65%～0.69%)(顾若波等,2007;洪孝友等,2013)。同时,美洲鲥鱼卵、胚胎和开口前仔鱼的$\sum n-3$ PUFA/$\sum n-6$ PUFA 虽然已经很低(0.51～0.94),但是还是明显高于其养殖成鱼肌肉的(0.02～0.20)(顾若波等,2007;洪孝友等,2013)(表4-3-5)。因此,美洲鲥人工繁殖前,要挑选营养状况优良的成鱼作为后备亲本,同时在亲本培育期间,增加喂食富含$\sum n-3$ PUFA(如DHA)的饲料,以加强美洲鲥亲本营养积累。

五、胚胎出膜阶段脂肪酸变化的特点

鱼类的胚胎发育和出膜期间,脂类下降包括两个方面:一方面是胚胎发育及出膜等生理和生命活动需要消耗大量体内能量,脂类作为鱼卵中能量储存的主要营养物质也随之消耗;另一方面是卵膜的脱落造成结合在卵膜的脂类也跟随丢失(朱邦科等,2002;施永海等,2019b)。本研究中,美洲鲥干物质的粗脂肪含量在胚胎和0 d仔鱼之间的差异不显著,而每个个体的粗脂肪含量显著下降。从单个脂肪酸来看,主要脂肪酸中实际减少量前四的分别是C18：1n9c、C16：0、C18：2n6c 和 DHA。综合减少量和减少率,胚胎孵化破膜过程中,C18：1n9c 的减少较多(分别为 256.31 μg/ind 和 20.40%)。DHA 也有较大程度的减少(分别为132.23 ug/ind 和 14.64%)。更值得注意的是,C20：5n3(EPA)减少量和减少率均为负值(分别为－6.32 μg/ind 和－10.00%)。因此,可以理论推断,美洲鲥胚胎出膜阶段,EPA 被先行留存,而 DHA 没有发现类似的现象。虽然有研究表明有些鱼类品种的发育初期有先期留存 n-3 PUFA 的征象,如大黄鱼(*Pseudosciaena crocea*)(王丹丽等,2006)、菊黄东方鲀(施永海等,2017)和长江刀鲚(施永海等,2019b)等;但美洲鲥胚胎发育期间出现 EPA 暂存、DHA 正常利用的现象还比较少见,这只能说明 DHA 在美洲鲥胚胎发育中的重要性。另外,EPA 的利用出现负值的原因,除了由于脂肪消耗对 EPA 的蓄留外,也可能是美洲鲥胚胎具有把短链的18C-PUFA 转变成长链的 20C-HUFA 或 22C-HUFA 的功能(卢素芳等,2008;朱邦科等,2002)。

六、仔鱼开口摄食前阶段对脂肪酸利用的特点

研究证实海水鱼类自身一般不能合成 n－3 PUFA。n－3 PUFA 是需要通过食物链来摄食获取的,n－3 PUFA 被认为是海水鱼类的必需脂肪酸,如在鱼类发育早期就必须要有足够量的 DHA 等脂肪酸来满足神经系统快速发育的要求(施永海等,2017)。本研究中,美洲鲥仔鱼开口摄食前,对脂肪酸的消耗是有先后顺序的：n－6 PUFA＞MUFA＞SFA＞n－3 PUFA。特别是 n－6 PUFA 中的 C18：2n6c 和 C18：3n6,SFA 中的 C16：0,以及 MUFA 中的 C18：1n9c 优先被仔鱼利用,说明 n－6 PUFA 对美洲鲥开口前仔鱼的重要性,而 n－3 PUFA 利用量和利用率极低(38.67 μg/ind 和 4.19％),尤其是 EPA＋DHA(18.26 μg/ind 和 2.17％),造成这现象的可能有两个方面：一方面是美洲鲥早期仔鱼对 DHA 和 EPA 的暂存,DHA 和 EPA 未被动用可能因为它是细胞膜的必需成分,对维系细胞膜结构和功能的完整性极为重要(卢素芳等,2008);另一方面是美洲鲥仔鱼可能启动了生物转化功能(即把短 C 链的脂肪酸转化合成为长 C 链的 PUFA),仔鱼把 18C－PUFA(如：C18：2n6c,C18：3n6)转变成 20C－HUFA 或 22C－HUFA(卢素芳等,2008),美洲鲥开口前仔鱼对 C18：2n6c、C18：3n6 的利用量和利用率为 C18：2n6c(207.48 μg/ind 和 28.64％)和 C18：3n6(48.77 μg/ind 和 26.53％)。美洲鲥仔鱼的生物转化能力在淡水和河口性鱼类上也已经有发现,如黄颡鱼(卢素芳等,2008)和白鲢(朱邦科等,2002),但海洋鱼类是不具备的。这也说明美洲鲥早期仔鱼对脂肪酸的生物转化能力呈现了淡水鱼类的特点。

七、内源性营养阶段脂肪酸利用特点

DHA 与 EPA 是公认的动物生长发育的必要脂肪酸(唐雪等,2011;庄平等,2010)。鱼类内源性营养阶段是鱼类神经系统发育的快速期,此阶段就需要消耗大量的 DHA 来维系和支持其需求(卢素芳等,2008)。本研究中,美洲鲥胚胎发育期间对 DHA 的大量消耗,可能会造成初孵仔鱼体内 DHA 的匮乏,较低水平的 DHA 可造成刚出膜的仔鱼对环境响应水平的下降,以至于造成仔鱼的死亡(刘镜恪等,2002),这或许是造成美洲鲥胚胎出膜后到仔鱼开口前的阶段成活率较低的一个原因。因此,在美洲鲥亲本培育和促产期间,要投喂富含 DHA 的饲料,以及时将 DHA 补充到亲本体内及转化到卵巢及鱼卵中。

第四节　仔稚鱼消化酶活性

自美洲鲥引进我国以来,主要围绕繁育技术开展研究,对于消化生理的研究相对较少。鱼类消化酶的发生不仅能反映其消化系统的发育程度,还可据此评估机体营养状态与需求,从而实现对养殖条件及投喂模式的优化。仔稚鱼时期是消化系统发育与形成时期,对了解鱼类早期消化吸收机制和配合饲料的研制具有积极意义。Gao 等(2016)研究了美洲鲥仔稚鱼 0~45 d 消化酶活性变化规律。

一、胰蛋白酶

美洲鲥初孵仔鱼已具有胰蛋白酶活力,并随日龄增加而升高,至 14 d 达到最大值,这主要与卵黄蛋白的消化及卵膜的破裂相关(图 4 - 4)(Gao 等,2016)。

二、胃蛋白酶

美洲鲥仔鱼胃蛋白酶活力直至 27 d 才被检测到,表明此时仔鱼的胃已经形成且具备消化功能,可以开始进行人工饲料的驯化;之后胃蛋白酶活力随日龄增加呈上升趋势,至 45 d 达最大值,这是胃腺进一步分化发育成熟的结果(图 4 - 4)(Gao 等,2016)。

三、淀粉酶

在美洲鲥仔鱼开口前,淀粉酶活力较低,但开口后迅速升高,至 10 d 达第 1 个峰值,然从 10 d 到 16 d,淀粉酶活力有所下降,可能由于饵料的改变引起了消化生理的波动;至 33 d,淀粉酶活力显著增加,最大值出现在 45 d,这是因为 30 d 后开始进行人工颗粒饲料的驯化,饲料中的碳水化合物刺激了机体淀粉酶的合成与分泌(图 4 - 4)(Gao 等,2016)。

四、脂肪酶

美洲鲥初孵仔鱼已具有脂肪酶活力,随日龄增加迅速升高,14 d 达到峰值,较

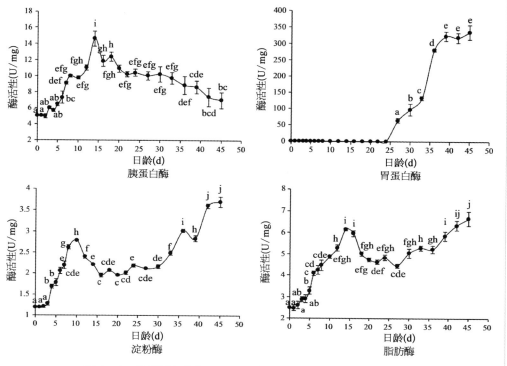

图 4-4　美洲鲥仔稚鱼 0～45 d 消化酶活性变化（Gao 等，2016）

注：数据采用 Mean±SD 表示，用单因素方差分析（$P<0.05$），经 S-N-K 多重比较，图中不同字母表示差异显著。

高的脂肪酶活力对于仔鱼吸收利用卵黄中的脂肪具有重要意义；随后降低至 27 d 的低值，之后一直上升，最大值出现在 45 d，这些变化与饵料种类及饵料脂肪含量有关（图 4-4）（Gao 等，2016）。

第五节　仔稚鱼生长特性

在水温 20.0℃±1.0℃下，张呈祥等（2010）采取"轮虫开口＋培育浮游动物（枝角类和桡足类）＋特制缓沉饲料＋浮性膨化颗粒饲料"的饲养模式研究美洲鲥仔稚鱼生长特性。美洲鲥 2 d 仔鱼即开口摄食，为混合营养期，此时应及时投喂轮虫，投喂密度为 5～10 ind/mL；6 d 仔鱼即开始摄食枝角类浮游动物，投喂量为 3～5 ind/mL；36 d 稚鱼主食枝角类、桡足类浮游动物的同时亦

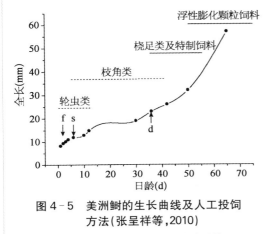

图 4-5　美洲鲥的生长曲线及人工投饲
方法(张呈祥等,2010)

f. 首次投喂;s. 鳔出现;d. 转食驯养

驯化摄食人工饲料,采用特制缓沉饲料及时驯化转食再过渡到全部摄食膨化饲料,驯食 3 周左右即可全部投喂浮性膨化颗粒饲料。当仔稚幼鱼发育到食性转化时期,前后两种饵料必须交叉,使其有一段重叠时间,以适应食性的逐渐转变(图 4-5)。拟合出美洲鲥仔稚鱼的全长(L,mm)和日龄(D,d)的关系式为 $L=9.325\,1e^{0.026\,1D}$($n=10,R^2=0.974\,8$)(图 4-5)。

第六节　影响仔稚鱼生长发育的主要环境因子

影响鱼类仔稚鱼生长发育的环境因子主要有温度、盐度、pH、溶解氧、光照等。本节根据近年来对美洲鲥的相关研究报道,列述了温度、盐度和溶解氧对美洲鲥仔稚鱼生长和存活的影响。

一、温度

上海市水产研究所(曹祥德等,2016)开展了不同温度下美洲鲥初孵仔鱼存活系数研究,研究确定美洲鲥初孵仔鱼的适宜温度为 18~20℃。

挑选外观正常的美洲鲥初孵仔鱼 100 尾置于 1 000 mL 的烧杯中,水浴控温,微弱充气,调温过程采用逐步升降温的方法。设置不同温度(14℃、16℃、18℃、20℃、22℃和24℃共6组)静水培育,不投饵,及时捞出死鱼。每天统计鱼的死亡数量,直至仔鱼全部死亡。采用不投饵存活系数(SAI)衡量仔鱼活力。试验选取 2 批次仔鱼,计算取平均值。

$$\sum_{i=1}^{k} SAI = (N - h_i) \times \frac{i}{N}$$

式中:N 为试验初始时的仔鱼数,k 为仔鱼全部死亡所需的天数,h_i 为第 i 天仔鱼累计死亡数。

美洲鲥仔鱼 SAI 值在 14～24℃时随温度的升高呈先增大后减小的趋势，温度低于 20℃ 时，各组中仔鱼的 SAI 值都在 20 以上；大于 22℃时各组中仔鱼的 SAI 值明显减小（表 4-6）。需要注意的是，在 14℃时，仔鱼的 SAI 值虽然较大，存活时间也较长，但是仔鱼明显发育不良，畸形率较高（表 4-6）。因此，美洲鲥仔鱼的适宜温度为 18～20℃。在育苗实践中可以通过不投饵活力系数（SAI）来判断仔鱼的活力，SAI 值越大，仔鱼的活力就越好，用于苗种育苗时成活率就越高。在适宜环境条件下，仔鱼孵出后，依靠卵黄营养可以存活一段时间；当仔鱼可以水平游动及觅食时，进入混合营养期，这期间主要依靠残留的卵黄和外源营养来维持生命活动；当卵黄被完全吸收后，仔鱼进入外源营养期，以后完全靠摄取饵料的营养维持生命活动。在混合营养期，如果没有获得外源营养，仔鱼容易变得虚弱而无法恢复摄食能力，此阶段也成为仔鱼培育的临界期。在育苗生产中，不仅要选择适合的开口饵料，更要正确判断相应的开口时间，这对后续培育阶段仔鱼的成活率至关重要。在适宜的环境条件下，美洲鲥鱼仔鱼的临界期一般为孵化后 2～3 d（曹祥德等，2016）。

表 4-6　不同温度条件下美洲鲥仔鱼不投饵的日
死亡数和 SAI 值（曹祥德等，2016）

孵化天数 (d)	不同温度下仔鱼日死亡数（尾）					
	14℃	16℃	18℃	20℃	22℃	24℃
1	0	0	0	0	0	0
2	0	0	0	0	0	0
3	0	0	0	0	5	18
4	10	4	3	5	21	44
5	5	8	5	10	41	14
6	25	22	10	19	13	12
7	30	29	18	30	10	8
8	11	15	34	15	6	4
9	8	13	12	11	3	0
10	7	5	7	6	1	0
11	4	3	5	3	0	0
12	0	1	3	1	0	0
13	0	0	2	0	0	0
SAI	22.92 ± 0.54[c]	24.06 ± 0.49[b]	29.37 ± 0.90[a]	23.69 ± 0.09[bc]	13.20 ± 0.50[d]	9.97 ± 0.63[e]

注：SAI 值采用 Mean±SD 表示，用单因素方差分析（$P<0.05$），经 Duncan's 多重比较，同行中不同字母表示差异显著。

133

二、盐度

邓鸿哲等(2018)对美洲鲥鱼苗(体长 5.331 cm±0.344 cm、体质量 2.04 g± 0.37g)进行盐度(20.75~28.65,8 个盐度梯度)胁迫试验。研究发现:当外界环境盐度超过 23.83 后,美洲鲥鱼苗受到急性盐度胁迫影响,出现体色发黑、狂躁游窜、离群缓游、失衡沉底、停止呼吸等这一系列连续发展的中毒症状;盐度在 20.75~22.76 范围内,鱼苗的盐度胁迫影响相对较弱,上述 5 种胁迫症状缓慢间断性发作;在盐度急性胁迫下,美洲鲥鱼苗 24 h 的死亡率急增,与盐度呈正比,且 24 h 内的死亡率显著高于随后的时间段(24~96 h),24~72 h 是盐度急性胁迫的缓冲期,鱼苗死亡率并未随时间延长发生明显波动,随后进入稳定期,96 h 的半致死浓度和安全浓度为 27.89 和 2.90。如果要进行美洲鲥海水驯化养殖,要重点观察 24 h 内的死亡率,并及时调整范围,提高驯化成活率(邓鸿哲等,2018)。Zydlewski 等(1997)认为美洲鲥鱼苗对盐度的耐受与仔鱼孵化后的日龄密切相关。他们将美洲鲥鱼苗放入盐度 35 的水体后观察:36 d 的鱼苗不能存活,2 h 内便全部死亡;45 d 的仔鱼在 24 h 的存活率为 89%;58 d 的鱼苗存活率为 96%;58~127 d 的鱼苗存活率在 92%~100%。Jia 等(2009)也将 25 d 和 80 d 美洲鲥鱼苗在 0~30 的盐度下进行养殖试验,发现美洲鲥生长最适宜盐度为 0~5,可耐受盐度范围为 0~10。

三、溶解氧

Painter 等(1979)研究表明美洲鲥仔鱼培育过程中容易出现缺氧死亡现象。当水体溶氧含量为 2.5 mg/L 时,仔鱼出现缺氧现象;为了充分保证美洲鲥仔鱼对溶氧解的需求,在仔鱼培育时,水体溶解氧含量应保持在 4.0 mg/L 以上。

参考文献

Gao X Q, Liu Z F, Guan C T, et al. 2016. Developmental changes in digestive enzyme activity in American shad, *Alosa sapidissima*, during early ontogeny. Fish Physiology and Biochemistry, 43(2): 1-13.

Jia Y, Liu Q, Goudie C A, et al. 2009. Survival, Growth, and Feed Utilization of Pre- and Postmetamorphic *American Shad* Exposed to Increasing Salinity. North American Journal of Aquaculture, 71(3): 197-205.

Painter, R L, Wixom L, and Meinz L. 1979. *American Shad* Management Plan for the

Sacramento River Drainage. Anadromous Fish Conservation Act Project AFS－17，Job 5. CDFG，Sacramento.

Zydlewski Joseph and McCormick D. Stephen. 1997. The ontogeny of salinity tolerance in the American shad，*Alosa sapidissima*. Canadian Journal of Fisheries and Aquatic Sciences，54(54)：182－189.

曹祥德,张根玉,乔燕平,等.2016.温度对美国鲥鱼受精卵孵化和仔鱼活力的影响.水产科技情报,43(2)：29－32.

邓鸿哲,唐智慧,隗阳,等.2018.盐度对美洲鲥仔鱼的急性毒性.科学养鱼,350(10)：62－64.

顾若波,张呈祥,徐钢春,等.2007.美洲鲥肌肉营养成分分析与评价.水产学杂志,(2)：40－46.

洪孝友.2011.美洲鲥早期发育的形态学及组织学观察.上海海洋大学.

洪孝友,谢文平,朱新平,等.2013.美洲鲥与孟加拉鲥肌肉营养成分比较.营养学报,35(2)：206－208.

刘镜恪,陈晓琳.2002.海水仔稚鱼的必需脂肪酸——n－3系列高度不饱和脂肪酸研究概况.青岛海洋大学学报,32(6)：897－902.

刘志峰,高小强,于久翔,等.2018.不同饵料对美洲西鲱仔鱼生长、相关酶活力及体脂肪酸的影响.中国水产科学,25(1)：97－107.

林添福.2004.美国鲥鱼苗种培育.科学养鱼,(1)：6－7.

卢素芳,赵娜,刘华斌,等.2008.黄颡鱼早期发育阶段受精卵和鱼体脂肪酸组成变化.水产学报,32(5)：711－716.

孙阿君.2013.美洲鲥苗种规模化繁育技术.科学养鱼,(8)：9－10.

施永海,蒋飞,徐嘉波,等.2019a.池养美洲鲥0⁺龄幼鱼脂肪酸组成的变化.大连海洋大学学报,34(4)：511－518.

施永海,刘永士,严银龙,等.2019b.刀鲚胚胎及胚后发育早期脂肪酸组成变化.动物学杂志,54(3)：414－424.

施永海,徐嘉波,刘永士,等.2017.菊黄东方鲀发育早期的脂肪酸组成变化.水产学报,41(8)：1203－1212.

唐雪,徐钢春,徐跑,等.2011.野生与养殖美洲鲥肌肉营养成分的比较分析.动物营养学报,23(3)：514－520.

王丹丽,徐善良,严小军,等.2006.大黄鱼仔、稚、幼鱼发育阶段的脂肪酸组成及其变化.水产学报,30(2)：241－245.

严银龙,张之文,施永海,等.2020.美洲鲥室内人工育苗技术初探.水产科技情报,47(3)：121－125.

张根玉,朱雅珠,张海明,等.2008.美国鲥鱼人工繁殖技术研究.水产科技情报,35(5)：221－223.

张呈祥,徐钢春,徐跑.等.2010.美洲鲥仔、稚、幼鱼的形态发育与生长特征.中国水产科学,17(6)：1227－1235.

朱邦科,曹文宣.2002.鲢早期发育阶段鱼体脂肪酸组成变化.水生生物学报,(2)：130－135.

庄平,宋超,章龙珍.2010.舌虾虎鱼肌肉营养成分与品质的评价.水产学报,34(4)：559－564.

第五章

美洲鲥的幼鱼养殖技术

美洲鲥幼鱼养殖主要是指 40 d 左右、体长 3～5 cm 的夏花鱼种养成体长 10 cm 以上的幼鱼的过程,一般幼鱼的养殖时间为每年的 5～7 月到当年的年底,这个养殖过程也可以说当年鱼种养殖。因气候季节不同,各地的美洲鲥人工繁育时间有所不同,夏花鱼种的放养时间也随之有所差异。在长三角地区,人工繁育通常在当年的 4～6 月,一般在 5～7 月就可以放养夏花鱼种。美洲鲥幼鱼的养殖模式主要有池塘养殖、工厂化养殖、网箱养殖等。养殖模式对养殖效果会产生较大的影响,不同的养殖模式和技术可获得不同的养殖结果。因此,需要根据各自的技术优势和条件选择不同的养殖模式。为了给广大养殖户提供美洲鲥幼鱼养殖理论依据,本章重点介绍美洲鲥幼鱼的三种养殖模式的技术关键,阐述该阶段幼鱼适宜的主要环境因子、脂肪酸和消化酶活性的变化规律及生长特性。

第一节　幼鱼池塘养殖

由于要求低、成本轻、管理方便,并且伴随着养殖技术的逐步成熟,池塘养殖逐渐成为近来普遍采用的一种美洲鲥幼鱼养殖模式。上海市水产研究所奉贤科研基地开展了多年的美洲鲥幼鱼池塘养殖,发现池塘养殖可以采用遮阴或敞口池塘。因敞口池塘养殖技术和操作相对简单些,本节先介绍美洲鲥幼鱼敞口池塘养殖技术方案,然后再通过典型案例比较敞口池塘和遮阴池塘养殖效果和技术要求,最后再介绍改进的遮阴池塘养殖技术方案,并对改进效果进行案例验证。

一、池塘条件

美洲鲥为溯河洄游鱼类,对盐度的耐受范围较广,而对水温的耐受范围较窄,且不同的生长阶段对水温的要求有所不同。幼鱼对高温适应性强,不必采用遮阴养殖。然而对低温适应性弱,为了培养大规格鱼种,宜提前搭建越冬保温棚,以减缓水温下降速度,延长美洲鲥适宜生长时期。

池塘选择要求环境安静,水源充足无污染,水质应符合《渔业水质标准》(GB 11607—1989)规定,pH 为 6.5～8.0,最好具备海、淡水双水源。池塘保水性好,池底平坦,淤泥少,面积为 0.13～0.33 hm²,水深 1.5～1.8 m,具有独立的进排水系统。进水口用孔径为 250 μm(60 目)的筛绢网过滤,排水口设立两道防逃网,分别是网目尺寸为 2 mm×3 mm 的聚乙烯围网和孔径为 425 μm(40 目)的筛绢闸网。每 0.13～0.2 hm² 配备 1.5 kW 的叶轮式增氧机 1 台。

二、放养前准备

池塘使用前,需要对养殖池塘进行修整和清淤,检查排水口围网和闸网是否需要修补或更换。在苗种放养前 10～15 d,进行清塘消毒,池底留 30 cm 水,用 225～450 kg/hm² 的漂白精浸泡消毒 24 h 后,彻底排干、暴晒。消毒过程也可选用其他药物。放养前 5～7 d,池塘进淡水,提前培养基础性生物饲料。按照长三角地区美洲鲥的繁育进程,通常 5～7 月份放养夏花鱼种,此时池塘水温一般为 26～30℃,进水 3～5 d 后,池塘内水色变浓,再过 3～5 d,池水中就会萌发枝角类、桡足类等幼体。如果池内未出现上述幼体,则需要外源接种,当池内饵料生物量达到 20～40 ind/L 时,放养美洲鲥夏花鱼种。

放养前,要根据养殖计划,提前做好饲料的采购。鱼种培育前期可采用粒径750～1 000 μm 的微颗粒饲料,经过 2～3 周,改换粒径 1～2 mm 的膨化颗粒饲料,鱼种培育后期根据生长情况更换更大粒径的饲料。目前美洲鲥的专用配合饲料品种很少,可根据美洲鲥的主要营养需求选购替代饲料(粗蛋白 40%～45%、粗脂肪11%～14%)(朱雅珠等,2007;施永海等,2019c)。为避免饲料过期变质,可分批采购。饲料应储存在干燥、通风的专用仓库中,避免阳光直射,做好防霉、防鼠和防虫工作。

三、夏花鱼种放养

要选择无畸形、规格整齐、鳞片完整、集群游动、食欲旺盛、对外界刺激反应敏锐的夏花鱼种。外购的夏花鱼种建议下池前进行消毒,消毒剂可选用高锰酸钾或食盐水,也可以在放鱼下池后,全池泼洒高锰酸钾 1 次。美洲鲥对环境变化非常敏感,应激反应强烈,并且非常容易掉鳞,常离水即死,因此在运输和放养时,各种操作务必要轻、快和熟练,尽可能减少擦伤和掉鳞现象发生。长三角地区通常在当年 5～7 月份放养夏花鱼种,鱼种体长 3～5 cm,体质量 0.6～1.2 g/尾,90% 以上已经驯化,能摄食膨化配合饲料(浮性),放养密度 30 000～45 000 尾/hm²。鱼种放养尽量选择在无风阴天的上午进行;如在有风天进行,应在池塘上风处放苗。放养时先提前开启增氧机,并测量水温,确保养殖池和运输水体温差不超过 2℃,最好在 0.5℃ 以内;若超过 0.5℃,需进行"过水"操作。采用体积 20～50 L 的圆桶带水遮光运输,桶内装水 1/3～1/2,用小面盆带水带鱼放入桶内,每桶装 20～50 尾,运输到目的地后,放鱼时先将桶倾斜,让放养池内的水慢慢进入桶内,待鱼种适应 1～2 min 后,倒出鱼种(即所谓"过水"操作)。每次装载、运输及放养等过程总时间不超过 20 min。

四、水质管理

美洲鲥喜水质清新的环境,水质控制的好坏直接影响到养殖效果,尤其是当年鱼种阶段,是美洲鲥快速生长期,保持良好水质有利于充分发挥其生长潜力。针对美洲鲥幼鱼相对比较耐高温的特点,夏季可以常态化换水,换水的频率和换水量要根据放养密度和池塘水质情况而定,一般每半月换水 1/3～1/2,有必要的可以在遇预警高温之前提前换水或少量多次换水。同时控制好饲料投喂,减少剩料,避免因水质过肥而使藻类大量滋生。同时,为了满足美洲鲥的高溶解氧需求,池水肥瘦要适中,通过适时添水换水,使池水颜色呈现黄褐色或黄绿色,透明度在 20～30 cm,并科学、合理地开启增氧机,确保池塘水质达到通常所说的肥、活、嫩、爽,维持水中溶解氧在 5 mg/L 以上。

五、饲料投喂

鱼种放养 1 周后,采用粒径为 750～1 000 μm 的微颗粒饲料开始引喂;2～3 周后,改换投喂粒径1～2 mm的膨化配合饲料(浮性),先少量多次,适应后每天投喂2次(7:00和16:00);培育后期根据生长情况更换更大粒径的膨化配合饲料,尽量保持饲料适口(表5－1)。根据美洲鲥的营养需求,选择粗蛋白含量为40%～45%、粗脂肪含量为11%～14%的膨化配合饲料(浮性)(朱雅珠等,2007;施永海等,2019c)。虽然美洲鲥对惊扰、声响等很敏感,但对有规律的声响比较适应,建议饲料投喂时敲打某一物品,发出有规律的声响,使其逐步形成摄食条件反射。饲料投喂需要定点定时,每次投饲量以投喂后2 h摄食完为准。

表5－1　美洲鲥规格和饲料规格对照表(施永海等,2018)

年龄	体长(mm)	体质量(g)	饲料型号	粗蛋白含量(%)	饲料直径(mm)
0+	40～120	0.88～20	0	40～45	1.8
			1	40～45	2.2～2.6
0+	100～210	20～135	2	40～45	3.3～3.8
1+	210～275	135～300	3	40～45	5.0～5.5
1+	275～340	300～500	3	40～45	5.0～5.5
2+	340～365	500～800	3	40～45	5.0～5.5

六、日常管理

日常管理注重水温、溶解氧监测以及水色观察,发现有问题及时采取措施解决。坚持每天巡塘,注意观察鱼种摄食、活动等情况,发现有病鱼、死鱼及时清除。在鱼种放养后,有条件的可逐步换入海水,由淡水慢慢过渡到海水养殖环境,模拟美洲鲥自然生存环境。每天20:00～21:00开启增氧机,次日5:00～6:00关停,遇到天气不佳或连续阴雨等恶劣天气,延长开机时间。做好日常养殖管理工作,并记好日常笔记。

典 型 案 例

案例1:当年鱼种敞口池塘和遮阴池塘养殖效果对比(施永海等,2019b)

2017年7月18日至11月15日,上海市水产研究所奉贤科研基地利用编号为61#敞口池塘(试验塘)和10#东遮阴池塘(对照塘)开展养殖对比实验,61#池塘面积为0.12 hm²,10#东池塘面积为0.17 hm²,水深都为1.5 m。为降低夏季的池塘水温,在10#东池塘上方覆盖一层遮阴率为75%的遮阴膜,两侧通风,到10月11

日拆除遮阴膜,遮阴池塘的其他可控条件与敞口池塘相同。

实验用美洲鲥鱼苗由上海市水产研究所奉贤科研基地全人工集约化繁育而成,鱼苗在室内水泥池进行了膨化配合饲料的驯化,90%以上的鱼苗能摄食膨化配合饲料,鱼苗规格为体长 $3.24\text{ cm}\pm0.51\text{ cm}$,体质量 $0.71\text{ g}\pm0.35\text{ g}$, $n=60$。

实验用水为当地河口水(盐度为 2~3)。鱼苗放养前,池塘提前培养基础饵料生物。根据放苗时间,提前 5~7 d 进水,先进水 50 cm,然后逐步添加水到 1.5 m 水位,其间晴好天气中午增氧机开机 1 h,晚上则基本不开。一般在水温 25~30℃时,3~5 d 后水色变浓,过 3~5 d 后水体中就会出现枝角类、桡足类幼体等饵料生物。用烧杯在池内多点取样检测饵料生物,等到生物量达到 20~40 ind/L 即可放养鱼苗。

实验用饲料为海水鱼膨化配合饲料 0# 和 1# 料(明辉牌,浮性)。0# 料常规营养成分(质量分数):水分 $4.51\%\pm0.12\%$,粗蛋白 $40.29\%\pm0.03\%$,粗脂肪 $14.44\%\pm0.33\%$, $n=3$;1# 料常规营养成分(质量分数):水分 $6.16\%\pm0.29\%$,粗蛋白 $40.00\%\pm0.28\%$,粗脂肪 $11.19\%\pm0.72\%$, $n=3$。

于 7 月 18 日 2 口池塘放养相同规格(体长 $3.24\text{ cm}\pm0.51\text{ cm}$,体质量 $0.71\text{ g}\pm0.35\text{ g}$)、相同密度(放养 3.26 尾/m²)的夏花鱼种,敞口池塘61# 总放养 3 915 尾,遮阴池塘 10# 东总放养 5 437 尾。放苗 10 d 开始投喂饲料,每天 2 次(8:00 和 16:00),投饲量以 2 h 摄食完为准。放苗后,晚上增氧机开机 8~10 h,天气恶劣时,增加开机时间。实验期间,每天测温 2 次(8:00 和 16:00)。平时每隔半个月换水 1/3,当池塘水或者外源水的水温超过 32℃时,则尽量减少换水。养殖实验从 2017 年 7 月 18 日开始,到 2017 年 11 月 15 日结束,共 120 d。实验结束时,敞口池塘的鱼种平均体长和体质量达到 12.20 cm 和 23.48 g,分别增长 276.65%和 3 207.04%,而遮阴池塘的鱼种体长和体质量达到 12.46 cm 和 26.53 g,分别增长 284.57%和 3 636.62%。敞口池塘和遮阴池塘的养殖成活率分别为 75.50%和 81.02%,敞口池塘的饲料系数(1.22)低于遮阴池塘(2.04)。

养殖实验发现美洲鲥幼鱼对高温有良好的适应能力,耐受力高于其成鱼;在长三角地区,夏季敞口池塘适合幼鱼的生长。遮阴会改变池塘生态环境,遮阴后白天光照强度减弱、水温降低,水体中浮游植物的光合作用随之下降,生长受到抑制,生物量减少,池塘水体自净能力也随之下降,水体透明度升高。而敞口池塘受到高强度的太阳光照射,池水中浮游植物大量繁殖,大量浮游植物又催生了大量的浮游动物。这些环境差异导致了两种养殖模式下鱼种的生长差异。在遮阴池塘中,放养的夏花鱼种虽然已经可以摄食配合饲料,但前期其个体较小,而池塘水体较大,鱼种摄食配合饲料(浮性)的能力较弱,且也无法摄食到足够的浮游动物作为补充,因此其生长受到一定影响；随着个体生长，到养殖中后期，鱼种摄取配合饲料（浮性）的能力明显加强，摄食量也明显上升，因此，个体生长速度明显加快。另外，刚刚放养的鱼种虽然经过配合饲料的驯化，但是毕竟还有一少部分没有转食，在遮阴池塘中也无法摄食到足够的浮游动物，因此造成遮阴池塘养殖个体规格差异较大。相反，在敞口池塘中，鱼种能大量摄食浮游动物，这有效地缓解了养殖初期鱼种摄食配合饲料能力较弱的问题，同时，放养时部分没能转食的鱼种也可摄食到足够的浮游动物。因此，敞口池塘养殖前期鱼种生长较快，但这也可能导致有些个体因能够摄食到大量的浮游动物而不再摄食配合饲料，到了养殖中后期，随个体生长，浮游动物已无法满足鱼种需要，鱼种被迫需要再次经历转食过程，其间生长会受一定影响。因此，相对于遮阴池塘，敞口池塘鱼种规格均匀整齐、个体变异系数较小、饲料系数较低，但养成规格相对略小。

研究表明：美洲鲥幼鱼对高温有良好的适应能力，其高温耐受力高于成鱼。在盛夏高温季节，敞口池塘的水温可以满足美洲鲥幼鱼生长要求，建议在美洲鲥池塘养殖过程中，当年鱼种采用敞口池塘，而成鱼采用遮阴池塘。

案例2：当年鱼种遮阴养殖的技术改进（施永海等，2019c）

为提高美洲鲥鱼种池塘遮阴养殖技术，采用推迟拉盖遮阴膜、提早拆除遮阴膜、适时搭建保温大棚等措施改进了美洲鲥当年鱼种池塘遮阴方式，并开展了相关的养殖验证实验，研究比较了改进前（2017年）和改进后（2018年）的养殖效果。

2017年，池塘1口（编号：10#东），于放苗前拉盖遮阴膜，10月11日移除遮阴膜。2018年，池塘2口（编号：51#和52#），于放苗1周后（7月24日）拉盖遮阴膜，9月12日移除遮阴膜，10月19日搭建保温大棚，覆盖农用保温膜。3口试验池塘面积都为0.17 hm²。养殖用鱼为上海市水产研究所奉贤科研基地自行繁育的美洲鲥夏花鱼种。鱼种体长3～5 cm，体质量0.6～1.2 g。90%以上的鱼种经驯化后能摄食膨化配合饲料。实验用水为当地河水，盐度为2～3。实验用饲料为海水鱼膨化配合饲料0#和1#料（明辉牌，浮性）。培养生物饵料、投饵以及换水等养殖技术同案例1。2017年7月18日，10#东鱼种放养规格为体长3.24 cm±0.51 cm、体质量0.71 g±0.35 g，总放养5 437尾，放养3.26尾/m²；2018年7月13日，51#鱼种放养规格为体长3.51 cm±0.51 cm、体质量0.69 g±0.38 g，总放养4 086尾，放养2.45尾/m²；52#鱼种放养规格体长4.29 cm±0.68 cm、体质量1.13 g±0.63 g，总放养4 701尾，放养2.82尾/m²。

在2017年的研究基础上，于2018年改进了池塘遮阴养殖的方式，具体改进措施有：① 推迟覆盖遮阴膜，2017年在放苗前即拉盖遮阴膜，而2018年是在放苗1

周后再拉盖遮阴膜;② 提早移除遮阴膜,2018 年移除遮阴膜的时间提早到了 9 月 12 日,比 2017 年(10 月 11 日)提早了近 1 个月;③ 适时搭建池塘保温大棚。改进的目的在于消除当年鱼种养殖早期池塘因遮阴造成的光照减弱问题,保留敞口池塘浮游动植物大量繁生的优点,有效地弥补有时投饲不足的问题;增强养殖后期池水中藻类的光合作用,从而增加水体溶解氧,维持水质稳定,同时也提升了该阶段的池塘水温;进入 10 月份后,气温逐渐下降,通过池塘上方及时搭建保温棚,覆盖保温膜减缓池塘水温的下降速度,有助于美洲鲥鱼种生长。改进后的池塘遮阴养殖模式,通过推迟覆盖并提前移除遮阴膜以及适时搭建池塘保温大棚等措施,保留敞口池塘和遮阴池塘各自的优势,弥补两种模式各自的不足。

从实验结果看,2018 年(改进后)池塘水温比 2017 年(改进前)稳定,2018 年的养殖效果也优于 2017 年。2017 年,经过 120 d 的饲养,鱼种平均体长和体质量分别达到 12.46 cm 和 26.53 g,分别增长 284.57% 和 3 636.62%,肥满度为 1.35,养殖成活率为 81.02%,饲料系数为 2.04,体长日增长率和体质量日增长率分别为 0.076 cm/d 和 0.215 g/d。同时期的敞口池塘养殖,收获时鱼种的平均体长和体质量分别为 12.20 cm 和 23.48 g,养殖成活率为 75.50%,饲料系数为 1.22,体长日增长率和体质量日增长率分别为 0.075 cm/d 和 0.190 g/d。2018 年,经过 144 d 的饲养,试验鱼的体长和体质量分别达到 16.50~16.89 cm 和 65.97~69.68 g,分别增长 293.70%~370.09% 和 6 066.37%~9 460.87%,肥满度为 1.42~1.50,体长日增长率和体质量日增长率分别为 0.088~0.090 cm/d 和 0.453~0.476 g/d,养殖成活率为 75.94%~78.96%,饲料系数为 1.63~1.77。

实验结果表明,改进后的池塘遮阴养殖模式,养殖效果好于改进前的遮阴池塘或敞口池塘模式,养殖效果与大水面网箱和深井水工厂化养殖模式相近。因此,建议在长三角地区开展美洲鲥当年鱼种池塘养殖时,于放苗 1 周后拉盖遮阴膜,9 月中旬移除遮阴膜,10 月中旬搭建池塘保温大棚。

第二节 幼鱼工厂化养殖

美洲鲥鱼种工厂化养殖大都采用简易工厂化模式,即采用混凝土养殖池,通过搭建简易大棚控制水温和光照,以定期吸污、换水的方式,或者辅以简易的循环过滤系统控制水质。相较于池塘养殖,该模式具有占地面积小,养殖投入品利用率高,养殖过程可控性强等优势;相对于工厂化循环水养殖,该模式养殖能耗更低,成本可控,因此被当地养殖户广泛采用。本节主要依据上海市水产研究所奉贤科研基地的科研成果及其合作多年的两家美洲鲥养殖技术示范推广单位——上海万金观赏鱼养殖有限公司和上海任屯水产专业合作社的技术模式，介绍幼鱼的工厂化养殖技术。

一、养殖条件

1. 水源

养殖场地应进排水方便，水源充足，水质符合《渔业水质标准》(GB 11607—1989)规定，pH 为 6.5～8.0，水温最好常年保持在 12～30℃。美洲鲥为溯河洄游鱼类，对盐度的耐受范围较广，但在鱼种养殖前期，尽量保证充足的淡水水源，以避免鱼体因调节体内渗透压而不断消耗能量。如有条件，可尽量选择较深的大型湖泊或河流作为水源，一方面可以保证水质，另一方面其底层水冬暖夏凉，非常利于美洲鲥的生长。

2. 车间和大棚

美洲鲥当年鱼种养殖一般从春季开始至初冬结束。在长江流域及以南地区，夏季小型水体水温常常会突破美洲鲥高温耐受极限；初春和初冬季节气温变化较大，常会引起养殖池水温大幅波动。另外，阳光直射可能还会引起养殖池内藻类大量滋生，影响养殖美洲鲥的生长。因此，开展美洲鲥工厂化当年鱼种养殖需建设养殖车间或搭建大棚以控制水温和光照。车间或大棚要夏季通风良好，冬季密封保温。具体设计建造根据养殖面积和当地自然条件因地制宜。图 5-2-1 为美洲鲥养殖简易大棚(图片来源：作者拍摄于上海沁淼生物科技有限公司美洲鲥养殖场)。

图 5-2-1　美洲鲥鱼种养殖大棚

3. 养殖池

人工养殖条件下,美洲鲥喜欢不断集群游动,因此,采用面积较大的养殖池为宜。单个养殖池面积应不小于 30 m²,以 100～300 m² 为宜,水深 1.5 m 左右。最好采用圆形或方形圆角养殖池,可减少撞伤和擦伤现象。目前,多采用混凝土养殖池,也可采用以镀锌板或铁管为框架搭建的帆布或高密度聚乙烯养殖池。混凝土养殖池具有坚固耐用、给排水方便、拉网起捕方便等优点,但造价较高(图 5 - 2 - 2,面积 300 m²)(图片来源:作者拍摄于上海万金观赏鱼养殖有限公司);而帆布或高密度聚乙烯养殖池的优点在于机动灵活、造价低廉、维修维护方便、无需硬化土地、不易引起养殖美洲鲥擦伤或撞伤,但无法铺设排水管道,只能采用虹吸法或用水泵抽水的方法排水(图 5 - 2 - 3,以钢丝和镀锌板为框架搭建的高密度聚乙烯养殖池,

图 5 - 2 - 2　美洲鲥鱼种混凝土养殖池

图 5 - 2 - 3　以镀锌板和钢丝为框架搭建的高密度聚乙烯养殖池

面积约 30 m²)(图片来源：作者拍摄于上海沁淼生物科技有限公司)。

4. 给排水系统

给排水系统主要由蓄水池、水泵和管道组成。蓄水池包括砂滤、暗沉淀池等，以去除水源中悬浮污染物和过多的藻类。如果使用井水作为水源，一般不需暗沉淀，但应配备曝气池，同时根据水质情况，考虑是否加装铁锰过滤器。水泵和管道主要包括蓄水池和养殖池连接的水泵、管道、闸门以及高位养殖池底部的排水管道和闸门等。

5. 供电系统

供电系统主要由电源、配电房、输电线组成。此外，另需配备应急发电机 1 台，发电容量应能够满足养殖生产正常运转。

6. 供气系统

供气系统作用是向养殖池水不断充入空气或氧气，为养殖鲥鱼提供充足的溶解氧，同时促进水中有害气体的排出，保持水体的氧化还原电位。供气系统由罗茨鼓风机、输气管道、散气石等组成。鼓风机的功率视养殖池的面积和水深而定，较小规模的养殖场可用气泵代替。散气石一般按照 0.3 个/m² 设置。有条件的养殖场也可采用液氧罐向养殖池供应纯氧，效果更好。但要调整好充气量，保证输气管道、阀门及接头密封，避免造成浪费；定时检查罐内液氧余量，及时更换液氧罐，防止断供；养殖车间要禁止烟火，严防可燃性气体进入养殖车间，保证安全生产。

7. 尾水处理系统

工厂化养殖模式还应配套建设尾水处理设施，或者利用排水渠道等种植水生植物，进行尾水处理，确保养殖尾水达标排放。美洲鲥的当年鱼种培育一般从春季开始，到初冬结束。因此，种植水生植物应根据当地气候条件，尽量选择抗寒耐热、生长期长、净化能力强的品种；或者在季节更替时，及时更换种植品种。

8. 采光照明系统

光照是美洲鲥正常生长和发育的必要条件之一，因此养殖车间内要保持一定的光照，同时要控制一定的光照强度，避免光照过强引起养殖池内藻类大量滋生。一般利用自然光，通过覆盖遮阴膜或反光膜控制光照强度。夏季大棚顶部覆盖双层遮阴膜或者覆盖反光膜(反光面向外)，主要通过大棚四周采光；冬季双层遮阴膜拆除后，要保留覆盖面积 20%～30% 的单层遮阴膜或者反光膜(反光面向内)控制光照。如果采用人工光源，应配备长明灯，以免夜间关灯时光照突变引起养殖美洲鲥强烈的应激反应。

二、放养前准备

美洲鲥当年鱼种放养前的准备工作包括相关设备的检修维护、养殖池的清洗消毒、饲料采购、尾水处理系统的熟化等。

1. 设备的检修维护

放养前,应对养殖池以及供水、供气、供电系统等进行检查、检修。检查内容包括养殖池有无渗漏,供水、供气管道有无漏水(气)或阻塞,发电机是否能够正常工作,燃料储备是否充足等,发现问题及时处理。

2. 养殖系统的清洗消毒

放养前,蓄水池、养殖池以及给水管道内应进行彻底清洗和消毒。水产养殖中常用的消毒剂如次氯酸钠、漂白粉、强氯精、溴氯海因等均可用于美洲鲥养殖池的消毒。消毒时,应全池浸泡消毒 24 h 以上,然后充分刷洗,再清水浸泡 24 h,冲洗干净,并晾干 3～4 d。蓄水池若有砂滤装置,则不建议用含氯消毒剂消毒滤料,可采用高锰酸钾等温和性消毒剂消毒,再用清水反冲干净。如果是新建的水泥池,要至少浸泡 2 周以上,其间换水 1～2 次,水中可加适量弱酸以充分中和水泥的碱性,避免引起养殖期间水体 pH 过高。

3. 饲料采购

放养前,要根据养殖计划,提前做好饲料的采购。要选择口碑好、质量有保证的饲料品牌。饲料采购规格和要求同本章第一节。

4. 尾水处理系统的熟化

生物过滤器在使用之前要对生物膜进行培养和驯化,使之形成稳定的硝化能力。淡水生物膜根据培养方式不同,功能建立的时间在 8～38 d 不等(罗国芝等,2005)。移栽的水生植物要待其适应环境,正常生长后才能充分发挥净水功能。如果播撒种子或芽孢种植水生植物通常要比养殖生产提前 1～2 个月。

三、夏花鱼种的放养

美洲鲥幼鱼生长最适宜水温在 16～24℃,要根据当地水温变化情况确定放养时间。长三角地区一般是在 5 月下旬到 7 月上旬之间开始当年鱼种养殖,按标准挑选放养优质夏花鱼种并建议下池前进行消毒。放养时,要保证养殖池内水温与运输用水的水温相近,温差不能超过 2℃;如果温差在 0.5～2℃,应进行"过水"操作,即将养殖池的水缓慢加入运输容器中,或将未拆包的鱼苗袋放入养殖池,待温差小于 0.5℃后放鱼下池。若当年鱼种养殖池同时也作为越冬和成鱼养殖池,放养密度以 5 尾/m² 为宜;若鱼种培育结束后分池越冬,则可放养 20～30 尾/m²。

四、水质管理

养殖水质管理的核心内容和主要目的在于确保养殖用水的水质符合无公害食品淡水养殖用水水质标准(NY5051—2001),符合美洲鲥对水环境的要求,确保养殖尾水排放达标。

在工厂化养殖模式下,具体水质管理措施包括:保证水源水质良好;养殖池定期吸污和换水,换水的频率和换水量要根据放养密度和水源的水质情况而定,一般每周换水 2/3,可 1 次换完,也可少量多次换水;高温季节,要密切关注天气变化,在水源水温升高到 28℃时,可适当增加换水量,保持养殖池水质清新,继续升高超过 30℃时,应减少换水量,同时严格控制好饲料投喂,减少残料,保持良好水质;高温季节,水源地水温日变化规律可能与养殖池水温日变化规律会有明显不同,因此,大量换水时,要注意水温差异不要超过 2℃,如果水温差异较大,应适当降低加水的流速,快出慢进;控制好光照强度,避免藻类大量滋生;整个养殖过程中确保养殖池不间断供气,保持水中溶解氧 5 mg/L 以上;养殖尾水要进入尾水处理系统,并保证足够的停留处理时间,确保处理达标后排放;平时要做好尾水处理系统滤料的定期反冲清洗以及水生植物的日常养护工作,保证系统的处理能力。

水温控制是当年鱼种培育中的关键环节之一。夏季,在大棚顶部外侧覆盖双层遮阴膜或反光膜(反光面向外),并保持大棚两侧通风。遮阴膜应与大棚顶部薄膜保持 20 cm 左右的距离,以提高隔热效果,同时能够保持棚内有一定光照。进入秋季,水温低于 22℃时,拆除双层遮阴膜,保留覆盖面积 20%～30% 的单层遮阴膜或反光膜(反光面向内)以控制光照强度。此时,可将遮阴膜设置在保温膜内侧,更有利于棚内保温。水温降至 18℃左右时,要用薄膜封住大棚通风口,确保大棚密封保温。

五、饲料投喂

夏花鱼种经过运输或移池会出现比较强烈的应激反应,所以下池当天不投喂;

次日开始少量投喂,此后逐步增加投饲量。一般体长3 cm左右的夏花鱼种已经能够摄食配合饲料,养殖初期可根据投放鱼种的驯食情况全部采用配合饲料或以配合饲料为主少量补充活饵料;如果引进的鱼种尚未驯食,要及时驯化摄食配合饲料。驯食期间,采用微颗粒饲料与活饵料混合投喂,逐步减少活饵料的比例,增加微颗粒饲料的比例,直到完全接受颗粒饲料。此后,再从微颗粒饲料逐步过渡到膨化配合饲料。

美洲鲥主要靠视觉索饵,人工养殖中,饲料投喂在白天进行。每天定时、定点投喂3～4次,投饲量根据水温变化和摄食情况灵活掌握,每次1 h左右吃完为宜;或者每天投喂2次,每次约2 h吃完为准。投喂点要与养殖池池壁保持一定距离,防止鱼种在抢食时擦伤。投喂过程中,掌握慢-快-慢的投喂节奏,以减少饲料浪费,避免残饵污染水质。换水、倒池等操作前后2 h内不宜投喂。

另外,要做好日常投喂记录,详细记录饲料的来源、生产日期以及每天的投喂情况和吃食情况等。

六、日常管理

鱼种培育的日常管理除了饲料投喂、水温和水质管理外,还包括每天巡查。巡查内容包括各种设备的运转情况、水质和水温变化情况、鱼种摄食情况、健康状况等。做好病害预防工作,吸污管、网具等养殖工具要定期消毒;发现受伤、死亡或行为异常的鱼要及时捞出,并做初步检查诊断,如果确认发生病害要将病鱼或发病养殖池严格隔离,并及时取样送检。定期监测鱼种生长情况,抽样测定鱼种的体长和体质量,并以此作为投饲量的参考依据。另外,还需做好养殖生产日志,记录天气、水温、投饲量、换水量、生长数据、用药情况等,以便进行统计分析,追踪、追溯事件的演变发展过程,以指导以后的生产。

典 型 案 例

案例1

2018年,上海市水产研究所合作的美洲鲥养殖技术示范推广点——上海万金观赏鱼养殖有限公司开展了简易工厂化模式的美洲鲥当年鱼种培育。养殖车间采用大棚,水泥池为方形圆角,面积为300 m^2。5月下旬放养平均体长3 cm的美洲鲥夏花鱼种1万尾,放养密度33尾/m^2。此前,夏花鱼种已经成功驯食配合饲料,转入鱼种培育池后,投喂升索牌S_3饲料,粒径480～750 μm,蛋白含

量≥50%。2周后改投海水鱼膨化配合饲料 1# 料（通威牌，浮性），粒径约
1 mm，蛋白含量≥45%，3个月后改投 2# 料，蛋白含量≥42%。每天投喂 3 次，
每次半小时左右吃完。每天吸污 1 次，同时换水 20%。养殖尾水经沉淀后排入
金鱼养殖车间，用于金鱼养殖。经 6 个月的养殖，到当年 11 月底，鱼种成活率约
98%，规格 50～70 g。

　　鱼种下池时水温 23℃，大棚已覆盖好遮阴膜，并已拆除两侧保温膜，保持两侧
通风。鱼种培育期间，水温通常保持在 29℃ 以下；夏季曾经历连续 35℃ 以上的高
温天气，最高水温 31℃，其间适当控制投喂，保持水质，未出现大量死鱼现象。进
入 11 月，大棚盖好保温膜，封闭通风口，培育的鱼种在原池进行越冬养殖。

案例 2

　　2019 年 5 月底，上海任屯水产专业合作社温室大棚内水泥池放养体长 3 cm
左右的夏花鱼种 2.1 万尾，密度 7.5 尾/m²。放养后第 2 d 开始投喂升索 S₃ 饲
料（粗蛋白≥50%）；两周左右开始投喂粗蛋白 40% 的海水鱼膨化配合饲料（明
辉牌，浮性）。每天定时投喂 3～4 次。每周换水 1 次，换水量约 50%，或每周换
水 2 次，每次 20%。夏花鱼种经 3 个多月的培育，到当年 9 月底，平均体长约
13 cm。

　　合作社将原有的一口室外养殖池改建为净化塘，用于养殖尾水的处理，面积为
养殖池总面积的 1/2。鱼种培育期间，养殖尾水总氮 1.8～10 mg/L，总磷 0.3～
7.2 mg/L，高锰酸钾指数 5.4～6 mg/L。根据 2019 年冬季的监测结果（水温 10～
14℃），一般尾水在湿地停留 5 d 可确保总氮小于 5 mg/L，总磷小于 1 mg/L，高锰
酸钾指数小于 4.5 mg/L。

第三节　幼鱼网箱养殖

　　幼鱼培育方法除了采用池塘养殖和工厂化养殖，还可采用网箱养殖。据文献
报道，2003 年，有养殖户在浙江千岛湖成功开展了美洲鲥的大水面网箱养殖（孙燕
生，2005），文献中并未明确养殖对象的物种名，但根据苗种来源和当年鲥亚科鱼类
苗种生产情况判断，放养鱼种是美洲鲥。2010 年，扬中市水产技术推广站在长江
太平洲捷水道泰州大桥下游设置网箱放养美洲鲥夏花鱼种，成功进行了幼鱼培育
（郭礼中等，2010）。2011 年 7 月至 2013 年 3 月，中国水产科学研究院珠江水产研

究所和淳安千渔网箱养殖产业专业合作社在浙江千岛湖开展了美洲鲥网箱养殖并获得成功(洪孝友等,2014b)。随后几年,美洲鲥大水面网箱养殖在湖北、安徽、四川、江苏、浙江等多地迅速发展。大水面网箱水交换充分,不仅能够保证网箱内水质良好,还能为养殖的美洲鲥带来一定量的天然饵料,养出的美洲鲥规格大、体质健壮、品质好。但是,近年来,为了保护水域生态环境,水库和自然水域网箱养殖被大面积取缔,美洲鲥网箱养殖面积也随之大幅减少。目前,水库或天然水域设置养殖网箱,必须取得相关许可,依法合理开发利用水域资源,避免污染水环境,禁止占用航道,不能破坏水体景观。

本节依据相关文献报道,结合笔者美洲鲥的科研成果和生产经验,介绍美洲鲥幼鱼网箱养殖技术。

一、网箱设置水域的选择

美洲鲥幼鱼大水面网箱养殖的水域选择可参照大水面网箱养鱼通用技术。选择水深 4 m 以上,水位较为稳定,不受大浪和洪峰影响的开阔水域,流速以 0.1～0.2 m/s 为宜,既能保证网箱内水交换,又不至于过度消耗养殖对象的体力,水质指标应符合《渔业水质标准》(GB 11607—1989)的规定(刘振华等,2019)。此外,根据美洲鲥对环境的要求,养殖水域 pH 为 6.5～8.0,盐度 0～5 为宜,底层水温常年保持 12～30℃,溶解氧 5 mg/L 以上。

二、网箱的设置

参照大水面网箱养鱼通用技术,要选择坚韧、牢固、耐腐蚀的网衣,以免养殖期间破损逃鱼。框架可用木、竹、金属、塑料等有韧性、耐腐蚀、抗冲击的材料。框架用铁锚等固定,防止网箱被水流冲走。可选用泡沫塑料、空心塑料桶等作浮子,用石块、水泥块、砖头等作沉子。一般如果流速小于 0.1 m/s,网箱底网片加沉子0.3～0.5 kg/m²;0.1～0.2 m/s,加 0.5～0.6 kg/m²;大于 0.2 m/s,加 0.9～1 kg/m²。网箱可垂直于水流方向成排设置,也可设置成"品"字形或"田"字形。箱体间距 1～2 m,如需设置多排网箱,排距 4～5 m,每两排为一组,组距 10 m 以上。网箱要在放养前 7～10 d 下水,使网衣表面附生藻类,变得光滑,避免刮伤鱼体(刘振华等,2019)。美洲鲥当年鱼种养殖一般采用 30 m² 左右的方形网箱,网衣孔径在 0.4～0.8 cm,如果水域条件允许,网箱高度最好 8 m 以上。如果放养水域可以越冬，也可采用大箱套小箱的三级轮养方式，便于养殖期间调整网目和养殖密度。用长 2 m×宽 2 m×高 4 m、网孔 0.5 cm 网箱外套长 5 m×宽 5 m×高 5 m、网孔 2 cm 的网箱，最外层为长 10 m×宽 10 m×高 7 m、网孔 4 cm 的网箱。夏花鱼种放养时，放入最内层小箱；越冬前，规格 50 g 左右时，移除内层网箱，转入中层网箱；规格 250～300 g 时，转入最外层网箱（吕欣荣等，2012）。图 5-3 为江苏省常州市茅东水库大水面美洲鲥养殖网箱（图片来源：作者拍摄于常州茅东水库）。

图 5-3　江苏省常州市茅东水库大水面美洲鲥养殖网箱

三、夏花鱼种放养

大水面网箱中通常会有持续的水流，还可能存在敌害。因此，要放养体格健壮的大规格夏花鱼种，以提高鱼种养殖的成活率。放养的鱼种必须经过驯化，能够摄食配合饲料。放养密度要根据养殖水域水质情况、水交换能力和环境承载量的不同灵活掌握，合理放养。水质好，水交换量大，养殖面积在水域总面积占比较小时，放养密度为 100 尾/m² 左右；也可放养密度为 200～300 尾/m²，在鱼种培育中期进行 1 次分箱，同时更换网孔 1.2 cm 的网衣（贾俊威，2016）。要选择连续晴天时放鱼入网箱,一般下午为宜。夏花鱼种在运输和放养过程中不能离水,必须带水操作。放养时,要确保运输用水和网箱水温差在 2℃ 以内;如果温差在 0.5～2℃,要进行"过水",即将鱼苗袋漂浮在网箱内,待袋子内外温差小于 0.5℃ 后再放苗入网箱。

四、饲料投喂

放养后当天不投喂,次日起开始少量投喂,视吃食情况逐步恢复到正常投饲量。饲料粗蛋白为 40%～45%,粗脂肪为 11%～14%(朱雅珠等,2007;施永海等,2019c)。前一个月可采用粒径 1 mm 左右的 0# 料,后期投喂 1# 料及 2# 料。掌握定时、定点的投喂原则,每天投喂 3～4 次,投饲量视鱼种吃食情况灵活掌握,每次 1 h 左右吃完为宜。高温期间,白天阳光直射,表层水温较高不宜投喂,可在清晨和傍晚各投喂 1 次;养殖后期,水温下降,可视吃食情况适当减少投饲量和投饲次数;水面温度低于 10℃ 时,可改投缓沉性饲料,每天中午投喂 1 次,投喂时应放慢节奏,避免大量饲料未被摄食直接沉入水底,造成污染和浪费。

五、日常管理

每天至少 2 次巡查网箱,检查网箱是否有破损、水交换是否畅通及是否有敌害入侵,检查养殖鱼种的活动和生长情况。定期清洗或者更换网衣,保持网箱内水交换。网衣清洗可采用机械清洗,将网衣吊起,用高压水泵和喷枪冲洗。该方法效果好,但对装备要求较高。也可采用人工清洗,将网衣提起,用手揉搓抖动或用竹条抽打。同时,可配合生物方法,即在网箱中适量混养罗非鱼、鲴、鳊、鲂等杂食性和草食性鱼类,可以摄食部分网衣附着物,减轻网衣清洗的工作量(刘振华等,2019)。高温季节,可在网箱上部分覆盖遮阴膜,防止阳光直射,导致水温过高。视鱼种生长情况,适时更换网孔较大的网衣,以提升网箱内外水体效果。及时发现并捞出死鱼或行为异常的鱼,进行仔细检查和初步诊断,如有病害发生要及时取样送检,根据诊断结果和兽医处方合理用药。每天要详细记录好养殖生产日志,以便追溯生产过程,指导以后的生产。

典 型 案 例

2011 年 7 月,中国水产科学研究院珠江水产研究所与杭州淳安千渔网箱养殖产业专业合作社在浙江千岛湖开展了美洲鲥大水面网箱养殖(洪孝友等,2014b)。千岛湖湖水表层年水温 9～13℃,养殖区水深 23 m,水体 pH 为 7.3,溶解氧 6 mg/L 以上。当年鱼种养殖阶段采用 4 m×5 m×11 m 的网箱(露出水面 40 cm),网箱"田"字形排列,网衣孔径 0.4 cm,放养密度 10 尾/m³。投喂配合饲料(统一牌和天邦牌,沉性),蛋白含量为 38%～42%。养殖初期每天投喂 4～6 次,10 月份后改为每天上、下午各 1 次,投饲量为鱼体质量的 2%～5%。养殖期间,视网孔附着物情况及时安排清洗工作或更换网箱,以保证水流畅通。到 2011 年 12 月,鱼种成活率 88%,规格 150～200 g/尾。

第四节　幼鱼脂肪酸变化规律

脂类不仅参与鱼类调节生理活动和构建器官组织,还是鱼类生长发育所需能量的主要储存物质,脂肪酸组成及其含量对鱼类早期的生长、发育及存活起关键的作用(施永海等,2017b,c)。 0^+ 龄幼鱼(当年鱼种)是美洲鲥自然洄游入海前的营养积累阶段,也是实际养殖过程中越冬前的营养积累阶段。因此,监测和研究当年鱼种鱼体脂类积累情况有助于考察美洲鲥洄游及越冬前的物质和能量储存情况。

上海市水产研究所(施永海等,2019a)采用生化分析手段,分析了遮阴池塘养殖的美洲鲥 0^+ 龄幼鱼不同生长阶段(7～11 月)鱼体脂肪酸组成及含量变化。结果显示:美洲鲥当年鱼种鱼体的水分含量随着生长而显著降低,干质量的总脂肪含量随生长而显著升高,总脂肪含量从 7 月的 12.93% 显著增加到 11 月的 35.05%;鱼体干样中检出 8 种饱和脂肪酸(SFA)、7 种单不饱和脂肪酸(MUFA)和 11 种多不饱和脂肪酸(PUFA);美洲鲥当年鱼种体内脂肪酸组成与其摄食的饲料成分密切相关,但也不是绝对的。研究表明,美洲鲥当年鱼种配合饲料中可适当增加 C18:1n9c 和 n-3 PUFA(特别是 DHA)的比例,大幅减少 C18:2n6c 的比例,调整提高 $\sum$ n-3 PUFA/$\sum$ n-6 PUFA(施永海等,2019a)。

试验采用的美洲鲥 0^+ 龄幼鱼(当年鱼种)是上海市水产研究所奉贤科研基地于 2017 年 5～6 月全人工集约化繁育后,经过室内膨化配合饲料驯化(驯化率 90% 以上)的鱼种。养殖池塘面积 0.17 hm²,水深为 1.5 m,为降低夏季池塘水温,利用温室大棚的钢丝结构覆以遮阴率为 75% 的遮阴膜,两侧通风。鱼种放养前,培养基础饵料生物,如大型枝角类、桡足类等,待饵料生物量达到 20～40 ind/L,放养鱼种 5 437 尾,放养密度为 3.26 尾/m²。放养 10 d 后,开始投喂海水鱼膨化配合饲料(明辉牌,浮性),7~8 月投喂 0# 料(水分含量为 4.51%±0.12%,粗蛋白质含量为 40.29%±0.03%,粗脂肪含量为 14.44%±0.33%,脂肪酸组成见表 5-4-1),9~11 月投喂 1# 料(水分含量为 6.16%±0.29%,粗蛋白质含量为 40.00%±0.28%,粗脂肪含量为 11.19%±0.72%,脂肪酸组成见表 5-4-1)。每天 8:00 和16:00 投喂,投饲量以 2 h 摄食完为准。每隔半个月换水 30%,水温超过 32℃时减少换水。试验从 2017 年 7 月 18 日开始到 2017 年 11 月 15 日结束,时间为 120 d(施永海等,2019a)。

表 5-4-1　配合饲料的脂肪酸组成及含量(%)(施永海等,2019a)

脂　肪　酸	0#	1#	脂　肪　酸	0#	1#
C14：0	0.71	0.84	C18：3n6	0.78	0.73
C15：0	0.15	0.17	C18：3n3	4.23	3.96
C16：0	13.28	13.50	C20：3n6	0.23	0.25
C17：0	0.08	0.11	C20：4n6	0.17	0.21
C18：0	4.62	4.56	C20：5n3(EPA)	0.71	0.89
C20：0	0.34	0.36	C22：6n3(DHA)	1.57	1.79
C22：0	0.36	0.37	∑SFA	19.54	19.92
C16：1	0.03	1.00	∑MUFA	24.86	25.68
C17：1	0.06	0.06	∑PUFA	55.61	54.40
C18：1n9c	24.04	23.92	EPA + DHA	2.28	2.68
C20：1n9	0.73	0.70	∑n - 3 PUFA	6.51	6.64
C18：2n6t	0.63	0.61	∑n - 6 PUFA	48.69	47.31
C18：2n6c	46.88	45.52	∑SFA/∑UFA	0.24	0.25
C20：2	0.24	0.30	∑n - 3 PUFA/∑n - 6 PUFA	0.13	0.14
C22：2	0.15	0.16			

注:SFA 为饱和脂肪酸,MUFA 为单不饱和脂肪酸,PUFA 为多不饱和脂肪酸,UFA 为不饱和脂肪酸。下同。

设定放养日期(7 月 18 日)为养殖 0 日龄,设定放养当月(7 月)为养殖 0 月龄。放养时,分 3 次取初始样品,每次取 10 尾鱼种作为一个平行。放养后,每月中旬拉网取样,样品分 3 次取样,每次取 3~4 尾鱼种作为一个平行。取样日期、规格和取样数详见表 5-4-2(施永海等,2019a)。采用冷冻干燥法测定样品中的水分含量,按氯仿甲醇法提取总脂,采用 Agilent 6890 型气相色谱仪(GB/T 22223—2008)测定脂肪酸含量(施永海等,2019a),结果和分析如下。

表 5 - 4 - 2　取样幼鱼的基本情况(施永海等,2019a)

月份	取样日期	养殖日龄(d)	体长(mm)	体质量(g)	样本数(尾)
7 月	2017 - 07 - 18	0	3.24±0.51	0.71±0.35	30
8 月	2017 - 08 - 16	29	5.26±0.87	2.27±1.31	10
9 月	2017 - 09 - 13	57	7.91±0.89	7.77±2.65	10
10 月	2017 - 10 - 18	92	11.61±1.11	22.64±6.27	10
11 月	2017 - 11 - 15	120	12.46±1.00	26.53±6.02	10

注: 数据采用 Mean±SD 表示。

一、水分和总脂肪含量变化

池养美洲鲥当年鱼种鱼体的水分含量随着生长而显著降低($P < 0.05$),仅 10 月和 11 月的水分含量无显著差异($P > 0.05$)。鱼体干质量的总脂肪含量随生长而显著升高($P < 0.05$),从 7 月份的 12.93% 显著增加至 11 月的 35.05%,仅 10 月和 11 月的总脂肪含量无显著差异($P > 0.05$)(表 5 - 4 - 3,施永海等,2019a)。说明美洲鲥当年鱼种随着生长发育,鱼体内脂类富集明显。造成这种现象的原因可能有两个:一是在初期阶段,幼鱼的外形已与成鱼相近,但体内的组织器官还需要进一步发育,所以美洲鲥幼鱼早期所吸收的能量不仅要支持幼鱼个体的快速生长,同时还要用来完善各组织器官的生长和发育,这造成美洲鲥当年鱼种刚放养后,鱼体脂肪积累较少。养殖银鲳也有相似的表现,当年幼鱼的体脂含量从 6 月的 9.99% 显著增加到 9 月的 25.85%(施兆鸿等,2008);二是随着养殖时间的推移,高温季节结束,高水温对美洲鲥幼鱼的胁迫已经解除,幼鱼的摄食增加,鱼体营养物质积累日益增加,而此时幼鱼发育完全,所吸收的能量较少用于完善组织器官,因此,造成了 9 月和 10 月的鱼体脂肪含量迅速增加和脂类富集。然而,随着当年鱼种养殖到 10 月后,鱼体脂肪积累速度放慢。究其原因:一是 10 月后,池塘水温迅速下降,鱼种摄食量有所下降,造成鱼体脂类积累速度下降;二是当年鱼种养殖中期,脂类迅速富集,到 10 月后鱼体干质量的脂肪含量已较高(33.90%),逐渐趋于饱和。当然,越冬前的 11 月,鱼体储存的大量脂类(占干质量的 35.05%)作为主要的能量储存物质,也有利于支撑低温越冬的体能消耗。

表 5-4-3　美洲鲥当年鱼种水分和总脂肪含量（$n=3$，%）（施永海等，2019a）

指　标	7月	8月	9月	10月	11月
水分（湿重）	78.74 ± 0.84^a	74.49 ± 0.51^b	71.92 ± 0.49^c	68.89 ± 0.24^d	69.22 ± 0.35^d
总脂肪（干重）	12.93 ± 2.40^a	20.95 ± 0.95^b	26.87 ± 1.15^c	33.90 ± 1.26^d	35.05 ± 1.39^d

注：数据采用 Mean±S.D.表示，用单因素方差分析（$P<0.05$），经 Duncan's 多重比较，同行中不同字母表示差异显著。

二、脂肪酸组成变化

在美洲鲥当年鱼种的鱼体干样中，检测了 C6～C24 的 37 种脂肪酸，共检测到碳链长度为 C14～C22 之间的脂肪酸 26 种，分别为 8 种饱和脂肪酸（SFA），7 种单不饱和脂肪酸（MUFA）和 11 种多不饱和脂肪酸（PUFA）（表 5-4-4）（施永海等，2019）。

表 5-4-4　美洲鲥当年鱼种的脂肪酸组成及含量（%，$n=3$）（施永海等，2019a）

脂　肪　酸	7月	8月	9月	10月	11月
$C_{14:0}$	2.25 ± 0.38^a	2.12 ± 0.05^a	1.72 ± 0.03^b	1.55 ± 0.02^b	1.59 ± 0.01^b
$C_{15:0}$	0.52 ± 0.06^a	0.39 ± 0.02^b	0.24 ± 0.01^c	0.20 ± 0.01^c	0.20 ± 0.01^c
$C_{16:0}$	25.33 ± 2.37^a	24.31 ± 0.53^a	21.77 ± 0.40^b	19.72 ± 0.10^b	19.63 ± 0.50^b
$C_{17:0}$	0.38 ± 0.11^a	0.18 ± 0.01^b	0.26 ± 0.13^{ab}	0.21 ± 0.10^{ab}	0.15 ± 0.10^b
$C_{18:0}$	7.25 ± 0.43^{ab}	7.46 ± 0.27^a	6.97 ± 0.11^b	6.44 ± 0.09^c	6.42 ± 0.20^c
$C_{20:0}$	0.31 ± 0.02^a	0.35 ± 0.02^b	0.33 ± 0.01^{ab}	0.32 ± 0.01^a	0.32 ± 0.02^a
$C_{22:0}$	0.25 ± 0.01^a	0.26 ± 0.01^a	0.25 ± 0.01^a	0.23 ± 0.00^b	0.22 ± 0.00^b
$C_{24:0}$	0.28 ± 0.04^a	0.10 ± 0.03^b	0.14 ± 0.10^b	0.12 ± 0.07^b	0.11 ± 0.01^b
$C_{16:1}$	2.78 ± 0.36^a	2.72 ± 0.03^b	2.03 ± 0.09^b	1.82 ± 0.02^b	1.81 ± 0.06^b
$C_{17:1}$	0.22 ± 0.09^a	0.11 ± 0.00^b	0.08 ± 0.01^b	0.06 ± 0.00^b	0.06 ± 0.00^b
$C_{18:1n9t}$	0.19 ± 0.01^a	0.17 ± 0.06^a	0.09 ± 0.04^b	0.05 ± 0.04^b	0.04 ± 0.01^b
$C_{18:1n9c}$	30.00 ± 1.80^b	27.11 ± 0.30^a	30.29 ± 0.94^b	35.24 ± 0.39^c	36.87 ± 0.78^c
$C_{20:1n9}$	1.02 ± 0.03^a	0.81 ± 0.62^a	0.88 ± 0.71^a	$0.57^a \pm 0.84^a$	0.08 ± 0.00^a
$C_{22:1n9}$	0.13 ± 0.02^a	0.15 ± 0.00^b	0.14 ± 0.01^{ab}	0.22 ± 0.00^c	0.24 ± 0.01^d
$C_{24:1n9}$	0.37 ± 0.02^a	0.22 ± 0.15^b	0.31 ± 0.02^a	0.34 ± 0.00^{ab}	0.34 ± 0.01^{ab}

续　表

脂肪酸	7月	8月	9月	10月	11月
$C_{18:2n6t}$	0.81 ± 0.17^b	0.53 ± 0.01^a	0.82 ± 0.03^b	1.41 ± 0.11^c	1.42 ± 0.06^c
$C_{18:2n6c}$	16.87 ± 1.09^a	21.61 ± 0.50^b	22.95 ± 0.61^c	21.43 ± 0.69^b	20.96 ± 0.40^b
$C_{20:2}$	1.00 ± 0.08^a	1.13 ± 0.03^{bc}	1.17 ± 0.04^c	1.11 ± 0.01^{bc}	1.08 ± 0.01^b
$C_{22:2}$	0.35 ± 0.07^a	0.33 ± 0.02^a	0.30 ± 0.08^a	0.32 ± 0.01^{aa}	0.33 ± 0.00^a
$C_{18:3n6}$	2.27 ± 0.51^a	2.12 ± 0.16^a	3.17 ± 0.22^b	3.84 ± 0.10^c	3.75 ± 0.15^c
$C_{18:3n3}$	1.96 ± 0.15^a	2.40 ± 0.14^{bc}	2.43 ± 0.13^c	2.18 ± 0.10^{ab}	1.97 ± 0.03^a
$C_{20:3n6}$	0.26 ± 0.03^{ab}	0.25 ± 0.03^a	0.23 ± 0.01^a	0.27 ± 0.02^{ab}	0.30 ± 0.01^b
$C_{20:4n6}$	1.01 ± 0.31^a	0.57 ± 0.05^b	0.26 ± 0.02^c	0.18 ± 0.01^c	0.15 ± 0.00^c
$C_{20:5n3}$ (EPA)	0.55 ± 0.23^a	0.22 ± 0.03^b	0.17 ± 0.06^b	0.13 ± 0.01^b	0.21 ± 0.01^b
$C_{22:5n3}$ (DPA)	0.37 ± 0.05^a	0.38 ± 0.04^a	0.24 ± 0.01^b	0.14 ± 0.01^c	0.12 ± 0.01^c
$C_{22:6n3}$ (DHA)	3.27 ± 0.36^b	4.00 ± 0.09^a	2.76 ± 0.16^c	1.92 ± 0.01^d	1.62 ± 0.05^d
$\sum$SFA	36.57 ± 3.22^a	35.18 ± 0.46^a	31.68 ± 0.36^b	28.79 ± 0.09^c	28.64 ± 0.42^c
$\sum$MUFA	34.71 ± 1.47^a	31.29 ± 0.85^b	33.82 ± 1.47^b	38.28 ± 1.08^c	39.44 ± 0.75^c
$\sum$PUFA	28.71 ± 1.94^a	33.53 ± 0.46^{bc}	34.51 ± 1.15^c	32.93 ± 0.98^{bc}	31.92 ± 0.34^b
EPA + DHA	3.82 ± 0.53^a	4.21 ± 0.06^a	2.93 ± 0.16^b	2.05 ± 0.02^c	1.84 ± 0.06^c
$\sum$n－3 PUFA	6.14 ± 0.64^b	6.99 ± 0.07^a	5.60 ± 0.24^b	4.38 ± 0.09^c	3.93 ± 0.09^c
$\sum$n－6 PUFA	21.22 ± 1.64^a	25.08 ± 0.45^b	27.43 ± 0.84^c	27.12 ± 0.88^c	26.59 ± 0.26^{bc}
$\sum$SFA/$\sum$UFA	0.58 ± 0.08^a	0.54 ± 0.01^a	0.46 ± 0.01^b	0.40 ± 0.00^b	0.40 ± 0.01^b
$\sum$n－3 PUFA/$\sum$n－6 PUFA	0.29 ± 0.03^a	0.28 ± 0.00^a	0.20 ± 0.01^b	0.16 ± 0.00^c	0.15 ± 0.00^c

注：数据采用 Mean±SEM 表示，用单因素方差分析（$P<0.05$），经 Duncan's 多重比较，同行中不同字母表示差异显著。

1．单个脂肪酸相对含量的变化

各月份当年鱼种体内占比最高的脂肪酸均为 C18：1n9c（27.11%～35.24%），且 7 月和 9 月鱼种的 C18：1n9c 含量（分别为 30.00% 和 30.29%）显著高于 8 月鱼种（27.11%）（$P<0.05$），但显著低于 10 月和 11 月鱼种（分别为 35.24% 和 36.87%）。C16：0 占总脂肪酸的百分含量在 7 月和 8 月期间排第 2，在 9～11 月排第 3，C16：0 的含量随着鱼种的生长呈现显著下降的趋势（$P<0.05$），7 月和 8 月的 C16：0 含量（分别为 25.33% 和 24.31%）显著高于 9～11 月

(19.63%～21.77%)（$P<0.05$）。C18：2n6c 占总脂肪酸的百分含量在 7 月和 8 月期间排第 3，在 9～11 月排第 2，随着鱼种的生长，C18：2n6c 的含量呈现先上升后下降的趋势（$P<0.05$），最低点出现在 7 月（16.87%），最高点出现在 9 月（22.95%），在 8 月、10 月和 11 月之间无显著差异（$P>0.05$）。排第 4 的 C18：0 占总脂肪酸的百分含量比较稳定（6.42%～7.46%），总体呈现下降趋势（$P<0.05$）（表 5 - 4 - 4）（施永海等，2019a）。

当年鱼种的 C22：6n3(DHA)百分含量相对较高，但除了 7 月初始值（3.27%）外，其含量随着生长呈现显著下降的趋势（$P<0.05$），由 8 月的 4.00% 下降到 11 月的 1.62%。C20：5n3(EPA)和 C22：5n3(DPA)的百分含量均较低，分别为 0.13%～0.55% 和 0.12%～0.38%。其中，7 月鱼种 C20：5n3 含量（0.55%）显著高于随后各月（0.13%～0.22%）（$P<0.05$），9 月鱼种的 C22：5n3 百分含量（0.24%）显著低于 7 月和 8 月（分别为 0.37% 和 0.38%）（$P<0.05$），而显著高于 10 月和 11 月（分别为 0.14% 和 0.12%）（$P<0.05$）。EPA+DHA 含量的变化趋势与 DHA 相似，除了 7 月初始值（3.82%）外，其含量随着生长呈现显著下降的趋势（$P<0.05$），从 8 月的 4.21% 下降到 11 月的 1.84%（表 5 - 4 - 4）（施永海等，2019a）。

2. SFA、MUFA 和 PUFA 百分含量的变化

当年鱼种各月份的机体脂肪酸组成中，$\sum$SFA 的百分含量随生长呈现显著下降的趋势（$P<0.05$），由 7 月的 36.57% 下降至 11 月的 28.64%。$\sum$MUFA 的百分含量除了 7 月的初始值（34.71%）外，8～11 月的百分含量随生长呈现显著升高的趋势（$P<0.05$），数值从 8 月的 31.29% 上升到 11 月的 39.44%。$\sum$PUFA 的百分含量随生长呈先上升后下降的变化趋势（$P<0.05$），最高值（34.51%）出现在 9 月，最低值（28.71%）出现在 7 月。其中$\sum$n - 6 PUFA 百分含量也呈现相似的先升后降的趋势（$P<0.05$），最高值（27.43%）出现在 9 月，最低值（21.22%）出现在 7 月份；$\sum$n - 3 PUFA 百分含量除了 7 月的初始值（6.14%）外，总体呈显著下降的趋势（$P<0.05$），数值从 8 月的 6.99% 下降到 11 月的 3.93%（表 5 - 4 - 4）（施永海等，2019a）。

3. $\sum$SFA/$\sum$UFA 和 $\sum$n - 3 PUFA/$\sum$n - 6 PUFA 的变化

当年鱼种的$\sum$SFA/$\sum$UFA（饱和脂肪酸与不饱和脂肪酸的比值）随生长呈显著下降的趋势（$P<0.05$），7 月和 8 月鱼种的$\sum$SFA/$\sum$UFA（0.58 和 0.54）显著高于 9～11 月（0.40～0.46）（$P<0.05$）；$\sum$n - 3 PUFA/$\sum$n - 6 PUFA 也呈现显著下降的趋势（$P<0.05$），9 月鱼种的$\sum$n - 3 PUFA/$\sum$n - 6 PUFA（0.20）显著低于 7

月和 8 月(分别为 0.29 和 0.28)($P<0.05$),但又显著高于 10 月和 11 月(分别为 0.16 和 0.15)($P<0.05$)(表 5 - 4 - 4)(施永海等,2019a)。

三、脂肪酸组成特点

本研究中池塘养殖美洲鲥当年鱼种的鱼体脂肪酸组成与江苏养殖的成鱼相似,但与广东养殖的成鱼差异很大(表 5 - 4 - 5)。当年鱼种和江苏养殖的成鱼肌肉的脂肪酸含量排前四的均是 C18：1n9c、C16：0、C18：2n6c 和 C18：0,而广东养殖的成鱼肌肉脂肪酸主要是 C16：0 和 C18：2n6c,两者加起来的百分含量达到 67.66%,且其中 C18：0 和 C18：1n9 的百分含量非常少,分别是 0.79% 和 0.95%(表 5 - 4 - 5)。当年鱼种体内的 $\sum n-3$ PUFA、$\sum n-6$ PUFA、$\sum$ SFA/$\sum$ UFA、$\sum n-3$ PUFA/$\sum n-6$ PUFA(分别为 3.93% ~ 6.99%、21.22% ~ 27.12%、0.40 ~ 0.58 和 0.15 ~ 0.29)与江苏养殖的成鱼肌肉(分别为 3.65%、18.04%、0.45 和 0.20)也特别相似,而与广东养殖的成鱼肌肉相差较大(分别为 0.93%、44.06%、0.85 和 0.02)(表 5 - 4 - 5)。此外,鱼种鱼体的 DHA 百分含量(1.62% ~ 4.00%)要高于成鱼肌肉(0.30% 和 0.44%),这也导致了 EPA+DHA 百分含量(1.84% ~ 4.21%)明显高于成鱼肌肉(0.69% 和 0.65%)(表 5 - 4 - 5)。这些差异可能与饲料的脂肪酸组成有关(施永海等,2019a)。

表 5 - 4 - 5　美洲鲥当年鱼种和成鱼的主要脂肪酸组成及含量(%)(施永海等,2019a)

脂肪酸	饲料	上海养殖当年鱼种的鱼体	广东养殖成鱼肌肉(洪孝友等,2013a)	江苏养殖成鱼肌肉(顾若波等,2007)
$C_{16:0}$	13.28~13.50	19.63~25.33	19.73	33.25
$C_{18:0}$	4.56~4.62	6.42~7.46	6.64	0.79
$C_{18:1n9}$	23.93~24.04	27.11~36.87	37.93	0.95
$C_{18:2n6}$	45.52~46.88	16.87~22.95	14.62	34.41
$C_{20:5n3}$(EPA)	0.71~0.89	0.13~0.55	0.39	0.21
$C_{22:5n3}$(DPA)	—	0.12~0.38	—	—
$C_{22:6n3}$(DHA)	1.57~1.79	1.62~4.00	0.30	0.44
EPA + DHA	2.28~2.68	1.84~4.21	0.69	0.65

脂　肪　酸	饲　料	上海养殖当年鱼种的鱼体	广东养殖成鱼肌肉（洪孝友等，2013a）	江苏养殖成鱼肌肉（顾若波等，2007）
$\sum$SFA	19.54～19.92	28.64～36.57	31.05	45.80
$\sum$MUFA	24.86～25.68	31.29～39.44	44.41	8.81
$\sum$PUFA	54.40～55.61	28.71～34.51	21.69	45.46
$\sum$n-3 PUFA	6.51～6.64	3.93～6.99	3.65	0.93
$\sum$n-6 PUFA	47.31～48.69	21.22～27.12	18.04	44.06
$\sum$SFA/$\sum$UFA	0.24～0.25	0.40～0.58	0.45	0.85
$\sum$n-3 PUFA/$\sum$n-6 PUFA	0.13～0.14	0.15～0.29	0.20	0.02

四、脂肪酸含量变化与饲料脂肪酸组成的关系

生物体摄取的饲料的脂肪酸组成直接关系着生物体内的脂肪酸组成。刘志峰等（2018）对美洲鲥仔鱼研究发现，仔鱼的脂肪酸组成与饵料中脂肪酸含量呈正相关。如仔鱼摄食寡含 C16：0（10.41％）的卤虫和富含 C16：0（24.52％）的微颗粒饲料后，卤虫组的仔鱼鱼体 C16：0 含量（17.41％）显著低于微颗粒饲料组的（24.72％）；再如仔鱼摄食富含 C18：1n9（32.54％）的卤虫和寡含 C18：1n9（19.66％）的微颗粒饲料后，卤虫组的仔鱼鱼体 C18：1n9 含量（30.47％）显著高于微颗粒饲料组（18.27％）。当年鱼种体内脂肪酸组成也与饲料成分相关，如较低 C16：0 和 C18：0 含量（13.28％～13.50％和 4.56％～4.62％）的饲料投喂导致了鱼种体内的 C16：0 和 C18：0 持续下降，C16：0 含量从 25.33％降到 19.63％，C18：0 含量则从 7.46％降到 6.42％，说明饲料中 C16：0 和 C18：0 含量少，摄食该饲料的鱼种体内的 C16：0 和 C18：0 含量也相对较少，呈现出正相关性；而鱼种摄食了较低 C18：1n9c 含量（23.93％～24.04％）的饲料，前期体内的 C18：1n9c 含量有所下降，后期反而上升，数值从 8 月的 27.11％显著上升到 11 月的 36.87％，说明鱼种体内 C18：1n9c 含量与饲料成分之间出现了负相关；另外，长期摄食较高 C18：2n6c 含量（45.52％～46.88％）的饲料，鱼种体内的 C18：2n6c 并未得到积累，其数值波动范围为 16.87％～22.95％，这说明鱼种体内的 C18：2n6c 含量与饲料中的含量无明显的相关性。因此，鱼体内脂肪

酸组成与摄取的饲料有关外,还与其生长阶段及生活环境等都密切相关(施永海等,2019a)。

然而,许多研究确定鱼体内的 DHA 主要是通过食物链的富集作用在体内积聚起来的(徐善良等,2013),即鱼体内的 DHA 含量与其饵料的 DHA 含量呈现正相关。当鱼类摄食寡含 DHA 的饵料后,体内的 DHA 含量也较低,如斜带石斑鱼 *Epinephelus coioides* 仔鱼(王胜等,2003)、牙鲆 *Paralichthys olivaceus* 仔鱼(邱小琼等,2004)等。池养美洲鲥当年鱼种也有类似的表现,较低 DHA 含量(1.57~1.79%)的饲料造成鱼种体内的 DHA 比例越来越低,除了 7 月的初始值(3.27%)外,其数值从 8 月的 4.00% 显著下降到 11 月的 1.62%。过低的DHA 会导致海水鱼类应激能力下降(刘镜恪等,2002)。美洲鲥虽然属洄游性鱼类,而非典型的海水鱼类,其仔稚鱼及当年幼鱼在河流中生长发育,但一般到 11 月后,幼鱼会随通海江河顺流下海生长育肥。可见,池养美洲鲥当年鱼种进入 11 月,已经进入自然生境条件下的洄游入海及海洋生长育肥阶段,此后阶段的 DHA 摄入不足也可能会造成当年鱼种应激能力的下降。因此,建议在饲料中适当增加 DHA 的比例,以增加美洲鲥鱼体内的 DHA 积累(施永海等,2019a)。

此外,鱼类脂肪中 n-3 PUFA 含量往往多于 n-6 PUFA,尤其是海水鱼。高 $\sum$n-3 PUFA/$\sum$n-6 PUFA 有利于鱼类维系细胞膜良好的渗透性和流动性,特别是在低温季节保持细胞膜的通透性,调节渗透压。本研究中,由于饲料中$\sum$n-3 PUFA/$\sum$n-6 PUFA 低(0.13~0.14),美洲鲥当年鱼种体内的 $\sum$n-3 PUFA/$\sum$n-6 PUFA 从 7 月的 0.29 显著下降到 11 月的 0.15。因此,建议饲料中适当提高 n-3 PUFA 的比例。

值得注意的是,投喂高 C18:2n6c 含量(45.52%~46.88%)的配合饲料,美洲鲥当年鱼种体中并未富集 C18:2n6c(16.87%~22.95%),这说明美洲鲥当年鱼种不需要过多的 C18:2n6c,鱼体吸收效果一般,过多反而造成了浪费;相反,配合饲料的 C18:1n9c 含量为 23.93%~24.04%,当年鱼种摄食后,鱼体的 C18:1n9c含量从 8 月的 27.11% 显著上升到 11 月的 36.87%。如果饲料中 C18:1n9c 含量不足,鱼体富集的 C18:1n9c 可能需要从其他脂肪酸转化合成过来,而脂肪酸的转化合成需要消耗体内的能量,从而造成配合饲料"水桶的短板效应"(施永海等,2017c)。因此,建议美洲鲥当年鱼种配合饲料中减少 C18:2n6c 比例,增加 C18:1n9c 的比例(施永海等,2019a)。

综上所述,池养美洲鲥当年鱼种鱼体的水分含量随着生长而显著降低,鱼体干质量的总脂含量随生长而显著升高。从脂肪酸百分含量上看,各月份当年鱼种含量最高的脂肪酸均为 C18：1n9c(27.11%～35.24%),C16：0 和 C18：0 含量随生长而显著下降,C18：2n6c 含量随着生长呈现先上升后下降的趋势。鱼种体内脂肪酸组成与其摄食的饲料成分密切相关,但也不是绝对的：较低 DHA 含量(1.57%～1.79%)的饲料造成鱼体内的 DHA 含量从 8 月的 4.00%显著下降到 11月的 1.62%；低 $\sum n-3$ PUFA/$\sum n-6$ PUFA(0.13～0.14)的饲料导致了鱼体内的 $\sum n-3$ PUFA/$\sum n-6$ PUFA 从 7 月的 0.29 显著下降到 11 月的 0.15。因此,建议美洲鲌当年鱼种配合饲料中适当增加 C18：1n9c 和 n-3 PUFA(特别是DHA)的比例,大幅减少 C18：2n6c 的比例,调整提高 $\sum n-3$ PUFA/$\sum n-6$ PUFA(施永海等,2019a)。

第五节　幼鱼消化酶活性变化规律

消化酶活力是鱼类消化生理机能的一项重要指标,决定着鱼类对摄入营养物质的消化吸收能力,从而也决定着鱼类的生长发育。美洲鲌不同生长阶段消化系统的发育及消化酶活力不尽相同,了解它们在个体发育阶段的变化规律,对了解美洲鲌营养需求、制定投喂策略、优化饵料配方及提高成活率具有十分重要的意义。

鱼类新陈代谢的生理机能主要体现在对食物的消化吸收,机体消化吸收能力的大小与消化酶活性关系紧密(Gisbert 等,2009)。研究鱼类早期消化酶的变化可以更好地了解其消化系统的发育程度,对投喂策略的建立及适宜配合饲料的研制具有积极意义(Yufera 等,2007)。

一、池塘养殖幼鱼消化酶活性的比较

为合理选择美洲鲌幼鱼池塘养殖模式,上海市水产研究所比较了遮阴池塘和敞口池塘两种池塘养殖模式下美洲鲌当年鱼种消化酶活性的差异。结果显示：养殖前期,敞口池塘美洲鲌内脏团的淀粉酶活性高于遮阴池塘；在 43 d 和 57 d 时敞口池塘美洲鲌内脏团的胃蛋白酶活性、胰蛋白酶活性和脂肪酶活性均高于遮阴池塘,在 15 d 和 29 d 时则相反；养殖后期,遮阴池塘美洲鲌肝和胃组织中的胃蛋白酶和胰蛋白酶活性在 79 d、106 d 和 120 d 均高于敞口池塘；淀粉酶和脂肪酶活性在

106 d 和 120 d 也都高于敞口池塘,而在 92 d 时遮阴池塘中美洲鲥肝和胃组织中的胃蛋白酶和胰蛋白酶活性却低于敞口池塘。上述研究结果表明,从消化酶活力角度看,在高温季节,美洲鲥当年鱼种养殖无需遮阴方式,可以直接采用敞口池塘。具体研究方法和结果分析如下。

美洲鲥鱼苗是上海市水产研究所奉贤科研基地当年人工繁殖的,经膨化配合饲料(明辉牌,浮性)驯化后放池塘养殖。养殖池塘有遮阴池塘(10#东)和敞口池塘(61#)两种,遮阴池塘是指高温季节在池塘上方覆盖一层遮阴率为 75% 的遮阴膜,两侧通风,其目的是为了降低高温季节池塘的水温,到 10 月 11 日,拆除遮阴膜,遮阴池塘的其他可控条件与敞口池塘相同。美洲鲥放养前随机挑选 60 尾,测得平均规格体长为 3.24 cm±0.51 cm、体质量为 0.71 g±0.35 g。用水为当地河口水(盐度 2～3)。每日投喂 2 次(8:00 和 16:00),投饲量以表观饱食为准。实验期间,每天早晚各测温 1 次。水温正常时,每隔半个月进行换水,换水量为 1/3,高温季节水温超过 32℃时,尽量减少换水。养殖时间为 2017 年 7 月 18 至 2017 年 11 月 15 日,共 120 d(表 5-5-1)。

表 5-5-1　美洲鲥当年鱼种放养情况

养 殖 池 塘	面积(m²)	水深(m)	放养总数(尾)	放养密度(尾/m²)
遮阴池塘(10#东)	1 667	1.5	5 437	3.26
敞口池塘(61#)	1 200	1.5	3 915	3.26

养殖期间,在高温天气时遮阴池塘盖上遮阴膜,10 月份随着水温下降拆除遮阴膜,并以此为界,将美洲鲥当年鱼种养殖人为划分为 2 个阶段:养殖前期和养殖后期。每个养殖阶段,约 2 周取样 1 次,每次拉网随机取样 10 尾,置于冰盘上解剖。养殖前期试验鱼较小,取内脏团测定消化酶活性,养殖后期各内脏组织均取样进行消化酶活性测定。11 月 15 日后美洲鲥当年鱼种全部进入越冬棚,不再进行取样。所有样品剔除脂肪等附着物后用预冷的 0.86% 生理盐水洗净,再用滤纸吸干水分,-80℃保存备用。

1. 两种养殖模式下美洲鲥当年鱼种养殖前期内脏团消化酶活性比较

美洲鲥当年鱼种养殖前期,敞口池塘美洲鲥内脏团的淀粉酶活性均高于遮阴池塘(图 5-5-1)。在 43 d(8 月 30 日)和 57 d(9 月 13 日)时敞口池塘美洲鲥内脏团的胃蛋白酶活性、胰蛋白酶活性和脂肪酶活性均高于遮阴池塘,这可能是因为敞口池塘的水温高于遮阴池塘(黎军胜等,2004)。但是在 15 d(8 月 2 日)和 29 d(8

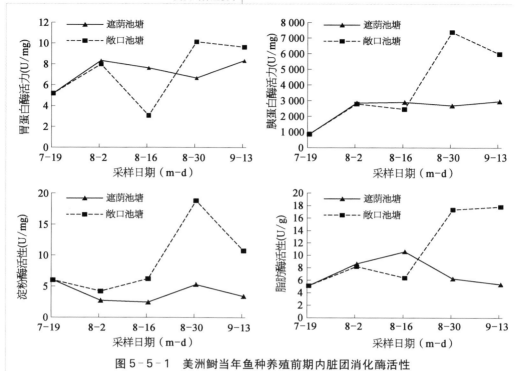

图 5-5-1 美洲鲥当年鱼种养殖前期内脏团消化酶活性

月 16 日)时敞口池塘的内脏团消化酶活性低于遮阴池塘,可能是敞口池塘中有丰富的浮游生物,取样的部分美洲鲥摄食了这些生物饵料导致其消化酶活性上存在差异。

2. 两种养殖模式下美洲鲥当年鱼种养殖后期消化酶活性的差异

在美洲鲥当年鱼种养殖后期,遮阴池塘中鱼种的肝和胃组织中的胃蛋白酶和胰蛋白酶活性在 79 d(10 月 5 日)、106 d(11 月 1 日)和 120 d(11 月 15 日)均高于敞口池塘;其淀粉酶和脂肪酶活性在 106 d(11 月 1 日)和 120 d(11 月 15 日)也都高于敞口池塘,这与养殖后期遮阴池塘鱼种的生长速度优于敞口池塘的结果相一致。但在 92 d(10 月 18 日)时遮阴池塘中鱼种的肝和胃组织中的胃蛋白酶和胰蛋白酶活性却低于敞口池塘,可能是因为遮阴池塘在 10 月 11 日拆除遮阴膜,塘中的美洲鲥从遮阴的环境下进入开放式的环境需要适应的过程,一定程度上影响了其消化酶活性。(图 5-5-2、图 5-5-3)

综上所述,敞口池塘在 43 d(8 月 30 日)和 57 d(9 月 13 日)时美洲鲥当年鱼种的消化酶活性均高于遮阴池塘。所以在高温季节,从消化酶活力的角度看,美洲鲥当年鱼种可直接采用敞口池塘。

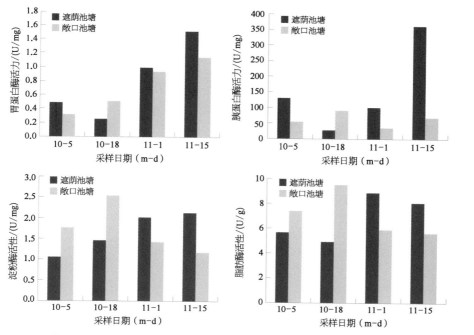

图 5 - 5 - 2　2 种养殖模式下美洲鲥养殖后期肝组织消化酶活性比较

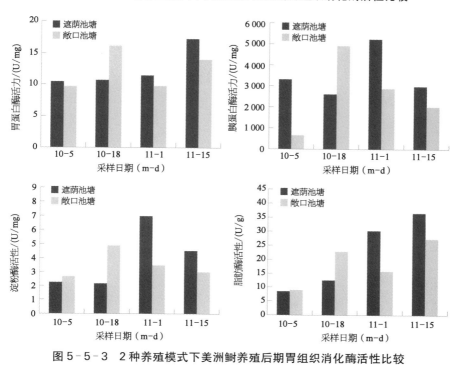

图 5 - 5 - 3　2 种养殖模式下美洲鲥养殖后期胃组织消化酶活性比较

二、工厂化养殖幼鱼消化酶活性的变化

上海市水产研究所研究了工厂养殖美洲鲥幼鱼消化酶活力的变化规律。幼鱼胃蛋白酶活力随生长显著升高;幽门盲囊的淀粉酶活力随生长显著下降,而蛋白酶和脂肪酶活力总体呈升高趋势;肠道中淀粉酶活力随生长而降低,蛋白酶和脂肪酶活力总体呈上升趋势,最大值均出现在 84 d。具体的方法和研究结果如下。

养殖实验在上海市水产研究所奉贤科研基地内进行。美洲鲥幼鱼是上海市水产研究所奉贤科研基地于 2015 年 5～6 月全人工繁育后,经过室内膨化配合饲料驯化(驯化率 90% 以上)的鱼种。工厂化养殖池为水深 1.5 m,面积约 200 m² 的方形水泥池。池底西高东低,排水口设置于东端。每 2～3 m² 配备 1 个散气石进行池底 24 h 持续增氧,以保证溶解氧大于 5.0 mg/L。养殖池冬季用塑料膜覆盖,以起到保温的作用;夏季则改用双层遮阴膜,降低大棚内温度。养殖用水为当地自然海水,盐度 5～15。

于 2015 年 7 月 30 日将体长为 54.04 mm±6.07 mm、体质量为 2.03 g±0.75 g 的美洲鲥幼鱼 4 000 尾放入养殖池中,养殖 84 d,至 2015 年 10 月 22 日结束。养殖期间每周换水 1 次,换水量约为 2/3;每两周进行 1 次池底和池壁的清洁;每天 8:00 和 14:00 用膨化配合饲料进行表观饱食投喂。

设定放养日期(7 月 30 日)为养殖 0 d(日龄)。养殖开始后,每 2 周采样 1 次,连续采样 7 次,采样前 24 h 停止投喂。每次采样时,随机从池中取 10～20 尾鱼,并重复取样 3 次,分别测定鲥鱼的体质量和体长。然后将鱼置于冰水中麻醉,再分别采集鱼体的胃、幽门盲囊和肠道组织,去除内容物,经生理盐水清洗和滤纸擦干后放入预冷的离心管中,于 −20℃ 冰箱中保存,以备检测。

组织样品检测前于 4℃ 条件下解冻。将样本组织剪碎后混匀并取样,加入 9 倍体积的生理盐水,冰浴匀浆,匀浆液在 4℃、3 500 r/min 下离心 10 min,取上清液进行消化酶活力的检测。蛋白酶、脂肪酶和淀粉酶活力根据试剂盒进行测定。

1. 蛋白酶活性变化

美洲鲥幼鱼生长过程中,胃蛋白酶活力随机体生长而不断升高。14 d,胃蛋白酶活力较最初有显著上升;14 d～42 d,处于相对稳定状态,没有明显的升高;到 56 d 的时候,又显著的升高;至 84 d 达到最大值。幽门盲囊蛋白酶活力在 28 d 和

42 d时显著低于84 d,但与其他组无显著差异。除28 d和42 d外,其余各组间蛋白酶活力均无显著性差异。肠道蛋白酶活力随养殖时间呈上升趋势,最大值出现在84 d(表5-5-2)。

表5-5-2 美洲鲥幼鱼蛋白酶活力变化情况

养殖时间(d)	胃(U/mg)	幽门盲囊(U/mg)	肠道(U/mg)
0	11.38 ± 3.96^{a}	74.17 ± 3.63^{ab}	79.76 ± 5.64^{ab}
14	15.78 ± 1.24^{b}	75.15 ± 1.24^{ab}	85.71 ± 7.40^{bc}
28	15.01 ± 0.82^{ab}	68.45 ± 0.92^{a}	76.37 ± 3.11^{a}
42	16.54 ± 2.06^{b}	71.33 ± 0.32^{a}	85.51 ± 4.06^{bc}
56	24.43 ± 2.11^{c}	80.54 ± 6.03^{ab}	75.93 ± 3.31^{a}
70	26.06 ± 3.14^{cd}	79.26 ± 1.46^{ab}	87.10 ± 6.54^{bc}
84	29.34 ± 1.55^{d}	86.78 ± 16.73^{b}	93.62 ± 6.41^{c}

注:数据采用Mean±SD表示,用单因素方差分析($P<0.05$),经Duncan's多重比较,同列中不同字母表示差异显著。

美洲鲥胃发达,呈"Y"形。食物被摄入体内后首先到达胃,在胃蛋白酶的作用下对食物中的蛋白质进行消化。幼鱼胃蛋白酶活力显著低于幽门盲囊和肠道中蛋白酶活力,分析认为美洲鲥对蛋白质的消化吸收场所主要为幽门盲囊和肠道,胃主要的功能可能是食物的短暂停留以使胃蛋白酶完成对食物中蛋白质的初步消化,为幽门盲囊和肠道的进一步消化吸收作准备,同时对提高食物蛋白质的吸收率也有积极意义。这样的结果在鳜鱼的消化酶研究中也得到了证实(马燕梅等,2004)。食物经过胃的消化后即进入幽门盲囊,美洲鲥具有十分发达的幽门盲囊,为食物的充分消化和吸收提供了保障。普遍认为,幽门盲囊是肠道的延伸,在肠道长度和厚度不变的条件下达到增加肠道表面积的作用,是鱼类的一种适应性表现(Buddington等,1987)。养殖美洲鲥幼鱼幽门盲囊蛋白酶始终保持着较高活力,且随着机体的生长蛋白酶活力在不断升高。与幽门盲囊相连的是肠道,美洲鲥的肠道较短,不及体长的一半(洪孝友等,2013b),因此吸收功能应不及幽门盲囊,但实验结果显示肠道蛋白酶也具有较高的活力,说明美洲鲥肠道对蛋白质依然保持着较高的消化能力,可以继续消化幽门盲囊未消化的物质,对机体蛋白质吸收利用率的提高起到了积极的作用。

2. 淀粉酶活性变化

美洲鲥幼鱼幽门盲囊淀粉酶活力随生长呈下降趋势,至28 d时显著下降;肠道淀粉酶活力也随生长呈下降趋势,84 d时最低(表5-5-3)。淀粉酶存在于鱼类的各消化器官中,但活力会有所差异,且与鱼类食性相关。研究表明草食性和杂食性鱼类淀粉酶活力高于肉食性鱼类(Hidalgo 等,1999)。美洲鲋幼鱼幽门盲囊和肠道中淀粉酶活性整体都不高,且随着生长发育呈显著降低趋势,这是由其动物性食性决定的(洪孝友等,2013b),淀粉酶活性的前后变化属机体自身调控的结果。美洲鲋肝胰脏是淀粉酶分泌及存储的主要场所,但真正的淀粉消化场所是幽门盲囊和肠道,而实验结果表明,美洲鲋肠道淀粉酶活性较低。因此,建议在养殖过程中可以适当地调整饲料中淀粉的含量或添加生物酶制剂,达到提高美洲鲋对饲料中淀粉类物质利用率的效果。

表 5-5-3　美洲鲋幼鱼淀粉酶酶活力变化情况

养殖时间(d)	幽门盲囊(U/mg)	肠道(U/mg)
0	0.94 ± 0.03^c	0.94 ± 0.05^{bc}
14	0.99 ± 0.07^c	0.98 ± 0.06^c
28	0.86 ± 0.01^b	0.86 ± 0.04^{bc}
42	0.90 ± 0.01^{bc}	1.00 ± 0.05^c
56	0.81 ± 0.13^{ab}	0.90 ± 0.04^{bc}
70	0.73 ± 0.08^a	0.76 ± 0.06^{ab}
84	0.76 ± 0.06^a	0.74 ± 0.06^a

注: 数据采用 Mean ± SD 表示,用单因素方差分析($P < 0.05$),经 Duncan's 多重比较,同列中不同字母表示差异显著。

3. 脂肪酶活性变化

美洲鲋幼鱼前 14 d 内脂肪酶活力无显著变化,28 d 和 42 d 有显著下降,之后一直保持着上升趋势,至 84 d 达最大值。肠道脂肪酶活力在养殖周期内比较稳定,只有小幅范围内的波动(表5-5-4)。鱼类的脂肪酶主要由肝胰脏合成(Das 等,1991)。已有的报道均认为肠道是鱼类脂肪消化吸收的主要场所(王远吉等,2009)。通过检测美洲鲋幼鱼幽门盲囊和肠道的脂肪酶活性发现,两处消化器官中的脂肪酶都保持着较高的活力,反映了美洲鲋较强的脂肪消化能力。此外,实验过程中美洲鲋幼鱼肠道和幽门盲囊脂肪酶活力均呈先下降后上升的变化趋势。这就要求在实际养殖工作中适时的调整饲料营养成分或添加生物酶制剂,一方面可以及时满足美洲鲋的营养需求,另一方面又可以提高饲料的利用率。

表 5-5-4 美洲鲥幼鱼脂肪酶活力变化情况

养殖时间(d)	幽门盲囊(U/g)	肠道(U/g)
0	299.22 ± 14.26^{ab}	264.06 ± 51.38^{b}
14	317.52 ± 51.14^{bc}	149.21 ± 44.14^{a}
28	257.47 ± 4.88^{a}	155.36 ± 12.55^{a}
42	263.19 ± 22.09^{a}	184.61 ± 27.26^{ab}
56	322.41 ± 29.11^{bc}	208.79 ± 61.62^{ab}
70	378.15 ± 28.80^{c}	183.87 ± 54.46^{ab}
84	358.58 ± 53.38^{c}	243.37 ± 29.06^{b}

注:数据采用 Mean±SD 表示,用单因素方差分析($P<0.05$),经 Duncan's 多重比较,同列不同字母表示差异显著。

第六节　幼鱼生长特性

随着美洲鲥人工繁育技术的日趋成熟,美洲鲥在我国的养殖面积日益扩大,目前主要的养殖模式是工厂化养殖(张云龙等,2010;徐纪萍等,2011;施永海等,2017a),此外还有网箱养殖(洪孝友等,2014a)、池塘养殖(徐嘉波等,2018)等模式。工厂化养殖虽然可控性好,但成本较高;网箱养殖受环境限制较为显著。面对日益严峻的环保标准,响应国家"青山绿水"的号召,美洲鲥池塘养殖较其他两种模式更具前景,也更具较好的推广意义(施永海等,2019b,c)。对池塘养殖美洲鲥当年鱼种的生长特性开展研究,可以充分认识和发掘当年鱼种的生长潜能,并为其生长创造适宜的条件,对美洲鲥养殖的推广具有积极意义。

一、池塘养殖幼鱼生长特性

上海市水产研究所(施永海等,2019b)开展了美洲鲥当年鱼种在敞口池塘和遮阴池塘中的养殖对比实验。在两种池塘养殖模式中,当年鱼种的体长与体质量都呈良好的幂函数增长关系($W = aL^b$, $R^2 > 0.99$, $P < 0.01$, $n = 300$),b 值接近且略小于 3(分别为 2.786 4 和 2.843 1),体长生长略快于体质量生长。从开始至 15 d,鱼种表现出显著的补偿生长作用,随后体长和体质量的特定生长率均呈下降趋势。

敞口池塘和遮阴池塘的鱼种体长生长均可用线性函数拟合（$L = at + b, R^2 > 0.97$，$P < 0.01, n = 9$），体质量生长均可用二次函数拟合（$W = at^2 + bt + c, R^2 > 0.97$，$P < 0.01, n = 9$）。养殖周期的前 57 d，敞口池塘的鱼种生长优于遮阴池塘，但从 79 d 开始，遮阴池塘的养殖优势明显。敞口池塘的饲料系数（1.22）低于遮阴池塘（2.04）。敞口池塘鱼种体长和体质量的变异系数明显小于遮阴池塘的变异系数，这是美洲鲥当年鱼种耐受高温能力的表现。因此，实际养殖过程中建议采取敞口池塘养殖美洲鲥当年鱼种（施永海等，2019b）。具体方法和数据分析如下。

养殖时间为 2017 年 7 月～11 月，地点在上海市水产研究所奉贤科研基地。选取 61#（敞口，试验塘，0.12 hm²）和 10#东（盖遮阴率 75% 的单层遮阴膜，对照塘，0.17 hm²）两口池塘，每口池塘配备 1.5 kW 叶轮式增氧机 1 台。池塘在使用前浸泡消毒后暴晒。正式放苗前一个周，开始培养基础饵料生物，先往池塘注水 50 cm，然后逐步添加到 1.5 m 水位，晴好天气的中午增氧机开启 1 h。经过 3～5 d 的培养，用烧杯在池塘多点取样检测饵料生物，当其生物量达到 20～40 ind/L 即可放苗，放养密度为 3.26 尾/m²。养殖用水为当地河口水（盐度 2～3）（施永海等，2019b）。

放苗 10 d 后开始投喂粗蛋白含量为 40% 的海水鱼膨化料，每天 2 次（8:00 和 16:00），投饵量以 2 h 摄食完为准。每隔半个月换水 1/3，当池塘内或外源水温度超过 32℃时，减少换水。增氧机每天晚上开机 8～10 h，如果天气恶劣，适当延长增氧机开机时间。每 2 周随机采样测量生长情况，每次采样 30 尾，分别用直尺（0.01 cm）和电子天平（0.01 g）测量鱼种的体长和体质量（施永海等，2019b）。

数据分析所用公式如下。

体长与体质量关系：$W = aL^b$

肥满度：$C_F = W/L^3 \times 100\%$

变异系数：$C_V = S_D/X \times 100\%$

体长特定生长率：$L_{SGR} = (\ln L_2 - \ln L_1)/(t_2 - t_1) \times 100$

体质量特定生长率：$W_{SGR} = (\ln W_2 - \ln W_1)/(t_2 - t_1) \times 100$

式中：L_{SGR} 为体长特定生长率，单位为 %/d；W_{SGR} 为体质量特定生长率，单位为 %/d；L 是体长，单位为 cm；W 是体质量，单位为 g；S_D 为标准差；X 为平均值；t 是养殖日龄，单位为 d；a、b 都是常数。

1. 生长情况

实验开始后的前 15 d，敞口和遮阴池塘鱼种体长和体质量的特定生长率均最高，体长特定生长率分别为 2.02%/d 和 3.59%/d，体质量特定生长率分别为 4.30%/d 和 8.69%/d，两者均随着养殖日龄增加均呈下降趋势。敞口池塘和遮阴池塘的鱼种稳定生长阶段分别为 16～79 d(体质量特定生长率为 1.78％/d～3.09％/d)和 16～92 d(体质量特定生长率为 2.83％/d～4.77％/d)。随后进入生长缓慢增长阶段,敞口池塘和遮阴池塘的鱼种体质量特定生长率分别为 0.95％/d～1.59％/d 和 0.31％/d～0.82％/d。经过 120 d 的养殖,敞口池塘的鱼种平均体长和体质量达 12.20 cm 和 23.48 g,分别增长 276.65％和 3 207.04％,而遮阴池塘的鱼种体长和体质量达到 12.46 cm 和 26.53 g,分别增长 284.57％和 3 636.62％。养殖前期,在 57 d 前,敞口池塘的鱼种平均体长和体质量均大于遮阴池塘;养殖后期,在 79 d 后,则相反。敞口池塘和遮阴池塘的养殖成活率分别 75.50％和 81.02％,敞口池塘的饲料系数(1.22)低于遮阴池塘(2.04)。鱼种肥满度随养殖日龄呈波动下降,放养时最高(1.90),随后有一个迅速下降和小回升的过程,在 57～79 养殖日龄回升到第 2 高点,分别为 1.52～1.66(敞口池塘)和 1.51(遮阴池塘),而后逐渐下降,到实验结束时最低,分别为 1.28(敞口池塘)和 1.35(遮阴池塘)(表 5 - 6 - 1、表 5 - 6 - 2)(施永海等,2019b)。

表 5 - 6 - 1　敞口池塘养殖美洲鲥当年鱼种的阶段生长(施永海等,2019b)

日期 (m-d)	养殖 日龄 (d)	阶段水温 (℃)	温度变 异系数 (%)	平均体长 (cm)	平均体 质量(g)	肥满度 (%)	体长特定 生长率 (%/d)	体质量特 定生长率 (%/d)
7 - 18	0	—	—	3.24±0.51	0.71±0.35	1.90±0.20	—	—
8 - 02	15	32.92±1.79	5.45	5.55±0.63	2.61±0.91	1.47±0.17	3.59	8.69
8 - 16	29	31.76±1.57	4.93	6.44±0.47	3.97±0.88	1.46±0.10	1.06	3.01
8 - 30	43	30.92±1.87	6.05	7.45±0.67	6.03±1.79	1.41±0.11	1.04	2.98
9 - 13	57	27.66±1.55	5.62	8.43±0.73	9.29±2.42	1.52±0.10	0.88	3.09
10 - 05	79	24.15±1.50	6.22	9.36±0.69	13.75±3.11	1.66±0.15	0.47	1.78
10 - 18	92	21.73±2.32	10.67	10.49±0.78	16.46±3.57	1.41±0.10	0.88	1.38
11 - 01	106	18.88±1.51	8.01	11.36±0.79	20.55±4.28	1.38±0.11	0.57	1.59
11 - 15	120	17.16±1.07	6.25	12.20±0.63	23.48±3.92	1.28±0.09	0.50	0.95

表 5 - 6 - 2　遮阴池塘养殖美洲鲥当年鱼种的阶段生长(施永海等,2019)

日期 (m-d)	养殖 日龄 (d)	阶段水温 (℃)	温度变 异系数 (%)	平均体长 (cm)	平均体 质量(g)	肥满度 (%)	体长特定 生长率 (%/d)	体质量特 定生长率 (%/d)
7 - 18	0	—	—	3.24±0.51	0.71±0.35	1.90±0.20	—	—
8 - 02	15	30.30±0.54	1.78	4.39±0.58	1.35±0.59	1.48±0.20	2.02	4.30

日期 (m-d)	养殖 日龄 (d)	阶段水温 (℃)	温度变 异系数 (%)	平均体长 (cm)	平均体 质量(g)	肥满度 (%)	体长特定 生长率 (%/d)	体质量特 定生长率 (%/d)
8-16	29	29.91±0.61	2.05	5.26±0.87	2.27±1.31	1.40±0.21	1.30	3.71
8-30	43	28.75±0.67	2.34	6.64±0.92	4.42±1.66	1.45±0.14	1.66	4.77
9-13	57	26.26±0.70	2.65	7.91±0.89	7.77±2.65	1.51±0.10	1.25	4.03
10-05	79	22.98±0.72	3.15	9.73±1.08	14.47±4.86	1.51±0.08	0.94	2.83
10-18	92	20.67±1.69	8.18	11.61±1.11	22.64±6.27	1.41±0.06	1.36	3.44
11-01	106	18.78±1.31	6.98	11.71±1.42	23.64±8.58	1.40±0.13	0.06	0.31
11-15	120	17.15±1.07	6.23	12.46±1.00	26.53±6.02	1.35±0.15	0.44	0.82

　　池塘养殖初期(0~15 d)，美洲鲥当年鱼种出现快速生长，这是由于放养前后幼鱼环境的改变和密度的降低造成的。在室内培育池，鱼苗养殖密度高，对环境和空间的紧迫感强，而放养池塘后，池塘空间大，密度明显下降，原先的紧迫感解除，因此鱼种在放养初期出现补偿生长。这种补偿生长现象也出现在 1⁺ 龄鱼种由陆基水泥池转入池塘养殖的初期。美洲鲥在陆基水泥池中越冬养殖，密度大、水体小，其生长受到抑制，当越冬结束放入池塘后，养殖环境优越，生长出现补偿现象(施永海等，2019b)。

　　养殖中期(敞口池塘 16~79 d，遮阴池塘 16~92 d)鱼种处于稳定生长期。进入池塘后，经过 15 d 的适应期，适应了池塘的新环境，进入了迅速稳定的生长阶段；同时，不管是敞口池塘还是遮阴池塘，在此期间水温均在 20~30℃，适合美洲鲥幼鱼的生长(施永海等，2019b)。

　　养殖后期(敞口池塘 80~120 d，遮阴池塘 93~120 d)，鱼种生长进入缓慢增长阶段，这可能与池塘水温的下降(15~20℃)有关，过低的水温影响了美洲鲥幼鱼摄食，从而降低了幼鱼的生长速度(施永海等，2019b)。

2. 体长和体质量的关系

　　两种池塘养殖模式下，体长和体质量均呈现良好的幂函数关系($W = aL^b$，$R^2 > 0.99$，$P < 0.01$，$n = 300$)，方程式分别为 $W = 0.023\,1L^{2.786\,4}$ (敞口池塘)和 $W = 0.020\,4L^{2.843\,1}$ (遮阴池塘)，两个方程的 a、b 非常接近，且 b 均接近 3，呈等速生长，体长的增长略快于体质量增长(施永海等，2019b)，如图 5-6-1。

3. 一般生长式型

　　池塘养殖美洲鲥当年鱼种的体长随养殖日龄增加呈线性增长，方程式分别为

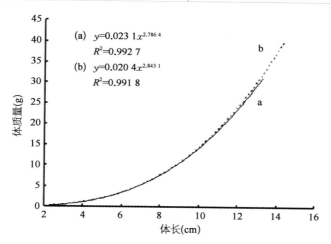

图 5 - 6 - 1　敞口池塘(a)与遮阴池塘(b)养殖美洲鲥当年鱼种
体长与体质量的关系(施永海等,2019b)

$L=0.068\ 9t+4.138\ 3$(敞口池塘,$R^2>0.97$,$P<0.01$,$n=9$)和 $L=0.081\ 8t+$
$3.193\ 4$(遮阴池塘,$R^2>0.97$,$P<0.01$,$n=9$),两方程的直线相交于 73.25 d,如
图 5 - 6 - 2。然而,池塘养殖美洲鲥当年鱼种体质量与养殖日龄呈二次函数关系,
方程分别为 $W=0.000\ 7t^2+0.106\ 0t+0.607\ 0$(敞口池塘,$R^2>0.97$,$P<0.01$,
$n=9$)和 $W=0.001\ 3t^2+0.088\ 4t+0.389\ 6$(遮阴池塘,$R^2>0.97$,$P<0.01$,$n=$
9),两方程曲线相交于 61.92 d,如图 5 - 6 - 3。

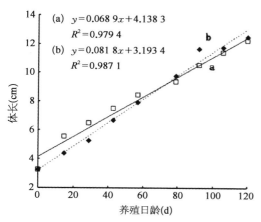

图 5 - 6 - 2　敞口池塘(a)与遮阴池塘(b)养殖
美洲鲥当年鱼种体长的生长
关系(施永海等,2019b)

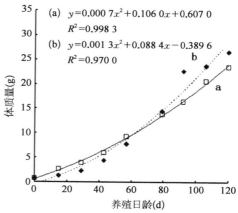

图 5 - 6 - 3　敞口池塘(a)与遮阴池塘(b)养殖
美洲鲥当年鱼种体质量的生长
关系(施永海等,2019b)

4. 养殖条件与生长离散

敞口池塘养殖美洲鲫当年鱼种体长和体质量的变异系数分别为 7.90％和 24.30％,显著低于遮阴池塘养殖下体长和体质量的变异系数(分别为 11.97％和 36.63％)(表 5 - 6 - 3),说明敞口池塘养殖的美洲鲫当年鱼种相对于遮阴池塘养殖的生长离散作用较小,规格更趋均匀。肥满度在两种养殖模式下的变异系数差别不大。相对于遮阴池塘,敞口池塘鱼种规格均匀整齐,体长和体质量的变异系数明显较小,这可能与前面所述的养殖前期敞口池塘中自繁的浮游动物较为丰富有关。在美洲鲫当年鱼种放养初期,虽放养的鱼种经过配合饲料的驯化,90％以上的鱼种能摄食配合饲料,但是毕竟还有一部分没有摄食配合饲料,这些鱼种在敞口池塘下塘后,若能大量摄取到浮游动物,其生长会得到一定的补偿,个体间的差异就可能得到弥补;而在遮阴池塘中,浮游动物非常少,这部分没驯化的鱼种生长一直较慢,生长可能得不到补偿,造成了个体差异较大。另外,池塘遮阴造成的生态系统改变会影响池塘水质状况,从而造成生长的差异(施永海等,2019b)。

表 5 - 6 - 3   敞口池塘和遮阴池塘养殖美洲鲫当年鱼种的
变异系数(％)(施永海等,2019b)

养殖池塘	体　　　长	体　质　量	肥　满　度
敞口池塘	7.90 ± 1.81[a]	24.30 ± 5.72[a]	8.07 ± 1.65[a]
遮阴池塘	11.97 ± 2.65[b]	36.63 ± 10.56[b]	9.27 ± 3.68[a]

注: 数据采用 Mean ± SD 表示,用配对样本 t 检验分析变异系数($P < 0.05$),同列中不同字母表示差异显著。

5. 池塘养殖环境与幼鱼的生长

遮阴会给池塘生态环境造成很大影响：遮阴池塘白天的光照强度减弱,水温降低;同时水体中浮游植物的光合作用也随之下降,生长受到明显的抑制;池塘水体自净能力下降,水体透明度也会升高。这一系列的改变导致了美洲鲫当年鱼种生长受到一定的影响,养殖前期,在 57 d 前,敞口池塘的生长优于遮阴池塘;养殖后期,在 79 d 后则相反。因为敞口池塘受到高强度的太阳光照射,池水中浮游植物大量繁殖,大量浮游植物又催生了浮游动物,而美洲鲫属于滤食性鱼类,能大量摄食浮游动物,特别是刚放养的美洲鲫鱼种,敞口池塘中自繁的浮游动物有效地弥补了人工饲养时有时投饵不足的问题,这可能导致了前期敞口池塘鱼种生长较快的现象;但这也可能导致有些个体较小的鱼种因喜食敞口池塘的浮游动物而不再摄食配合饲料,这种现象一直保持到养殖中后期,随鱼种个体生长,鱼种被迫第 2

次转食配合饲料,而转食需要有一定的过程,其间生长上要受一定影响。但在遮阴池塘中,放苗初期水体很清,浮游生物非常少。经过配合饲料驯化的美洲鲥当年鱼种放养后,虽然可以直接摄食配合饲料,但养殖前期鱼种个体较小,而池塘水体较大,鱼种摄食配合饲料(浮性)的能力较弱,生长受到一定影响。随着个体生长,到养殖中后期,鱼种摄取配合饲料(浮性)的能力明显加强,摄食量也明显上升,个体生长明显优于敞口池塘。

研究结论:敞口池塘和遮阴池塘养殖美洲鲥当年鱼种的体长与体质量关系均呈良好的幂函数增长相关($W = aL^b$),b 值均略小于 3,体长生长略快于体质量生长。养殖初期(0~15 d),当年鱼种出现飞跃式补偿生长,而后体长和体质量的特定生长率均随养殖日龄增加而持续下降。敞口池塘和遮阴池塘的鱼种体长和体质量生长均分别可用一次线性函数和二次函数良好拟合。养殖前期,在 57 d(9 月 13 日)前,敞口池塘的鱼种生长优于遮阴池塘;养殖后期,在 79 d(10 月 5 日)后则相反。相对于遮阴池塘,敞口池塘鱼种规格均匀整齐、个体变异系数较小、饲料系数较低。研究表明:在盛夏高温季节,敞口池塘的水温可以适合美洲鲥当年鱼种生长,美洲鲥幼鱼对高温有良好的适应能力,其高温耐受力高于成鱼。建议在美洲鲥池塘养殖过程中,当年鱼种采用敞口池塘,而成鱼采用遮阴池塘。

二、工厂化养殖幼鱼生长特性

2015 年,上海市水产研究所采用工厂化养殖的方式,研究了美洲鲥幼鱼养殖过程中的生长特性。美洲鲥体长(L)、体质量(W)与养殖时间(t)呈指数相关($L = 56.568e^{0.0088t}$,$W = 2.4633e^{0.0274t}$,$R^2 = 0.991$,$P < 0.01$),体长与体质量呈幂函数相关($W = 7 \times 10^{-6} L^{3.1582}$),美洲鲥生长类型为等速生长。具体方法和数据分析如下。

美洲鲥幼鱼来自上海市水产研究所奉贤科研基地。美洲鲥受精卵经孵化后获得初孵仔鱼,并于室内育苗池培育至摄食海水鱼膨化配合饲料(明辉牌,浮性,成分为粗蛋白 40%、粗脂肪 6%、粗灰分 15% 和水分 12%),然后转入工厂化养殖池。养殖池为水深 1.5 m、面积约 200 m² 的方形水泥池。每 2~3 m² 配备一个散气石进行池底 24 h 持续增氧,以保证溶解氧高于 5.0 mg/L。养殖池冬季用塑料膜覆盖保温;夏季则改用双层遮阴膜降温。养殖用水为当地自然海水。

于 2015 年 7 月 30 日将体长 54.04 mm±6.07 mm、体质量 2.03 g±0.75 g 的美洲鲥幼鱼 4 000 尾放入养殖池中,养殖 84 d,至 2015 年 10 月 22 日结束。养殖期

间每周换水 1 次,换水量约为 2/3;每两周进行 1 次池底和池壁的清洁;每天 8:00 和 14:00 用商品膨化料进行表观饱食投喂。每天 8:00 和 16:00 进行温度测量和记录。

设定放养日期(7 月 30 日)为养殖 0 d(日龄)。实验开始后,每 2 周采样 1 次,连续采样 7 次,采样前 24 h 停止投喂。每次采样时,随机从池中取 10~20 尾鱼,并重复取样 3 次,分别测定美洲鲫的质量和体长。

计算公式如下。

肥满度:$C_F = W/L^3 \times 100\%$

成活率(%)$= 100 \times (N_T + N_样)/N_0$

饲料系数 = 消耗的饲料总质量/幼鱼总增重

体长和体质量关系式:$W = aL^b$

体长与养殖时间的关系式:$L = ae^{bt}$

体质量与养殖时间的关系式:$W = ae^{bt}$

式中:N_T 为结束时幼鱼数量,$N_样$ 为幼鱼取样数量,N_0 为初始幼鱼数量;W 为体质量(g),L 为体长(cm),t 为时间,a、b 为常数。

1. 幼鱼的生长

作为鱼类生长性状之一,肥满度被广泛用于衡量鱼类的营养状况和丰满程度(殷名称,1995)。美洲鲫幼鱼在前 28 d 内,肥满度显著增加,但 42 d 时又降至初始水平,之后一直保持着上升趋势(图 5-6-4)。这样的变化可能与美洲鲫当年鱼种

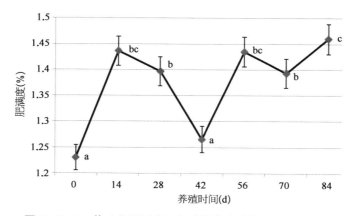

图 5-6-4 养殖美洲鲫当年鱼种肥满度随养殖时间的变化

注:数据采用 Mean ± SD 表示,用单因素方差分析($P < 0.05$),经 Duncan's 多重比较,不同字母表示差异显著。

消化酶活力的变化有关,也有可能是机体对环境温度变化的应激反应。从饲料系数看,工厂化养殖美洲鲥当年鱼种为 1.84%,较水库网箱养殖模式(2.5%)更低(洪孝友等,2014b),说明本实验的养殖模式具有较好的经济效益。

2. 幼鱼体长与体质量的关系

美洲鲥幼鱼养殖 84 d 后,平均体长从 54.04 mm±6.07 mm 增长至 115.49 mm±7.29 mm,平均体质量由 2.03 g±0.75 g 增长至 22.72 g±4.20 g,分别增长了 1.14 倍和 10.19 倍,体长和体质量均呈现良好的幂函数关系:$W=7\times10^{-6}L^{3.1582}$,$R^2=0.991$,$P<0.01$,$n=294$(图 5 - 6 - 5)。

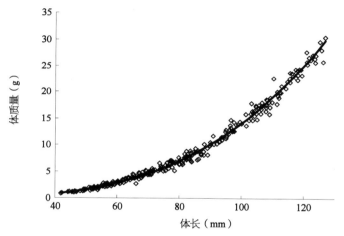

图 5 - 6 - 5 美洲鲥幼鱼体长与体质量的关系

3. 幼鱼生长类型

经过复杂环境长期的自然选择,每种鱼都形成了其独特的、可以遗传的生长规律。对鱼类生长规律最直观的反映就是体长与体质量的关系。为了表征生长特点,比较生长速度,幂函数方程被广泛应用于描述鱼类的生长。幂函数方程通常表述为 $W=bL^a$,参数 a 表示了鱼类生长发育的不均匀性,这是由体质量和体长增长的不均匀造成的,所以可通过生长幂指数 a 判断鱼类是否处于等速生长。当 $a=3$ 即为等速生长,$a\neq3$ 即为异速生长(黄真理等,1999)。本研究中,美洲鲥生长幂函数方程为 $W=7\times10^{-6}L^{3.1582}$,其中 a 值约等于 3,表明美洲鲥幼鱼的生长为等速生长,且体质量与体长的回归结果为显著相关,相关系数为 0.991(图 5 - 6 - 5)。我们可以据此推测,目前的养殖条件对美洲鲥的生长具有积极意义(黄晓荣等,2008)。

第七节　影响幼鱼生长的主要环境因子

鱼类的生长受到水环境中各个因子直接或间接的影响。虽然幼鱼对环境的耐受能力比成鱼更高,但在养殖过程中仍然应该引起足够的重视。本节总结了影响美洲鲥幼鱼生长的几种常见影响因子:温度、盐度、光周期等。

一、温度

鱼类是变温动物,环境温度影响着鱼类的呼吸和排泄作用。Bayse 等(2019)研究报道,美洲鲥幼鱼在 25℃ 环境中适应 15 d 后,以 1℃/d 的速度逐渐升温至 36℃,仍有 1 尾鱼可以存活;温度高于 35℃,死亡率在 83.3% 以上。这一研究证明美洲鲥幼鱼可耐受温度上限达 35℃,高于早期研究结果(30℃)(Marcy 等,1972)。这可能与气候变暖有关,由于气候变暖,美洲鲥幼鱼在夏季会经常经历 30℃ 的高温胁迫,从而逐渐适应了更高的温度。

另外,在适宜温度范围内,机体代谢水平随温度的升高而升高,耗氧率也随之升高。洪孝友等(2012)通过监测水温为 25.3～26.5℃ 时美洲鲥幼鱼(全长 7.8～9.7 cm,体质量 3.51～6.20 g)的昼夜耗氧率发现,昼夜耗氧率为 0.447～0.838 mg/(g·h),早晨 7:00 的耗氧率最低,为 0.447 mg/(g·h),最大值出现在下午 15:00 的 0.838 mg/(g·h)和夜间 23:00 的 0.838 mg/(g·h),24 h 内的平均耗氧率为 0.639 mg/(g·h)(图 5-7-1)。另外,当水温由 14℃ 升高至 30℃ 时,

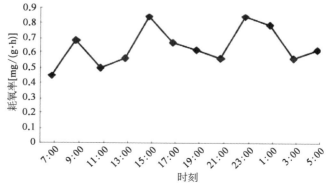

图 5-7-1　美洲鲥耗氧率的昼夜变化(洪孝友等,2012)

美洲鲥幼鱼耗氧率从最初的 0.073 mg/(g·h)上升到 1.057 mg/(g·h)(洪孝友等,2012)(图 5-7-2);在水温为 14℃、18℃、22℃、26℃和 30℃的封闭静水系统中,到达窒息点的时间分别是 7 h、5 h、3.5 h、4 h 和 2.5 h,半致死溶解氧浓度分别为 5.1 mg/L、4.86 mg/L、3.83 mg/L、3.47 mg/L 和 1.46 mg/L(洪孝友等,2012)。鉴于美洲鲥幼鱼在适宜温度范围内耗氧率与水体温度呈正相关,在实际养殖中应注意避免或减少高温对鱼体的应激。

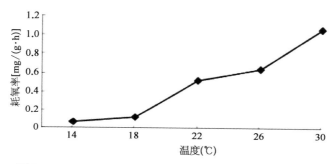

图 5-7-2　不同温度下美洲鲥的耗氧率(洪孝友等,2012)

二、盐度

盐度是影响鱼类生长发育的重要环境因子,适宜的盐度对美洲鲥的养殖具有积极意义。上海市水产研究所(Shui 等,2019)开展了为期 40 d 的盐度对美洲鲥幼鱼生长、体组成、耗氧率和排氨率的影响研究,得到美洲鲥幼鱼生长的适宜盐度范围在 15~20。

实验设计 9 个盐度组[0(对照组)、5、10、15、20、25、30、35 和 40],每个组设 4 个重复,每个重复放 40 尾鱼(平均体质量为 3.16 g±0.75 g,$n=50$),有效水体积约 150 L。实验从 2015 年 8 月 11 日开始,至 2015 年 10 月 9 日结束。以每天不超过盐度 5 的速度进行盐度的升降,如果幼鱼出现不适反应,则减缓盐度驯化速度。其间,每 2 d 换水 1 次,换水量为 75%。每天对美洲鲥幼鱼进行表观饱食投喂 2 次(8:00 和 14:00)(Shui 等,2019)。

实验结束时,对每个重复中的所有鱼进行测量并记录体质量和体长;然后从每个重复中随机选取 10 尾鱼,用于机体组成成分的检测分析;再随机取 3 尾鱼用于耗氧率和排氨率的测定。耗氧率和排氨率的测定采用密闭呼吸室法。将随机挑选的 3 尾美洲鲥幼鱼放入有效水体体积为 3 L 的三角烧瓶里,用塑料保鲜膜封口,每个盐度组设 3 个试验组和 1 个空白对照组,在水浴静水条件下,密闭 1～2 h。每个盐度组试验时间均根据预试验而设定,可以保证水体中溶解氧饱和度在 60% 以上。采用虹吸法采集水样,用 YSI－58－230V 型数字溶氧仪测定水体溶解氧含量,采用苯酚-次氯酸盐法测定水体氨氮含量(Shui 等,2019)。

计算公式如下。

成活率:$S_R = 100\% \times N_t / N_0$

相对增重率:$W_{RWG} = 100\% \times (W_t - W_0) / W_0$

特定生长率:$W_{SGR} = 100\% \times (\ln W_t - \ln W_0) / t$

饲料系数:$F_{CR} = $ 总摄食量/总增重

式中:W_0、W_t 分别为试验开始和试验结束时美洲鲥幼鱼的平均体质量(g);t 为养殖时间(d);N_0、N_t 分别为实验开始和实验结束时每个重复中美洲鲥幼鱼的存活数(尾)。

耗氧率:$O_{CR} = (C_0 - C_t) V / (W \times T)$

排氨率:$A_{ER} = (C_{t1} - C_{01}) V / (W \times T)$

式中:O_{CR} 为耗氧率[mg/(g·h)];A_{ER} 为排氨率[μg/(g·h)];C_0 和 C_{01} 分别为耗氧、排氨试验结束时试验组溶解氧质量浓度(mg/L)和氨氮质量浓度(mg/L);C_t 和 C_{t1} 分别为耗氧、排氨试验结束时对照组溶解氧质量浓度(mg/L)和氨氮质量浓度(mg/L);V 为三角烧瓶内水体积(L);W 为三角烧瓶内试验鱼总质量(g);T 为进行耗氧和排氨试验所用时间(h)。

1. 盐度对美洲鲥幼鱼成活率和生长的影响

美洲鲥幼鱼成活率在盐度 5～35 的条件下均高于对照组,且以盐度 5 和 15 的成活率最高(表 5－7－1),说明此盐度范围适合美洲鲥幼鱼的存活,并且低盐度更为适宜。幼鱼相对增重率和特定生长率与盐度呈负相关,在淡水或低盐度的水体中具有更好的生长表现。盐度 25～40 的生长效果并不理想,说明高盐度水体会对其生长产生负面影响。盐度的升高,除了影响生长性能外,还会影响鱼类的饲料效率,直接表现为饲料系数随盐度的升高而升高。研究显示盐度低于 20 时,饲料利用率更高,而较高的饲料效率直接表现为生长性能的提高。当盐度升高到 40 时,饲料系数也达到最大,这很有可能是因为在该条件下,鱼体为了弥补在高渗环境中水分的流失而大量地滤水,进而使肠道的排空速度产生了变化(Lamber 等,2011)。

表 5-7-1　不同盐度下美洲鲥幼鱼的生长(Shui 等,2019)

盐度	成活率(%)	相对增重率(%)	特定生长率(%/d)	饲料系数
0	68.13±5.14[x]	116.58±14.61[z]	1.93±0.17[z]	1.07±0.23[x]
5	95.63±4.27[z]	104.64±12.19[yz]	1.79±0.15[yz]	1.31±0.13[xy]
10	87.50±5.40[yz]	99.13±10.55[xyz]	1.72±0.14[xyz]	1.37±0.11[xy]
15	93.75±4.33[yz]	94.62±6.89[xyz]	1.66±0.09[xyz]	1.31±0.12[xy]
20	89.37±4.27[yz]	89.18±5.20[xyz]	1.59±0.07[xyz]	1.39±0.15[xy]
25	83.75±7.77[y]	79.92±7.80[xy]	1.46±0.21[xy]	1.68±0.28[yz]
30	86.88±5.15[yz]	79.71±8.93[xy]	1.46±0.13[xy]	1.45±0.17[xy]
35	85.00±7.36[yz]	72.65±7.42[x]	1.36±0.22[x]	1.56±0.13[yz]
40	62.50±8.89[x]	73.95±12.21[x]	1.37±0.33[x]	1.87±0.37[z]

注:数据采用 Mean±SD 表示,用单因素方差分析(P<0.05),经 Duncan's 多重比较,同列中不同字母表示差异显著。

2. 盐度对美洲鲥幼鱼耗氧率和排氨率的影响

盐度对美洲鲥幼鱼耗氧率的影响明显:当盐度从 0 升高至 15 时,耗氧率呈升高趋势;盐度从 15 升高至 30 时,耗氧率无显著变化;盐度从 30 上升至 40 时,耗氧率显著降低(图 5-7-3)。使用二次函数可以分析得到耗氧率最高点所对应的盐度为 20.75。在最适盐度两侧耗氧率减小,这样的代谢反应是广盐性鱼类的典型特征,也符合 Kinne(1963)的Ⅳ型理论。盐度从 10 升高至 15,幼鱼排氨率显著降低;但随着盐度继续升高至 40,排氨率未表现出任何显著性的波动。盐度升高后氨的排泄减少有可能与机体内氨基酸代谢减少有关,氨的减少可以使机体将"多余的能量"用于合成代谢,如生长(Urbina 等,2015)。

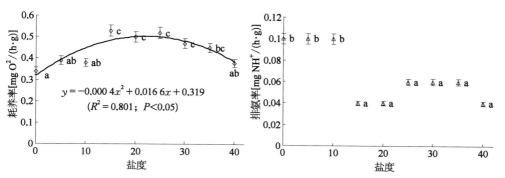

图 5-7-3　盐度对美洲鲥幼鱼耗氧率和排氨率的影响(Shui 等,2019)

注:数据采用 Mean±SD 表示,用单因素方差分析(P<0.05),经 Duncan's 多重比较,不同字母表示差异显著。

3. 盐度对美洲鲥幼鱼体组成的影响

美洲鲥幼鱼机体水分含量和粗蛋白含量并未受到水体盐度的显著影响(表5-7-2)。但是,粗脂肪含量却随着盐度的升高而下降,这可能与高渗环境下机体进行渗透压调节供能有关。这些生理上的变化说明美洲鲥具有较好的盐度适应能力,可以在不同盐度的水体中通过自身的主动调节在该水体中生存。

表5-7-2 不同盐度下美洲鲥体组成分析(%)(Shui等,2019)

盐 度	粗蛋白	粗脂肪	灰 分	水 分
0	18.13 ± 0.82^{x}	7.14 ± 1.18^{z}	2.30 ± 0.41^{xy}	71.64 ± 1.02^{x}
5	18.66 ± 0.2^{x}	6.78 ± 0.85^{yz}	2.16 ± 0.03^{x}	71.20 ± 0.15^{x}
10	18.69 ± 0.3^{x}	5.71 ± 0.58^{x}	2.38 ± 0.36^{xy}	71.70 ± 0.66^{x}
15	18.64 ± 0.2^{x}	6.15 ± 0.25^{xyz}	2.28 ± 0.50^{xy}	71.28 ± 0.4^{x}
20	18.12 ± 0.4^{x}	6.15 ± 0.26^{xyz}	2.33 ± 0.04^{xy}	72.04 ± 0.3^{x}
25	18.40 ± 0.5^{x}	5.80 ± 0.13^{xy}	2.50 ± 0.03^{y}	71.98 ± 0.2^{x}
30	18.19 ± 0.9^{x}	5.70 ± 0.86^{x}	2.33 ± 0.18^{xy}	72.38 ± 1.4^{x}
35	18.46 ± 0.2^{x}	5.63 ± 0.57^{x}	2.51 ± 0.03^{y}	71.72 ± 0.6^{x}
40	17.97 ± 0.7^{x}	5.60 ± 0.41^{x}	2.54 ± 0.03^{y}	72.72 ± 0.7^{x}

注:数据采用 Mean±SD 表示,用单因素方差分析($P<0.05$),经 Duncan's 多重比较,同列中不同字母表示差异显著。

综上所述:在盐度为 5、10、15 和 20 的水体中,美洲鲥具有更好的成活率和生长性能,且保持着更高效的饲料利用率。从耗氧率和排氨率的情况考虑,盐度 15 和 20 对机体来说是能量消耗最少的。经过综合考量认为,美洲鲥幼鱼最适宜的盐度范围为 15~20。

三、光周期

光照可引起鱼类代谢系统以某种方式进行反应,不同的鱼对光照表现出不同的反应类型。光照周期与鱼类的生长有着较密切的关系。张伟等(2017)在工厂化养殖系统中,通过采用不同的光照周期(① 9 h 光照:15 h 黑暗;② 12 h 光照:12 h 黑暗;③ 15 h 光照:9 h 黑暗;④ 24 h 光照:0 h 黑暗)养殖美洲鲥幼鱼 60 d 后发现,幼鱼的摄食率和耗氧率随着光照时间的增加而升高,而体质量则与光照时间呈负相关;不同光照周期对幼鱼的成活率无显著影响;在 9 h 光照:15 h 黑暗的条件下,幼鱼生长效果最好,同时耗氧率处于低水平状态(表5-7-3)。因此,建议在美洲鲥幼鱼的实际养殖生产中,尽量避免长期光照刺激,在室外光照过足的情况下可进行遮光处理,在室内光照不足时可以补偿光照。

表5-7-3 光照周期对美洲鲥幼鱼生长及耗氧率的影响(张伟等,2017)

项 目	光照周期(光照：黑暗)			
	9：15	12：12	15：9	24：0
体质量增加率(%)	70.94±1.74[a]	60.05±2.19[b]	60.73±2.87[b]	58.84±2.03[b]
摄食率(%/d)	2.43±0.07[a]	2.87±0.03[b]	2.81±0.02[b]	2.88±0.02[b]
成活率(%)	0.98±0.04	0.99±0.03	0.99±0.02	0.98±0.03
耗氧率[mg/(g·h)]	0.672±0.004[a]	0.856±0.011[ab]	1.189±0.005[bc]	1.5±0.007[c]

注：数据采用 Mean±SD 表示,用单因素方差分析($P<0.05$),经 Duncan's 多重比较,同行中不同字母表示差异显著。

参考文献

Buddington R K，Diamond J M. 1987. Pyloric ceca of fish：A "new" absorptive organ. American Journal of Physiology，252(1 Pt 1)：65-76.

Bayse S M，Shaughnessy C A，Regish A M，et al. 2019. Upper thermal tolerance and heat shock protein response of juvenile American shad (*Alosasa pidissima*). Estuaries and Coasts，43：182-188.

Das K M，Tripathi S D. 1991. Studies on the digestive enzymes of grass carp, *Ctenopharyngodon idella* (Val.). Aquaculture，92(1)：21-32.

Gao X Q，Liu Z F，Guan C T，et al. 2016. Developmental changes in digestive enzyme activity in American shad (*Alosa sapidissim*) during early ontogeny. Fish Physiology and Biochemistry，43(2)：1-13.

Gisbert E，Giménez G，Fernández I，et al. 2009. Development of digestive enzymes in common dentex Dentex dentex during early ontogeny. Aquaculture，287(3)：381-387.

Hidalgo M C，Urea E，Sanz A. 1999. Comparative study of digestive enzymes in fish with different nutritional habits. Proteolytic and amylase activities. Aquaculture，170(3-4)：267-283.

Kinne，O. 1967. Physiology of estuarine organisms with special reference to salinity and temperature：General aspects. American Association for the Advancement of Science Publication 83：525-540.

Lambert Y，Dutil J D，Munro J. 2011. Effects of intermediate and low salinity conditions on growth rate and food conversion of Atlantic Cod (*Gadus morhua*). Canadian Journal of Fisheries and Aquatic Sciences，51：1569-1576.

Marcy B C Jr.，Jacobson P M，Nankee R L. 1972. Observations on the reactions of young

American shad to a heated effluent. Transactions of the American Fisheries Society，101：740 - 743.

Shui C，Yan Y L，Shi Y H，et al. 2019. Effects of different salinities on growth，body composition，oxygen consumption rate，and ammonia excretion rate in American shad (*Alosa sapidissima*) juveniles. The Israeli Journal of Aquaculture，71：1607 - 1614.

Urbina M A.，Glover C N. 2015. Effect of salinity on osmoregulation，metabolism and nitrogen excretion in the amphidromous fish，inanga (*Galaxias maculatus*). Journal of Experimental Marine Biology & Ecology，473：7 - 15.

Yufera M，Darias M J. 2007. The onset of exogenous feeding in marine fish larvae. Aquaculture，268：53 - 63.

顾若波，张呈祥，徐钢春，等. 2007. 美洲鲥肌肉营养成分分析与评价. 水产学杂志，20(2)：40 - 46.

郭礼中，丁华东. 2010. 美洲鲥鱼长江网箱养殖初探. 科学养鱼，8：30 - 31.

洪孝友. 2011. 美洲鲥早期发育的形态学及组织学观察. 上海海洋大学.

洪孝友，潘德博，朱新平，等. 2012. 温度对美洲鲥耗氧率的影响. 广东农业科学，39(10)：159 - 161.

洪孝友，谢文平，朱新平，等. 2013a. 美洲鲥与孟加拉鲥肌肉营养成分比较. 营养学报，35(2)：206 - 208.

洪孝友，朱新平，陈昆慈，等. 2013b. 孟加拉鲥、美洲鲥和中国鲥形态学比较分析. 华南农业大学学报，34(2)：203 - 206.

洪孝友，陈昆慈，李凯彬，等. 2014a. 鲥养殖试验. 水产养殖，35(2)：8 - 9.

洪孝友，陈昆慈，李凯彬，等. 2014b. 水库网箱美洲鲥养殖试验. 水产养殖，2：8 - 9.

黄真理，常剑波. 1999. 鱼类体长与体重关系中的分形特征. 水生生物学报，23(4)：330 - 336.

黄晓荣，庄平，章龙珍，等. 2008. 人工养殖云斑尖塘鳢的生长特性. 生态学杂志，27(10)：1740 - 1743.

贾俊威. 2016. 美洲鲥鱼水库网箱养殖试验. 安徽农学通报，22(14)：133 - 134.

黎军胜，李建林，吴婷婷. 2004. 饲料成分与环境温度对奥尼罗非鱼消化酶活性的影响. 中国水产科学，11(6)：585 - 588.

刘镜恪，陈晓琳. 2002. 海水仔稚鱼的必需脂肪——n - 3 系列高度不饱和脂肪酸研究概况. 青岛海洋大学学报，32(6)：897 - 902.

刘振华，毛载华. 2019. 水产技术员. 中国农业出版社.

刘志峰，高小强，于久翔，等. 2018. 不同饵料对美洲西鲱仔鱼生长、相关酶活力及体脂肪酸的影响. 中国水产科学，25(1)：97 - 107.

吕欣荣，李龙球，刘志辉，等. 2012. 鲥鱼网箱养殖技术. 科学养鱼，38 - 39.

罗国芝，孙大川，冯是良，等. 2005. 闭合循环水产殖系统生产过程中生物过滤器功能的形成. 水产学报，29(4)：574 - 577.

马燕梅，梅景良. 2004. 鳜胃肠道和肝脏主要消化酶活性的研究. 福建畜牧兽医，26(3)：10 - 11.

邱小琮，周洪琪，曾庆华，等. 2004. 营养强化的轮虫、卤虫对牙鲆仔鱼的成活、生长及体脂肪酸组成的影响. 水产科学，23(2)：4 - 8.

施兆鸿，黄旭雄，李伟微，等. 2008. 养殖银鲳幼鱼体脂含量及脂肪酸组成的变化. 上海水产大学学报,17(4)：435 - 439.

施永海,徐嘉波,陆根海,等.2017a.养殖美洲鲥的生长特性.动物学杂志,52(4)：638 - 645.

施永海,徐嘉波,刘永士,等.2017b.菊黄东方鲀发育早期的脂肪酸组成变化.水产学报,41(8)：1203 - 1212.

施永海,谢永德,刘永士,等.2017c.菊黄东方鲀幼鱼转食过程中生长和脂肪酸组成变化.上海海洋大学学报,26(1)：48 - 56.

施永海,蒋飞,徐嘉波,等.2019a.池养美洲鲥 0$^+$ 龄幼鱼脂肪酸组成的变化.大连海洋大学学报,34(4)：511 - 518.

施永海,徐嘉波,刘永士,等.2019b.敞口池塘和遮荫池塘养殖美洲鲥当年鱼种的生长规律和差异.上海海洋大学学报,28(2)：161 - 170.

施永海,谢永德,徐嘉波,等.2019c.美洲鲥当年鱼种池塘遮阴养殖试验.水产科技情报,46(5)：241 - 246.

施永海,张根玉,徐嘉波,等.2019d - 09 - 6.一种工厂化养殖美洲鲥原池倒池的方法.CN107223599B.

孙燕生.2005.千岛湖网箱养殖鲥鱼成功.内陆水产,1：11.

王胜,刘永坚,田丽霞,等.2003.斜带石斑仔鱼不同饵料的营养分析及其对生长和鱼体脂肪酸组成的影响.中山大学学报自然科学版,42(S2)：210 - 213.

王远吉,任晓月,冯占虎,等.2009.不同生长阶段兰州鲇消化酶活性的比较研究.水生态学杂志,2(1)：54 - 57.

徐嘉波,税春,施永海,等.2018.池养美洲鲥 1＋龄鱼种生长特性的研究.上海海洋大学学报,27(1)：55 - 63.

徐纪萍,钱辉仁.2011.美洲鲥鱼循环水清洁养殖技术.中国水产,(9)：33 - 36.

徐善良,王亚军,王丹丽,等.2013.条石鲷(*Oplegnathus fasciatus*)发育早期的脂肪酸组成变化研究.海洋与湖沼,44(2)：438 - 444.

殷名称.1995.鱼类生态学.北京：中国农业出版社：34 - 63.

张云龙,邵辉,袁娟,等.2010.美国鲥鱼高产模式关键技术.渔业致富指南,(19)：35 - 36.

张伟,柳一方,朱健明.2017.光照周期对美洲鲥生长及耗氧率的影响.水产科技情报,44(3)：147 - 149＋153.

朱雅珠,张根玉,严银龙,等.2007.美洲鲥幼鱼饲料中蛋白质、脂肪适宜含量的研究.水产科技情报,34(2)：58 - 59.

第六章

美洲鲥的成鱼养殖技术

随着国内美洲鲥人工繁殖技术的突破和日趋成熟，人工养殖逐渐兴起。美洲鲥幼鱼经当年鱼种培育和越冬后，进入成鱼养殖阶段。长三角地区通常在 4 月放养，到 11 月下旬至 12 月上旬结束，达到商品规格 500 g 以上就可以上市或进入越冬养殖。养殖模式有遮阴池塘养殖、工厂化养殖、网箱养殖等。由于美洲鲥对水温的敏感性、不耐低氧以及应激反应强烈等特点，其养殖风险增加、养殖难度加大。为了更好地开展美洲鲥养殖，本章除了介绍成鱼养殖技术外，还进一步阐述亚成鱼的消化酶活性变化规律、亚成鱼对高温的适应能力以及生长特性。

第一节　成鱼遮阴池塘养殖

美洲鲥市场价格昂贵、需求量大，充分利用我国充裕的养殖池塘资源开展美洲鲥商品鱼养成是解决市场供需矛盾的主要途径。上海市水产研究所奉贤科研基地结合多年的成鱼遮阴池塘养殖经验，形成了比较成熟的成鱼池塘养殖技术。

一、池塘条件

1. 水源要求

相同于美洲鲥当年鱼种养殖水标准要求，美洲鲥盐度耐受范围较广，成鱼养殖的水源可以是淡水，也可采用海水（郁蔚文等，2005）。

2. 池塘要求

池塘环境安静,周围没有人工建筑和高大树木。池塘面积为 $0.2\sim0.33$ hm²,水深为 $1.8\sim2.0$ m。普通土池或池壁四周为水泥护坡结构,保水性好、池底平坦、淤泥少、进排水方便的池塘均可作为养殖池塘。美洲鲥养殖池塘上最好事先搭建好棚架,为夏季覆盖遮阴膜和冬季覆盖农用保温膜提供便利。

3. 设备配置

0.2 hm² 左右的池塘需配备 1.5 kW 叶轮式增氧机 1 台或 0.75 kW 水车式增氧机 2 台;0.33 hm² 左右的池塘需配备 1.5 kW 叶轮式增氧机 2 台,以满足美洲鲥对溶解氧的需求。

4. 进排水设置

进水口设 60 目筛绢网过滤,排水口设两道拦网,第一道为围网,第二道为闸网。围网可增加排水接触面,防止污物堵塞网目后,水压过大,挤破网片。两道拦网既能有效防止换排水时池内的鱼逃逸,又能有效阻止池外野杂鱼逆水钻入池内。

二、放养前准备

池塘使用前,需要对池塘进行修整和清塘消毒。池底留水 30 cm,用 $225\sim450$ kg/hm² 漂白精彻底溶解后均匀泼开,浸泡消毒 24 h 后,彻底排干、暴晒待用;或用 $2\,250\sim3\,000$ kg/hm² 生石灰干法消毒,生石灰可在池底均匀挖坑,用水化开后,趁热均匀泼开到整个池底及池坡。不管用何种药物消毒,需掌握"滩上少用,水潭多用,浅水处少用,深水处多用"的原则。用药次日一定要下塘检查以确认池内野杂鱼、虾等已被全部杀死,否则需加大药物用量重新清塘消毒。放鱼种前 1 周,需要对原池进行 $2\sim3$ 次的拉网锻炼,降低放养时美洲鲥的应激反应,并停料 $2\sim3$ d;放苗前 $3\sim5$ d,池塘进水,并每天开启增氧机 $5\sim6$ h;临近放苗前 1 d,要用待放养鱼种试一下池水,对放养池的水质进行确认。

三、鱼种放养

当外塘水温上升到 15℃以上时,即可放养鱼种。放养时提前开启增氧机并测量水温,温差不能超过 2℃,若超过 0.5℃,放鱼时需进行"过水"操作。放养鱼种规格为体长 $15\sim20$ cm、体质量 $60\sim100$ g(理想规格为 100 g/尾以上),放养密度为 $12\,000\sim15\,000$ 尾/hm²。拉网网具采用网目为 2 mm×3 mm 的聚乙烯皮条网。

拉网起捕时,在塘面 1/2 处下网,起捕数量上限控制在 1 000～1 500 尾,围网滞留时间小于 30 min。第一网运输完成后,当鱼种存塘量大于计划起捕数量时,继续于塘面 1/2 处下网;当鱼种存塘量小于计划起捕数量上限时,整塘拉网。放养转运时采用 20～50 L 的圆桶带水遮光运输,运输密度为 15～20 尾/桶。鱼种下塘时先倾斜圆桶,让池塘水体慢慢进入圆桶内,使之适应 1～2 min 后再倒入放养池内。

四、水质管理

水温、溶解氧和水质是美洲鲥养殖最为关键的三大因素,这直接或间接地决定着美洲鲥养殖的成败。

1. 水温调控

据上海市水产研究所奉贤科研基地多年养殖实践观察,美洲鲥成鱼生存水温为 5～32℃,适宜生长水温为 12～28℃,最适宜生长水温为 16～24℃。科学认识美洲鲥对水温的敏感性反应至关重要,这有助于科学地实施夏季防暑、冬季保温等技术措施,有效解决美洲鲥养殖技术难题。在夏季,上海及周围地区通过搭建遮阴棚后,棚内池塘水温基本可以维持在 30℃ 以下,不会突破美洲鲥 32℃ 生存水温临界点,而没有搭建遮阴棚的池塘下午绝对水温高达 35～37℃,7 月和 8 月昼夜平均水温超过 32℃ 的累计达 50 多天,这对于美洲鲥的养殖极为不利。与此同时,美洲鲥对高强度太阳光照射具有较强的应激反应,美洲鲥的运动强度会大幅增加,从而导致其新陈代谢加快,耗氧量上升,增加其死亡的风险。另外,由于机体运动量较大,使得机体能量过多用于代谢消耗,用于生长和储存的能量相对下降,从而降低了养殖效率。搭建遮阴棚后,避免了太阳光高强度照射,不仅控制了池塘水温的升高,而且还一定程度上降低了美洲鲥的应激性。

2. 溶解氧调控

美洲鲥系溯河洄游性鱼类,终生处于集群快速迁移、躲避敌害追逐的状态。在人工养殖条件下,美洲鲥依然保持其自然运动行为特征,沿着池边日夜不息地成群游动,从而消耗大量的氧气。因此,维持充足的溶解氧供应是美洲鲥养殖的基础。建议美洲鲥养殖水体的溶解氧应保持在 4 mg/L 以上,在高温或阴雨天气时,溶解氧含量不可低于 5 mg/L(刘青华等,2017)。池中溶解氧的主要来源途径是浮游植物的光合作用,尽管在池塘上搭建遮阴棚后光照条件有所改变,但多年养殖实践观察,遮阴对池中浮游植物的光合作用影响不是很大,只要调控好水质肥瘦,并合理、科学地开启增氧机,基本上池中溶解氧可维持在 5 mg/L 以上。

3. 水质调控

在海水养殖环境中,美洲鲥抗高温、抗低氧能力增强,应激反应程度相对减弱,这有利于美洲鲥的生长(潘德博等,2010;齐红莉等,2009)。因此,有条件的应在海水环境中开展美洲鲥养殖生产。在生产过程中,水质调控是主要任务,水质调控到位,许多养殖问题就迎刃而解了。美洲鲥成鱼养殖水质要求清新、肥瘦适中,透明度在 25~35 cm 为宜。如果水质太瘦太清,可以从其他鱼池内引入藻类水并加入新鲜水;如果水质太浓太肥,可定期泼洒生石灰($225~375$ kg/hm^2),同时开启增氧机。在正常情况下,整个养殖季节换水原则如下:水温低于 28℃,每 2 周换水 1 次,每次换水量 1/3;水温高于 28℃,适时换水,换水量为 1/5,特别是盛夏期间,当外界水温相对较低时连续少量多次换水或深夜换水,确保美洲鲥在安全度夏的同时健康生长。

五、饲料投喂

饲料投喂要认真仔细,定点定时,不投发霉变质的饲料,不投不适口饲料。一般放养 3 d 开始投喂粗蛋白含量为 40%~45% 的海水鱼膨化配合饲料(浮性),该养殖阶段先投喂 2$^#$ 料,再投喂 3$^#$ 料(具体投喂饲料规格参见表 5-1-1)。由 2$^#$ 料转为 3$^#$ 料需要 1~2 周转料重叠期作为过渡。每天饲料投喂 2 次(7:00 和 16:00),投饵量以 2 h 摄食完为准。投饵率随水温条件和鱼种规格的不同而有所变化。一般情况下,1 月份投饵率为 0.5%~1%;2~3 月份投饵率为 1%~2%;4~5 月份投饵率为 1%~2%;5~6 月份投饵率为 2%~3%;7~8 月份投饵率为 1%~2%;9~10 月份投饵率为 2%~3%;11~12 月份投饵率为 1%~2%。饲料投喂时有规律的敲打某一物品,使之发出声响,最终形成美洲鲥摄食条件反射。另外,根据美洲鲥的行为学和生态特征,成鱼养殖不建议设立饲料投喂框,避免美洲鲥摄食时撞框受伤或死亡,提高美洲鲥的摄食水平。

六、日常管理

1. 适时遮阴降温

在 16:00~17:00 测量水温,当池塘表层水温达到 24℃,并连续保持 1 周后,可在池塘上方棚架覆盖一层遮阴率为 75% 以上的黑色遮阴膜,两侧通风。当池塘表层水温降至 24~25℃,连续保持 1 周后,拆除遮阴膜。上海地区通常在 6 月份覆盖,9 月份拆除。另外,根据需要,10 月份(水温 20℃)采用农用薄膜提前搭建保温棚,可以延长美洲鲋适宜生长时期。

2. 多巡塘观察

做好日常巡塘工作,每天早晚巡塘 2 次,注意观察鱼类活动、摄食等情况,及时调整投饲量,做到精准投喂。通过科学投喂、调控水质、保持环境安静、降低应激反应等措施,做到生态防病。

3. 严防缺氧

在美洲鲋的养殖生产中,缺氧导致死亡的事故时有发生,甚至全军覆没,造成极大的经济损失,尤其是突发的缺氧事故是美洲鲋养殖业最不经意,然而也是最大的危害之一。为了避免缺氧死亡事件的发生,务必要多巡塘、多观察,并根据天气、水质、摄食活动等情况,提前预判池塘溶解氧状况,提前采取措施。美洲鲋不同于其他鱼类,缺氧时无浮头现象,第一行为特征是从沿边集群游动变成无规律的散游。当这种现象发生时,尽快开启池内原有增氧机,并增加移入车轮式增氧机形成水流增氧,有条件的可以使用泼洒增氧剂或用相同水温的新鲜水源往池内冲水,一边进水,一边排水,形成水流,新水增氧,尽最大可能避免死亡事件的发生。

七、拉网出售

为了降低美洲鲋拉网出售时的撞网、掉鳞的激烈程度,水温 15～18℃时进行 2～3 次的拉网锻炼。网具采用网目为 2 mm×3 mm 的聚乙烯皮条网,拉网和起网过程中,尽量放低网具上纲,逐步收紧网围,2～3 min 后放开网围让鱼自行游出,隔 2～3 d 重复 1 次。美洲鲋养殖规格达 500～600 g/尾以上时,检查成鱼的肥满度,准备上市出售。拉网时,在塘面 1/3 处下网,起捕数量上限控制在 300～400 尾,围网滞留时间小于 30 min;当商品鱼存塘量大于起捕数量上限时,继续于塘面 1/3 处下网;当商品鱼存塘量小于起捕上限时,整塘拉网,陆续出售。

典 型 案 例

2018 年,在上海市水产研究所奉贤科研基地编号为 53# 和 54# 池塘,面积各为 0.17 hm²。2018 年 6 月 12 日搭建遮阴棚,于 9 月 15 日拆除,又于 10 月 20 日搭建了保温棚。搭棚期间的 2 个高温月(7月和 8月)棚内棚外水温差异明显,棚内池塘水温基本维持在 30℃以下,而棚外常规池塘水温时常超过 32℃(美洲鲋极限生存水温),并且棚内温差小,水温相对稳定。在夏季,美洲鲋商品鱼养殖池塘需要加深水位,搭建遮阴棚,并适时适量换水,确保美洲鲋安全度夏。与此同时,养殖后期为了减缓池塘水温下降速度,于 9 月适时移除遮阴膜,10 月提前搭建保温棚。2018 年 4 月 8 日,放养规格为平均体长 17.50 cm、平均体质量 77.60 g 的鱼种,53 ${}^\#$ 放养 2 775 尾,54 ${}^\#$ 放养 3 229 尾。放养 3 d 开始投喂粗蛋白含量为 40% 的海水鱼膨化配合饲料(明辉牌,浮性)。根据养殖阶段不同选择合适口径的颗粒,早期投喂 2 ${}^\#$ 料,1 月后投喂 3 ${}^\#$ 料,每天 2 次(8:00 和 16:00),投饲量以 2 h 摄食完为准。养殖 247 d 后,于 12 月 11 日起捕收获。53 ${}^\#$ 收获 2 340 尾,体长增至 29.28 cm、体质量增至 404.40 g,体长增长 67.31%、体质量增重 421.17%,养殖成活率为 84.32%;54 ${}^\#$ 收获 2 743 尾,体长增至 30.33 cm、体质量增至 468.98 g,体长增长 73.31%、体质量增重 504.36%,养殖成活率为 84.95%。通过提前移除遮阴膜和提前搭建保温棚,相比普通遮阴养殖模式,该模式可以延长美洲鲥一个月的适宜生长时期,养殖效果明显,相对增重 10%～20%。

第二节　成鱼工厂化养殖

采用工厂化模式开展美洲鲥成鱼养殖,不仅土地利用率高、养殖环境可控性强,而且更适合美洲鲥商品鱼分批上市的市场特点,能够避免销售期间反复拉网或长时间暂养,有利于活鱼上市,有助于提升产品的品质和品相。

美洲鲥成鱼和当年鱼种对养殖环境条件的需求大体相同。在工厂化养殖模式下,成鱼养殖与当年鱼种培育开始时间、历时时间也基本一致。因此,两个阶段的养殖技术有不少相似之处。对此,本节将不再赘述,请读者参考第五章第二节幼鱼工厂化养殖。本节以上海万金观赏鱼养殖有限公司和上海任屯水产专业合作社为例,重点介绍美洲鲥成鱼养殖中,区别于当年鱼种养殖的技术环节。

一、养殖池条件

成鱼养殖要选择面积更大的养殖池,以 100 m² 以上为宜。水源水符合《渔业水质标准》(GB 11607—1989),符合美洲鲥对水环境的要求。美洲鲥成鱼阶段养殖用水采用淡水或海水。

二、放养前的准备

放养前,要对给排水系统、供电系统、供气系统等进行检修和维护,确保其在整个养殖期间正常运转,万无一失。要对养殖池进行彻底清洗、消毒。要选择规格整齐、体格健壮、无病无伤、集群游泳、食欲旺盛的鱼种。另外,需提前做好尾水处理系统的熟化,保证养殖开始时系统已处于良好运转状态,具备与尾水排放量相适应的处理能力。

三、大规格鱼种的放养

美洲鲥性情急躁,极易掉鳞,常常离水即死。因此,鱼种在转池、运输过程中不能离水,可采用 $20\sim50$ L 的圆桶遮光运输,操作要轻快,避免引起激烈的应激反应,导致鱼种受伤。放养池与原池的水温差不能超过 $2℃$,水温差超过 $0.5℃$ 需进行"过水"操作。鱼种的放养密度为 5 尾/m^2 左右。

四、饲料投喂

鱼种下池当天不投喂,第 2 d 开始少量投喂,并逐步恢复到正常的投饲量。饲料粗蛋白含量为 $40\%\sim45\%$,粗脂肪为 $11\%\sim14\%$。投喂在白天进行,每天定时投喂 $2\sim3$ 次,1 h 左右吃完为宜;7、8 月间,水温较高时,在每天清晨和傍晚投喂,适当减少投饲量,每次 0.5 h 吃完。换水、倒池前后 2 h 内不宜投喂。

五、日常管理

美洲鲥成鱼养殖期间的日常管理同当年鱼种培育,需做好养殖水质管理、尾水处理、日常巡查、病害防治和养殖日志记录等。此外,成鱼养殖期间,要格外重视夏季水温管理和倒池操作。

1. 水温管理

美洲鲥成鱼养殖同样要经过 1 次度夏。相比于当年鱼种,1 龄以上的美洲鲥在高温条件下更容易出现死亡,成鱼度夏是美洲鲥养殖过程中死鱼事件最为多发的阶段之一。因此,成鱼养殖阶段务必做好高温季节水温管理。具体措施包括:平时要关注天气预报,密切监测水源水温和养殖池水温;在养殖池水温回升到 $20℃$ 左右时,要及时拆除大棚两侧的薄膜,保持棚内通风,在薄膜外侧加盖双层遮阴膜,遮阴膜要与大棚顶部薄膜保持 20 cm 的距离,以增强隔热效果,同时可保持一定光照;若水源水温持续攀升,在达到 $28℃$ 前,要适当加大换水量,或经常少量多次换水,保持养殖池水质清新;若水源水温超过 28℃,应减少换水量,或者在深夜或凌晨水温较低时少量换水,同时减少饲料投饲量,防止水质恶化;若水源为大型河流、湖泊或水库,可在连续高温天,抽取底层低温水为养殖池换水,以降低养殖池水温,换水时应快出慢进,使水温缓慢下降,避免急速波动;高温期间应停止拉网、倒池等操作。

2. 倒池操作

养殖池经过一段时间的使用后,池壁及池底会黏附许多有机物,引起有害细菌大量滋生,容易导致养殖美洲鲥发生病害。另外,如果水面光照过强,还可能引起池壁附生大量藻类。过多的藻类会影响美洲鲥的活动,破坏鱼鳃,而且藻类大量死亡后还会释放毒素。通过倒池操作,可以对原池进行刷洗、消毒,清除池壁和池底的病原微生物和藻类。另外,一旦发生疾病,也应及时倒池,挑出病鱼,对原池进行彻底消毒。美洲鲥性情急躁,常常离水即死,拉网、倒池等稍有不慎就会导致受伤甚至死亡。因此,养殖过程中,应做好水质控制、光照控制以及病害防治,尽量减少倒池;如果必须进行倒池时,操作要耐心细致,动作轻快,搬运过程务必带水操作。

此外,上海市水产研究所奉贤科研基地在多年科研和养殖经验的基础上,研发了一套美洲鲥工厂化养殖原池倒池技术方案(施永海等,2017a),解决了美洲鲥工厂化养殖倒池难的问题,实现了在不装载和搬运养殖美洲鲥的前提下彻底清理和消毒养殖池,避免了养殖美洲鲥因装载和搬动造成的机械损伤,提高了倒池的成活率(原池倒池成活率在 98% 以上),也间接提高了美洲鲥工厂化养殖的养成率和经济效益。技术方案具体实施方式如下。

在长方形水泥池中间纵向砌一堵宽 10 cm、高 50～70 cm 的混砖隔墙,将长方形水泥池隔成 A、B 两纵向仓,隔墙一端有 60～70 cm 宽的闸口,闸口平时无闸板,倒池时插上闸板。A、B 两仓均设有高度与养殖池高度相同的多孔排水管和排水阀,均按照 0.2～0.3 个/m² 的密度设置散气石,养殖期间连续充气。A 仓有进水口,B 仓无进水口(图 6 - 2)。

倒池前,先同时打开 A、B 两仓的排水阀排水,待池水水位降至隔墙顶端位置时,关闭排水阀,将 A 仓的散气石全部移入 B 仓;在 A 仓内拉网,逐步把仓内的美洲鲥围到隔墙有闸口的一端,逐步收紧网围,让网围中的鱼经过闸口自由游入 B 仓,最后将网围一端经闸口慢慢移入 B 仓,将网围中剩余的鱼赶入 B 仓,插上闸板,完成 1 次拉网操作。重复 2～3 次拉网操作,把 A 仓中的鱼全部赶入 B 仓,彻底密封隔墙闸板。卸除 A 仓多孔排水管,打开 A 仓排水阀排干仓内的水。同时,用板

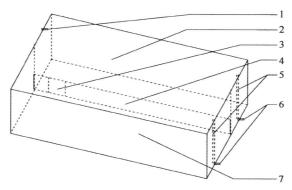

图6-2 可实施原池倒池的美洲鲥养殖池（施永海等，2017a）

1. 长方形养殖池；2. A仓；3. 闸口；4. 隔墙；5. 排水管；6. 排水阀；7. B仓

刷刷洗A仓池壁及池底，若池底有黑色斑块，要用高锰酸钾消毒。消毒后要反复冲洗，然后插上排水管，关闭排水阀，打开进水阀进水，直至A仓水位达到隔墙顶端（施永海等，2017a）。

A仓清洗、加水完毕后，进行B仓清洗。将B仓的散气石全部移入A仓，逐步拉网把B仓的美洲鲥赶入A仓，具体操作：第1网先拉B仓半池，将B仓中一半的美洲鲥围到隔墙有闸口的一端，然后拉起闸板，逐步收紧网围，让大部分鱼经过闸口自由游回A仓，最后将网围一端经闸口慢慢移入A仓，将网围中没有自由游入A仓的鱼赶入A仓，插上闸板；第2网开始拉全池，重复2～3次，把B仓的鱼全部赶回A仓，密封隔墙闸板。卸除B仓的多孔排水管，打开排水阀，进行排水、清洗和消毒，方法同A仓清洗。清洗消毒完毕后，插上B仓排水管，关闭排水阀，打开A仓进水阀继续进水，使A仓的水逐步满入B仓，待B仓的水位达到隔墙的2/3时，打开隔墙闸门，让A、B仓的水位平衡，然后将原来B仓的散气石从A仓移回B仓，并均匀散布，同时进水口一直进水至原来的水位，完成原池倒池。整个倒池操作过程中要注意进水与原池水的水温温差要小于2℃，美洲鲥在A仓和B仓集中的时间均不能超过1.5 h（施永海等，2017a）。

六、养成上市

美洲鲥的上市规格一般在500 g以上。在江浙地区，养殖第2年的11月前后即可陆续上市。上市前，要进行挑选和分级，对于少数没有达到商品规格的个体转入越冬池继续养殖，1 kg以上的个体销售价格更高，可挑选出来，另池暂养，单独销售。具体操作方法：挑选前停食 12 h 以上，并将养殖池水位降至 1 m 左右以便于拉网和挑选操作；拉网时，养殖池内两边各 1 人，沿池壁踩住网具两侧底纲；如果养殖池较大，池中间要站 1～2 人，踩住底纲，池上两边各 1 人，缓慢拉网，将网具拉到养殖池一侧，并将网具两边慢慢收拢形成 2 m 左右的网围；让鱼在网围内适应 5 min 左右后，开始挑选。挑选操作期间，网围内要放置散气石不间断充气，防止缺氧。挑选和搬运过程均要带水操作，不能离水。新池的水温和原池水温温差要小于 2℃。挑选分池后，当天不能投喂，次日起逐步恢复正常投喂。

当年养成的商品鱼务必在来年开春前销售完毕，否则开春后会出现"追春"现象，不仅品质下降，还会出现大量死亡。此外，如果开展美洲鲥的人工繁殖，要在商品鱼上市前，按照一定的性别比例选留后备亲本继续开展越冬养殖和越冬后的亲本强化培育，具体措施参照亲本培育章节。

成鱼工厂化养殖典型案例

上海万金观赏鱼养殖有限公司 2018 年在温室大棚中以工厂化养殖模式养殖美洲鲥鱼种 1 万尾，原池越冬后，2019 年 4 月初，进入成鱼养殖阶段。拆除越冬期间封闭大棚通风口的薄膜，保持棚内通风，棚顶盖好遮阴膜。成鱼养殖密度为 5 尾/m²，投喂海水鱼膨化配合饲料（通威牌，浮性），蛋白含量≥42%。每天定时投喂 3 次，每次半小时左右吃完。每天吸污 1 次，同时换水 20%。养殖尾水经沉淀后排入金鱼养殖车间，用于金鱼养殖。2019 年夏天，未出现连续高温天气，水温基本控制在 29℃ 以下。但在 7、8 月份还是出现一段时间内每天都有少量死亡，死亡个体主要症状为肝脏有结节，腹腔内积水。2019 年 10 月末到 11 月初，养殖美洲鲥大部分达到 500 g 以上的上市规格，开始陆续上市。成鱼养殖阶段，养殖成活率约 50%，其中有不到 10% 的个体当年未达上市规格，放入越冬池继续养殖。

原池倒池典型案例

2011～2017 年间，上海市水产研究所奉贤科研基地在 18 座简易陆基工厂化养殖池中开展美洲鲥养殖，养殖密度不超过 3 kg/m²。其间，运用原池倒池技术方案，定期对养殖池池底和池壁进行彻底刷洗、消毒。夏季水温 30℃ 以下时，每 15 d 左右实施 1 次原池倒池，水温达到 30℃ 后暂停倒池操作；冬季每 30 d 左右实施 1 次。倒池时确保新水与原池水温差异不超过 2℃。原池倒池成活率在 98% 以上，原池倒池操作后，美洲鲥死亡率低于 1%（施永海等，2017a）。

第三节　成鱼网箱养殖

　　大水面网箱中放养的美洲鲥夏花鱼种,经当年鱼种养殖和越冬后,到翌年4～5月份,水温回升,进入成鱼养殖阶段,一般再经过6～10个月的养殖,即可达到500 g以上的商品规格。大水面网箱养殖的美洲鲥具有生长速度快、上市规格大、品质好等优点。

　　进入成鱼养殖阶段后,要进行1次分箱,控制养殖密度在25～35尾/m²,同时更换网孔5 cm左右的网衣;如果采用大箱套小箱的模式,要视生长鱼种情况及时转入最外层大箱。每天定时、定点投喂2～3次,投饲量根据天气变化作出相应调整,每次1 h左右吃完。高温季节,养殖水体表层水温较高时,在每天清晨和傍晚投喂;进入冬季,水温下降,视吃食情况适当减少投饲量和投饲次数;表层水温低于10℃时,可采用配合饲料(缓沉性),每天中午投喂1次。平时做好网箱的日常巡查和定期清洗,做好病害防治以及养殖日志的记录。

　　淡水网箱养鱼除了大水面网箱养殖外,还包括池塘网箱养殖。相对于池塘养殖,池塘网箱养殖的优点在于养殖过程可控性强,饲料、渔药等养殖投入品的利用率高,便于起捕,适合分批上市等;相对于工厂化模式,池塘网箱的养殖成本更低。另外,利用池塘网箱,还可探索鱼菜共生模式或者池塘原位净化模式,减少环境污染,发展绿色养殖,同时收获养殖副产品,增加养殖收益。养殖池塘一般水位较浅,且缺乏流动。因此,网箱内的水交换较差,容易出现网箱内水质恶化等问题。目前,尚未见美洲鲥池塘网箱养殖的相关文献报道。江浙地区有美洲鲥养殖场曾开展过这方面的尝试,但目前技术尚不成熟,还需进一步研究。因此,这里暂不做介绍。

典 型 案 例

　　2011年7月,中国水产科学研究院珠江水产研究所与淳安千渔网箱养殖产业专业合作社在浙江淳安千岛湖开展了美洲鲥大水面网箱养殖试验(洪孝友等,2014)。养殖水域平均水深23 m,表层水温常年为9～13℃,pH为7.3,溶解氧6 mg/L以上。放养夏花鱼种4万尾,经当年鱼种养殖并在原地越冬后,2012年春季,进入成鱼养殖阶段。采用6 m×6.7 m×11 m的网箱(网箱高出水面40 cm),网衣网孔为1 cm,养殖密度10尾/m³;到2012年7月,进行1次换箱,更换为10 m×12 m×11 m的网箱,网孔2 cm,养殖密度4尾/m³,直至养成上市。养殖期间投喂配合饲料(统一牌或天邦牌,沉性),蛋白含量为 38%～42%,每天上、下午各投喂 1 次,投饲量以 1 h 内吃完为准。每天早、中、晚 3 次巡箱,视网孔附着物情况安排清洗或者更换网箱。到 2013 年 3 月,共收获商品鱼 2.4 万尾,规格达到 850～1 300 g,成鱼养殖期间成活率 68.2%。

第四节　亚成鱼的消化酶活性变化规律

近年来,随着美洲鲥繁育及养殖技术的成熟,养殖规模的扩大,很有必要进行美洲鲥人工配合饲料的开发。鱼类消化酶活力决定着机体对营养物质消化吸收的能力,从而影响机体的生长。因此,研究美洲鲥消化酶活力的变化情况及其影响因子,既能丰富美洲鲥消化生理的理论基础,同时为人工配合饲料的开发提供理论依据。

为研究养殖美洲鲥亚成鱼消化酶活性的变化,刘金兰等(2009)选取了 8 尾体长为 23～25 cm、体质量为 200～250 g 的体格健壮的美洲鲥,将活鱼处理失活后,迅速采集胃、胃盲囊、幽门盲囊、肠道、肝胰脏等消化道组织,去除多余的脂肪和结缔组织,用 4℃蒸馏水冲洗干净后进行消化酶活力的检测。

一、蛋白酶

美洲鲥亚成鱼胃蛋白酶和幽门盲囊蛋白酶都保持着较高的活性,且均显著高于肠道蛋白酶活性,但肝胰脏和胃盲囊中未检测到蛋白酶活性,蛋白酶活性在各消化组织中大小顺序为胃＞幽门盲囊＞肠道(表 6 - 4 - 1)。

表 6 - 4 - 1　美洲鲥亚成鱼消化道不同组织蛋白酶活性(刘金兰等,2009)

组　　　织	样　本　数	蛋白酶活性[mg Tyr/(g・min)]
胃	8	18.92 ± 1.10^{aA}
幽门盲囊	8	18.86 ± 1.62^{aA}
肠道	8	9.11 ± 0.55^{bB}
肝胰脏	8	—
胃盲囊	8	—

注:数据采用 Mean±SD 表示,用单因素方差分析,经 LSD 多重比较,同列不同小写字母表示差异显著($P<0.05$);同列不同大写字母表示差异极显著($P<0.01$)。

二、淀粉酶

美洲鲫亚成鱼淀粉酶活性最高的组织是肝胰脏,胃盲囊的淀粉酶活性最低,约为肝胰脏淀粉酶的 1/3 水平(表 6 - 4 - 2);美洲鲫亚成鱼各组织中淀粉酶活性大小顺序为肝胰脏＞幽门盲囊＞肠道＞胃＞胃盲囊(刘金兰等,2009)。

表 6 - 4 - 2　美洲鲫亚成鱼消化道不同组织淀粉酶活性(刘金兰等,2009)

组　　织	样　本　数	淀粉酶活性[mg maltose/(g·min)]
肝胰脏	8	16.69 ± 0.59^{aA}
幽门盲囊	8	11.76 ± 1.09^{bB}
肠道	8	11.19 ± 0.67^{bB}
胃	8	7.26 ± 0.85^{cC}
胃盲囊	8	5.44 ± 0.65^{cC}

注: 数据采用 Mean ± SD 表示,用单因素方差分析,经 LSD 多重比较,同列不同小写字母表示差异显著($P<0.05$);同列不同大写字母表示差异极显著($P<0.01$)。

第五节　亚成鱼对高温的适应能力

作为变温动物,水温对鱼类的生理机能有着重要的影响,温度变化可以影响鱼类的新陈代谢、能量收支、酶活水平等。美洲鲫亚成鱼相对于当年鱼种对高温的适应性较差,夏季池塘养殖美洲鲫常因水温过高而出现大量死亡,夏季高温已成为美洲鲫养殖的重要限制因素。因此,上海市水产研究所开展了高温胁迫下美洲鲫亚成鱼消化酶、抗氧化酶及非特异性免疫酶的活性变化规律研究,进一步了解美洲鲫亚成鱼对高温的适应能力。

一、高温胁迫下亚成鱼消化酶活性变化

消化酶活性是反映鱼体消化生理机能的一项重要指标,作为参与食物营养消化吸收的蛋白质,非生物因素如 pH、温度、盐度等环境因子对鱼类消化酶活性影响较大;其中水温作为最关键的影响因子之一,在消化酶活性变化过程中起着非常重

要的作用。此外,酶作为一种蛋白质的自然属性也决定了温度对鱼体消化酶活性有着重要影响。温度可以改变鱼体的代谢速率,进而对消化酶活性产生影响。基于此,研究了高温胁迫下美洲鲥胃、肠、肝和幽门盲囊等组织中消化酶活性的变化规律,发现高温胁迫对美洲鲥 1^+ 龄亚成鱼胃、肠、肝和幽门盲囊等组织中消化酶活性产生了不同程度的影响。

研究用的美洲鲥为上海市水产研究所奉贤科研基地经人工繁殖后培育的 1^+ 龄亚成鱼,初始体长为 21.80 cm±1.21 cm,体质量为 151.16 g±22.96 g。设计 24℃、28℃和30℃,3 个试验温度处理组,以 24℃为对照,将美洲鲥 1^+ 龄亚成鱼分别置于 28℃和 30℃水温下,在高温胁迫后 0 h、48 h 和 96 h 分别对美洲鲥胃、肠道、肝脏和幽门盲囊等组织的胃蛋白酶、胰蛋白酶、脂肪酶和淀粉酶活性进行分析。

1. 胃蛋白酶

胃蛋白酶是参与食物蛋白质消化的最初的酶,也是有胃鱼类胃中作用最强的消化酶。它先以不具有活性的酶原颗粒形式贮存于细胞中,在盐酸或已有活性的蛋白酶作用下转变为具有活性的胃蛋白酶(周景祥等,2001)。美洲鲥 28℃和30℃高温胁迫组的胃组织胃蛋白酶活性在 48 h 显著低于 24℃对照组的($P<0.05$),但 96 h 与 24℃对照值接近,不存在显著差异($P>0.05$)(表 6-5-1)。在 28℃胁迫下,美洲鲥肝中胃蛋白酶活性在 0~96 h 呈缓慢上升趋势($P>0.05$);但其在30℃高温胁迫下的变化趋势与 28℃相反,即胃蛋白酶活性在 0~96 h 始终呈下降趋势,96 h 下降到最低值 1.735 U/mg±0.911 U/mg。研究表明,当机体受到外界环境胁迫时,如温度过高可能会造成机体损伤,尤其会造成正常的肝脏细胞受损(张思敏等,2018),从而影响肝脏的正常生理代谢活动。因此,30℃高温胁迫下,美洲鲥肝脏胃蛋白酶活性的降低可能与此时肝脏功能受损有关。在 28℃胁迫下,美洲鲥肠组织中胃蛋白酶活性在 0~96 h 始终呈下降趋势;30℃胁迫下肠中胃蛋白酶活性在 48 h 降至最低值,至 96 h 又有所上升。28℃处理组美洲鲥胃和幽门盲囊组织中胃蛋白酶活性均在胁迫后 48 h 下降至最小值,至 96 h 又恢复至初始水平。即在 28℃高温胁迫下,随着反应时间延长,美洲鲥胃中胃蛋白酶和幽门盲囊中胃蛋白酶活性呈现补偿性回升。此外,从表中还可看出,胃蛋白酶活性大小依次为胃>肠≈肝>幽门盲囊,且 3 个处理组胃中胃蛋白酶活性在 0~96 h 均显著大于其他 3 种组织($P<0.05$)(表 6-5-1)。这说明胃是美洲鲥胃蛋白酶的主要分泌器官,而肝、肠两组织分泌的胃蛋白酶量接近,幽门盲囊分泌的胃蛋白酶极少。

表 6-5-1　高温胁迫对美洲鲥胃蛋白酶活性的影响

温度 (℃)	胁迫时间 (h)	胃蛋白酶活性(U/mg)			
		胃	肝	肠	幽门盲囊
24	0	25.966 ± 2.061^{aA}	1.700 ± 0.236^{aA}	3.171 ± 1.084^{aAB}	0.270 ± 0.287^{aA}
	48	28.846 ± 0.856^{aA}	2.307 ± 0.168^{bA}	2.844 ± 1.322^{aA}	0.761 ± 0.544^{aA}
	96	16.099 ± 4.071^{bA}	2.051 ± 0.704^{bA}	2.476 ± 0.706^{aA}	0.026 ± 0.011^{bA}
28	0	18.978 ± 0.832^{aB}	2.056 ± 1.058^{aA}	3.999 ± 1.244^{aB}	0.274 ± 0.206^{aA}
	48	18.083 ± 0.502^{aB}	2.077 ± 0.467^{aA}	2.844 ± 1.322^{aA}	0.231 ± 0.135^{aA}
	96	18.962 ± 0.375^{aA}	2.571 ± 1.113^{aA}	2.064 ± 0.466^{aA}	0.308 ± 0.111^{aB}
30	0	16.431 ± 1.100^{aC}	2.615 ± 1.045^{aA}	1.229 ± 0.564^{aA}	0.394 ± 0.279^{aA}
	48	15.876 ± 0.796^{aC}	2.315 ± 0.848^{aA}	0.800 ± 0.081^{aB}	0.371 ± 0.061^{aA}
	96	16.907 ± 3.418^{aA}	1.735 ± 0.911^{aA}	1.156 ± 0.765^{aA}	0.439 ± 0.024^{aB}

注: 采用单因素方差分析(One-Way ANOVA), 用 LSD 法进行多重比较检验, 计算结果用平均值±标准差(Mean±SD)表示, $P < 0.05$ 视为差异显著。上标中不同小写字母表示不同温度组同一时间段存在显著性差异($P < 0.05$); 上标中不同大写字母表示同一温度组不同时间段存在显著性差异($P < 0.05$)。

2. 胰蛋白酶

胰蛋白酶也是参与蛋白质消化的主要蛋白酶。幽门盲囊作为鱼类特有的消化器官, 它的存在, 增加了消化和吸收面积, 增强了肠的功能。幽门盲囊中胰蛋白酶活性较强, 在蛋白质消化过程中发挥关键性作用。受胁迫 48 h 后, 28℃ 和 30℃ 组美洲鲥胃中胰蛋白酶活性显著下降($P < 0.05$), 且 30℃ 组显著小于 28℃ 组($P < 0.05$)。28℃ 组美洲鲥肝中胰蛋白酶活性在 0～96 h 始终呈上升趋势, 且在 48 h 其活性显著大于对照组($P < 0.05$), 但 48 h 和 96 h 间不存在显著差异($P > 0.05$); 30℃ 组美洲鲥肝中胰蛋白酶活性变化不大。30℃ 胁迫条件下肠道中胰蛋白酶活性至 48 h 下降明显($P < 0.05$), 28℃ 组美洲鲥肠中胰蛋白酶活性在 48 h 显著大于 30℃ 组($P < 0.05$)。28℃ 组美洲鲥幽门盲囊中胰蛋白酶活性在 48 h 下降至最小值, 至 96 h 又恢复至初始水平, 呈现先降后升的特点; 30℃ 组幽门盲囊中胰蛋白酶活性总体呈现下降趋势, 96 h 时显著下降($P < 0.05$)(表 6-5-2)。不同消化器官中, 胰蛋白酶活性大小顺序为幽门盲囊＞胃＞肠≈肝。可以看出, 美洲鲥 1+ 龄亚成鱼幽门盲囊具有最强的胰蛋白酶活性, 与胃共同构成蛋白酶分泌的主要器官。

表6-5-2　高温胁迫对美洲鲈胰蛋白酶活性的影响

温度(℃)	胁迫时间(h)	胰蛋白酶活性(U/mg)			
		胃	肝	肠	幽门盲囊
24	0	1 063.172 ± 212.965aA	251.406 ± 68.953aA	311.165 ± 18.582aAB	2 029.982 ± 362.878aA
	48	1 238.169 ± 86.050aA	180.659 ± 22.465aA	312.783 ± 58.572aA	1 763.720 ± 814.419abA
	96	447.458 ± 70.523bA	210.142 ± 48.427aA	185.924 ± 24.187bA	1 221.277 ± 48.954bA
28	0	978.446 ± 288.355aA	266.907 ± 100.659aA	454.315 ± 115.103aB	1 241.602 ± 95.624aB
	48	787.434 ± 71.987aB	297.261 ± 19.387aB	370.809 ± 58.758aA	806.368 ± 84.559bB
	96	676.155 ± 0.431aB	305.811 ± 148.717aA	295.834 ± 95.238aA	1 220.335 ± 319.376aA
30	0	590.237 ± 158.842aB	241.956 ± 28.764aA	188.324 ± 90.120aAC	1 156.122 ± 128.622aB
	48	369.757 ± 95.896aC	283.198 ± 29.837bBC	184.444 ± 22.951aB	635.267 ± 24.561bC
	96	440.936 ± 173.602aAB	204.388 ± 24.287aA	197.847 ± 13.641aA	592.436 ± 212.281bB

注：采用单因素方差分析(One-Way ANOVA)，用LSD法进行多重比较检验，计算结果用平均值±标准差(Mean±SD)表示，$P<0.05$视为差异显著。上标中不同小写字母表示不同温度组同一时间段存在显著性差异($P<0.05$)；上标中不同大写字母表示同一温度组不同时间段存在显著性差异($P<0.05$)。

3. 脂肪酶

美洲鲈脂肪酶活性随温度变化见表6-5-3。从表中可以看出，28℃胁迫下，胃中脂肪酶活性在0 h和48 h变化不明显，至96 h有所降低；30℃组胃中脂肪酶活性随胁迫时间的延长始终呈增加趋势，但与对照组差异不显著($P>0.05$)。28℃和30℃组美洲鲈肝中的脂肪酶活性随胁迫时间的延长逐渐降低，但与对照组不存在差异($P>0.05$)。28℃和30℃组美洲鲈肠中的脂肪酶活性随胁迫时间延长总体呈增加趋势，且48 h和96 h的脂肪酶活性均高于对照组。28℃组幽门盲囊中的脂肪酶活性在0~96 h胁迫时间内呈现先降后升的趋势，30℃组幽门盲囊中脂肪酶活性总体呈下降趋势，48 h降至最低值，但与24℃组差异不显著($P>0.05$)。从表6-5-3综合分析，美洲鲈1⁺龄亚成鱼正常生理状态下脂肪酶活性从大到小依次为幽门盲囊＞肠＞胃≈肝脏,但在 28℃ 和 30℃ 高温胁迫下,肠道成为脂肪酶的主要分泌器官,且肠道脂肪酶活性随胁迫时间的延长呈现持续升高的趋势,但 30℃ 组肠道脂肪酶活性始终低于 28℃ 组。这说明虽然高温胁迫改变了美洲鲥 1^+ 龄亚成鱼脂肪酶的主要分泌器官,但并没有破坏脂肪酶的活性,一定程度上促进了脂肪酶的分泌。肠道脂肪酶的增加可以促使脂肪被水解,为鱼体提供能量和必需脂肪酸。

表 6-5-3　高温胁迫对美洲鲥脂肪酶活性的影响

温度(℃)	胁迫时间(h)	脂肪酶活性(U/g)			
		胃	肝	肠	幽门盲囊
24	0	2.957 ± 1.550^{aA}	2.945 ± 0.371^{aA}	5.946 ± 1.151^{aA}	7.471 ± 1.074^{aA}
	48	1.942 ± 0.279^{aA}	3.407 ± 1.404^{aA}	4.759 ± 2.208^{aA}	7.824 ± 3.513^{aA}
	96	2.921 ± 1.881^{aA}	5.053 ± 4.412^{aA}	4.622 ± 2.443^{aA}	4.240 ± 0.684^{bAB}
28	0	4.807 ± 0.717^{aA}	5.398 ± 2.235^{aB}	7.201 ± 3.156^{aA}	7.260 ± 1.524^{aA}
	48	4.240 ± 2.129^{abA}	4.054 ± 0.769^{aA}	10.522 ± 5.027^{aA}	5.782 ± 0.594^{aA}
	96	2.944 ± 0.354^{bA}	2.997 ± 0.299^{aA}	11.239 ± 2.451^{aB}	7.955 ± 1.960^{aB}
30	0	2.762 ± 0.419^{aB}	6.176 ± 2.198^{aB}	6.711 ± 0.014^{aA}	6.858 ± 1.726^{aA}
	48	2.806 ± 0.769^{abA}	4.366 ± 3.817^{aA}	6.661 ± 3.746^{aA}	2.803 ± 1.859^{abA}
	96	4.734 ± 1.067^{bA}	2.278 ± 2.278^{aA}	8.279 ± 3.649^{aA}	2.996 ± 1.044^{aAC}

注:采用单因素方差分析(One-Way ANOVA),用 LSD 法进行多重比较检验,计算结果用平均值±标准差(Mean±SD)表示,$P<0.05$ 视为差异显著。上标中不同小写字母表示不同温度组同一时间段存在显著性差异($P<0.05$);上标中不同大写字母表示同一温度组不同时间段存在显著性差异($P<0.05$)。

4. 淀粉酶

淀粉酶在鱼类的消化器官中普遍存在,其活性因鱼的种类不同和消化器官不同而存在差异。美洲鲥胃中淀粉酶活性在 28℃ 和 30℃ 胁迫下 0～96 h 内均大于 24℃ 对照组,但差异不显著($P>0.05$)(表 6-5-4)。28℃ 和 30℃ 组肝中淀粉酶活性在 0 h 和 48 h 接近,变化不明显。28℃ 和 30℃ 组肠中淀粉酶活性在 0～96 h 内均呈先降后升的变化趋势(表 6-5-4)。28℃ 和 30℃ 组幽门盲囊组织淀粉酶活性均呈下降趋势,其中 28℃ 组下降趋势平缓,与对照组无显著差异($P>0.05$)(表 6-5-4)。30℃ 组在 0 h、48 h 和 96 h 的酶活性下降明显,96 h 其活性显著低于对照组($P<0.05$)。比较美洲鲥 1^+ 龄亚成鱼消化器官不同部位淀粉酶活性可以看出,其在幽门盲囊中最高,其次是胃(约为幽门盲囊的 1/5),肠道中仅存在少量的

淀粉酶,而肝脏中淀粉酶极少,可知幽门盲囊是 1^+ 龄美洲鲥淀粉酶的主要分泌器官,其次为胃。

表 6-5-4　高温胁迫对美洲鲥淀粉酶活性的影响

温度 (℃)	胁迫时间 (h)	淀粉酶活性(U/mg)			
		胃	肝	肠	幽门盲囊
24	0	36.544±4.499[aA]	0.310±0.030[aA]	2.598±0.823[aA]	170.841±37.768[aA]
	48	35.561±4.375[aA]	0.435±0.098[aA]	1.517±0.106[aA]	132.266±84.609[aA]
	96	24.680±7.789[bA]	0.395±0.158[aA]	2.301±0.669[aA]	115.387±17.868[aA]
28	0	30.470±8.098[aA]	0.472±0.224[aA]	2.561±0.270[aA]	128.211±82.170[aAB]
	48	32.138±3.184[aA]	0.487±0.121[aA]	2.271±0.602[aA]	126.750±60.453[aA]
	96	34.466±2.704[aA]	0.875±0.764[aA]	2.849±1.102[aA]	112.302±25.608[aA]
30	0	22.337±3.290[aA]	0.453±0.015[aA]	1.699±0.719[aA]	58.449±11.597[aBC]
	48	25.616±5.056[aA]	0.484±0.105[aA]	1.566±0.115[aA]	45.334±4.658[abA]
	96	26.567±1.510[aA]	0.364±0.031[aA]	2.986±1.564[aA]	35.697±2.366[cB]

注:采用单因素方差分析(One-Way ANOVA),用 LSD 法进行多重比较检验,计算结果用平均值±标准差(Mean±SD)表示,$P<0.05$ 视为差异显著。上标中不同小写字母表示不同温度组同一时间段存在显著性差异($P<0.05$);上标中不同大写字母表示同一温度组不同时间段存在显著性差异($P<0.05$)。

因此,高温胁迫(28℃和30℃)对美洲鲥胃、肠、肝和幽门盲囊等消化酶活性均有不同程度的影响。在美洲鲥 1^+ 龄亚成鱼的养殖生产过程中,应尽量避免高温应激,保持水温的相对稳定,以保证鱼体消化机能的正常运行。

二、高温胁迫下亚成鱼抗氧化酶和非特异性免疫酶活性变化

外界水温变化会导致鱼体产生应激反应,对鱼体内的抗氧化能力产生直接影响。温度过高会导致抗氧化性酶活性下降以及抗氧化物质含量降低,从而削弱鱼体清除有害自由基的能力,导致脂质过氧化物增多,对鱼体造成直接伤害。温度也是影响鱼类非特异性免疫能力的外界因子之一,水温过高则会导致鱼体中参与免疫反应相关酶活性的丧失,影响鱼类正常的免疫应答反应。上海市水产研究所采用经人工繁殖后培育的美洲鲥 1^+ 龄亚成鱼(体长 21.80 cm±1.21 cm、体质量151.16 g±22.96 g),以 24℃为对照,急速升温到 28℃和30℃,在高温胁迫后 0 h、3 h、6 h、12 h、24 h、48 h 和96 h 分别对美洲鲥血清和肝组织的抗氧化酶和非特异性免疫酶活性进行监测,研究发现高温胁迫对美洲鲥抗氧化和非特异性免疫相关

酶活性产生了显著影响,并对其肝脏造成了一定的损伤。

1. 高温胁迫对美洲鲫肝脏和血清抗氧化相关酶指标的影响

超氧化物歧化酶(SOD)、过氧化氢酶(CAT)和谷胱甘肽过氧化物酶(GSH-PX)作为生物体内重要的抗氧化酶,在生物体的自我防护系统中起着至关重要的作用,是抗氧化防御过程中的关键酶。当鱼体受到外界高温胁迫时,由于呼吸爆发和其他免疫过程而产生过多有害的活性氧自由基,导致机体产生更多的抗氧化酶清除这些活性氧自由基,从而维持细胞和机体的正常生理活动。

24℃对照组美洲鲫肝脏中 SOD 活性大小基本稳定(182.438～244.819 U/mgprot),而 28℃和 30℃组的 SOD 活性出现随时间逐渐增大的趋势,在 48 h 和 96 h,SOD 活性均明显大于 24℃组($P<0.05$),而其他时间的高温组与 24℃组均无明显差异($P>0.05$)(图 6-5-1)。血清中 SOD 活性如图 6-5-2 所示,24℃和 28℃组活性均基本稳定,并且两者之间无明显差异($P>0.05$),而 30℃组随时间增加呈逐渐增大趋势,并在 12 h、48 h 和 96 h 时显著大于对照组($P<0.05$)。这说明美洲鲫肝脏和血清 SOD 活性随时间逐渐增大,并在 48 h 开始明显增大。研究表明,高温胁迫引起美洲鲫产生应激反应,使细胞和组织中自由基迅速增加,导致细胞和组织出现损伤,机体产生大量 SOD 来应对过量的自由基,导致 SOD 升高。

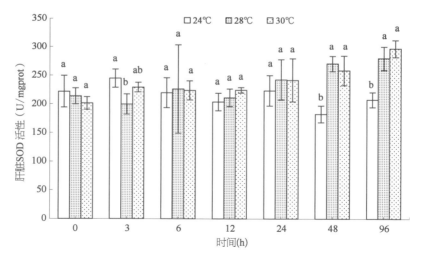

图 6-5-1 高温胁迫对美洲鲫肝脏 SOD 活性的影响

注:利用单因素方差分析(One-Way ANOVA)和 Duncan 多重比较检验高温胁迫下美洲鲫抗氧化和非特异性免疫酶活性大小差异的显著性,所得结果以平均值±标准差(mean±SD)来表示,$P<0.05$ 视为差异显著。上标中不同小写字母者表示同一时间段存在显著性差异($P<0.05$)。

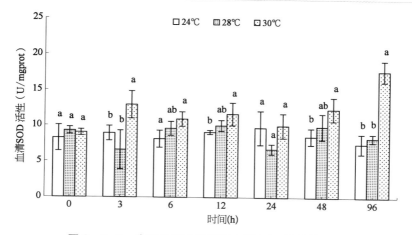

图6-5-2 高温胁迫对美洲鲥血清SOD活性的影响

注：利用单因素方差分析(One-Way ANOVA)和Duncan多重比较检验高温胁迫下美洲鲥抗氧化和非特异性免疫酶活性大小差异的显著性，所得结果以平均值±标准差(mean±SD)来表示，$P < 0.05$视为差异显著。上标中不同小写字母者表示同一时间段存在显著性差异($P < 0.05$)。

24℃组美洲鲥肝脏中CAT活性基本保持稳定，大小为4.712～6.292 U/mgprot，而高温组美洲鲥CAT活性受温度影响明显，28℃和30℃组CAT活性在胁迫48 h和96 h均明显大于24℃($P < 0.05$)(图6-5-3)。而血清中，24℃组CAT活性变化不大，基本维持稳定，28℃组CAT活性随时间出现逐渐增大的变

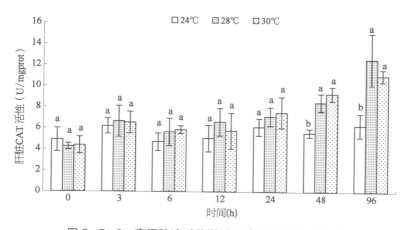

图6-5-3 高温胁迫对美洲鲥肝脏CAT活性的影响

注：利用单因素方差分析(One-Way ANOVA)和Duncan多重比较检验高温胁迫下美洲鲥抗氧化和非特异性免疫酶活性大小差异的显著性，所得结果以平均值±标准差(mean±SD)来表示，$P < 0.05$视为差异显著。上标中不同小写字母者表示同一时间段存在显著性差异($P < 0.05$)。

化,但增大不明显($P>0.05$),而30℃组CAT活性随时间逐渐减小,并在24 h开始明显小于24℃和28℃组($P<0.05$),说明高温胁迫显著抑制了血清CAT活性(图6-5-4)。研究表明,高温胁迫对美洲鲥肝脏造成了一定程度的损伤,过量的自由基未被清除而导致CAT含量逐渐升高,而血液中过量的自由基逐渐被清除,导致CAT表现出先升后降的变化。

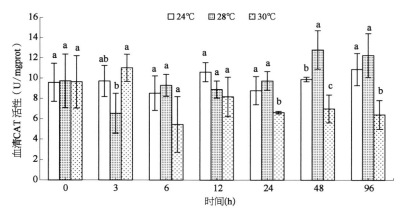

图6-5-4 高温胁迫对美洲鲥血清CAT活性的影响

注:利用单因素方差分析(One-Way ANOVA)和Duncan多重比较检验高温胁迫下美洲鲥抗氧化和非特异性免疫酶活性大小差异的显著性,所得结果以平均值±标准差(mean±SD)来表示,$P<0.05$视为差异显著。上标中不同小写字母者表示同一时间段存在显著性差异($P<0.05$)。

24℃组美洲鲥肝脏和血清中的GSH-PX活性随时间基本保持稳定,为0.968~1.153 U/mgprot和1.603~2.273 U/mgprot;28℃和30℃组的美洲鲥肝脏GSH-PX活性均随时间逐渐增大。胁迫48 h时,28℃组GSH-PX活性显著大于24℃($P<0.05$),但与30℃组无显著差异($P>0.05$);胁迫96 h时,28℃和30℃组的GSH-PX活性均显著大于24℃组($P<0.05$)(图6-5-5)。而美洲鲥血清中28℃组的GSH-PX活性均随时间呈增大趋势,而30℃组随时间呈降低趋势,并在24 h开始显著小于24℃对照组和28℃组($P<0.05$)(图6-5-6)。这再次说明,高温胁迫对美洲鲥肝脏造成了一定程度的损伤,过量的自由基未被清除而导致GSH-PX含量逐渐升高,而血液中过量的自由基逐渐被清除,造成GSH-PX含量表现出先升后降的变化。

生物体中丙二醛(MDA)作为不饱和脂肪酸被氧化后的最终产物,已被作为一种细胞膜氧化损伤的指示物,它的产生加剧了膜的损伤(王伟等,2012)。因此,MDA水平高低间接反映了组织细胞受自由基攻击的严重程度,也代表生物机体抗

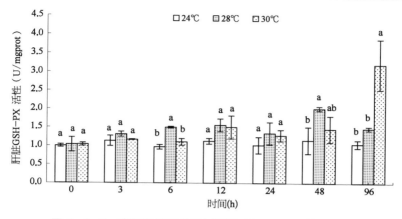

图 6 - 5 - 5　高温胁迫对美洲鲥肝脏 GSH - PX 活性的影响

　　注:利用单因素方差分析(One-Way ANOVA)和 Duncan 多重比较检验高温胁迫下美洲鲥抗氧化和非特异性免疫酶活性大小差异的显著性,所得结果以平均值±标准差(mean±SD)来表示,$P<0.05$ 视为差异显著。上标中不同小写字母者表示同一时间段存在显著性差异($P<0.05$)。

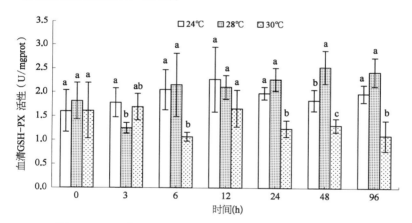

图 6 - 5 - 6　高温胁迫对美洲鲥血清 GSH - PX 活性的影响

　　注:利用单因素方差分析(One-Way ANOVA)和 Duncan 多重比较检验高温胁迫下美洲鲥抗氧化和非特异性免疫酶活性大小差异的显著性,所得结果以平均值±标准差(mean±SD)来表示,$P<0.05$ 视为差异显著。上标中不同小写字母者表示同一时间段存在显著性差异($P<0.05$)。

氧化能力水平的大小。美洲鲥肝脏 24℃ 组的 MDA 含量基本保持稳定,为 0.357～0.545 nmol/mg,而 28℃ 和 30℃ 组随胁迫时长呈先升高后降低的变化趋势,其中在 12 h 达到最大值后开始降低,从 6 h 开始,30℃ 组 MDA 含量随时间延长明显大于 24℃ 组($P<0.05$),28℃ 组在 12 h 明显大于 24℃ 组,而其他时间点虽大于 24℃ 组,但差异不显著($P>0.05$)(图 6 - 5 - 7)。美洲鲥肝脏中 MDA 含量在高温胁迫 96 h 内均随时间表现出先升高后降低的变化,而肝脏中 SOD、CAT 和 GSH-PX 均随时间显著升高。这表明高温胁迫对美洲鲈肝脏造成了氧化损伤,导致抗氧化酶大量生成,来抵抗过量的自由基,此变化趋势与谢明媚等(2015)和潘桂平等(2016)的研究结果相似。

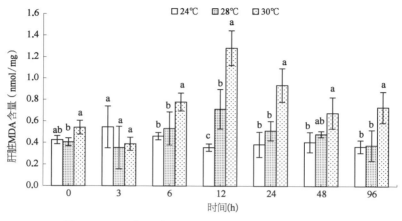

图 6-5-7　高温胁迫对美洲鲈肝脏 MDA 活性的影响

注:利用单因素方差分析(One-Way ANOVA)和 Duncan 多重比较检验高温胁迫下美洲鲈抗氧化和非特异性免疫酶活性大小差异的显著性,所得结果以平均值±标准差(mean±SD)来表示,$P<0.05$ 视为差异显著。上标中不同小写字母者表示同一时间段存在显著性差异($P<0.05$)。

24℃对照组美洲鲈血清中的 MDA 含量基本保持稳定,为 0.098~0.139 nmol/mg,而 28℃和 30℃组随胁迫时间呈先升后降再升高的变化,并在 24 h 开始 MDA 含量显著大于 24℃组($P<0.05$)(图 6-5-8)。而前面研究结果显示,28℃组 SOD、CAT 和 GSH-PX 均随时间显著升高,而 30℃组的 CAT 和 GSH-PX 均随时间显著降低。这说明在 30℃的高温胁迫下,美洲鲈血液中抗氧化酶活性受到显著抑制,抗氧化能力减弱,导致 MDA 在 30℃高温胁迫后期迅速升高。

2. 高温胁迫对美洲鲈肝脏碱性磷酸酶和酸性磷酸酶的影响

碱性磷酸酶(AKP)是一种磷酸单酯水解酶,在机体正常情况下特异性低,而受到外部刺激或出现病变时活性会增强,主要起到解毒剂的作用,是鱼类等生物健康的重要标志。温度胁迫会对鱼体中的 AKP 产生明显影响,如吉富品系尼罗罗非鱼(*Oreochromis niloticus*)(强俊等,2012)和虹鳟(*Oncorhynchus mykiss*)(管标等,2014)等。本研究中,24℃对照组美洲鲈肝脏 AKP 活性变化基本稳定,为 18.448~21.090 U/gprot。28℃和30℃组 AKP 活性随温度升高具有较明显的下

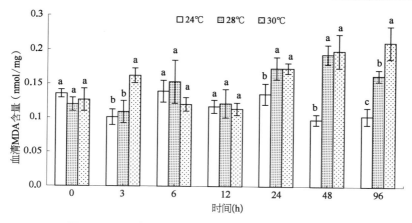

图 6-5-8 高温胁迫对美洲鲥血清 MDA 活性的影响

注：利用单因素方差分析(One-Way ANOVA)和 Duncan 多重比较检验高温胁迫下美洲鲥抗氧化和非特异性免疫酶活性大小差异的显著性，所得结果以平均值±标准差(mean±SD)来表示，$P<0.05$ 视为差异显著。上标中不同小写字母者表示同一时间段存在显著性差异($P<0.05$)。

降趋势，从 3 h 开始，高温胁迫显著降低 AKP 活性，28℃和 30℃组 AKP 活性均明显小于 24℃组($P<0.05$)，但 28℃和 30℃组间差异不显著($P>0.05$)(图 6-5-9)。研究表明，高温胁迫对美洲鲥的 AKP 活性产生明显影响，高温抑制了美洲鲥的 AKP 活性，减弱了鱼体非特异性免疫能力。

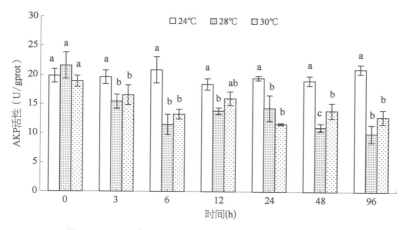

图 6-5-9 高温胁迫对美洲鲥肝脏 AKP 活性的影响

注：利用单因素方差分析(One-Way ANOVA)和 Duncan 多重比较检验高温胁迫下美洲鲥抗氧化和非特异性免疫酶活性大小差异的显著性，所得结果以平均值±标准差(mean±SD)来表示，$P<0.05$ 视为差异显著。上标中不同小写字母者表示同一时间段存在显著性差异($P<0.05$)。

酸性磷酸酶(ACP)作为生物体内重要的代谢酶,主要参与磷酸酯和细胞消化代谢以及参加自溶过程和免疫调节等。本研究中,24℃对照组的 ACP 活性大小在48 h 和 96 h 略有升高,但变化不大,基本保持稳定,为 28.186~33.293 U/gprot。在0~24 h,28℃和30℃组的 ACP 活性随水温升高基本保持稳定,与 24℃组间均无显著差异($P > 0.05$),但胁迫至 48 h 和 96 h 时,28℃和30℃组的 ACP 活性随水温升高而显著降低,均显著低于 24℃组($P < 0.05$),28℃和30℃组间无显著差异($P > 0.05$)(图 6-5-10)。研究表明,美洲鲥可承受短时间内的高温压力,当超过一定时间后,ACP 活性就会受到抑制,高温胁迫会对美洲鲥的肝脏造成一定程度的损伤。

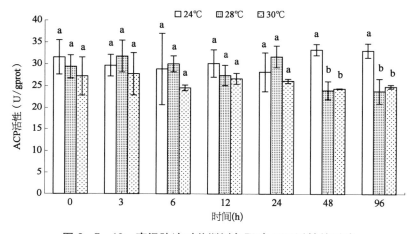

图 6-5-10 高温胁迫对美洲鲥鱼肝脏 ACP 活性的影响

注:利用单因素方差分析(One-Way ANOVA)和 Duncan 多重比较检验高温胁迫下美洲鲥抗氧化和非特异性免疫酶活性大小差异的显著性,所得结果以平均值±标准差(mean±SD)来表示,$P < 0.05$ 视为差异显著。上标中不同小写字母者表示同一时间段存在显著性差异($P < 0.05$)。

3. 高温胁迫对美洲鲥肝脏转氨酶活性的影响

谷草转氨酶(AST)与谷丙转氨酶(ALT)是生物机体中两种重要的转氨酶,正常情况下 AST 和 ALT 均存在于肝脏等许多机体组织中,尤其以肝脏中含量最高。当生物机体受到外界刺激或发生病变时,其细胞膜通透性发生变化,胞浆酶产生较多,在浓度差作用下导致细胞内的 AST 和 ALT 释放到血液中,引起肝脏中 ALT 和 AST 活性显著降低,而血液中 AST 和 ALT 浓度显著升高(Lee,2001)。因此测定肝脏或血液中 AST 和 ALT 活性的大小,可以反映细胞膜通透性的变化,并判断肝脏等组织是否受到损伤。

本研究中,24℃组美洲鲥 AST 活性保持稳定,于 12 h 和 24 h 略有升高,但变化不大,为 76.591~94.589 U/gprot。而 28℃ 和 30℃ 组 AST 活性随水温升高呈现逐渐增大趋势,至 96 h,28℃ 和 30℃ 组 AST 活性均显著大于 24℃ 组($P<0.05$)。这表明高温可明显提高 AST 活性($P<0.05$),但 28℃ 和 30℃ 组间差异不明显($P>0.05$)。胁迫 6 h,30℃ 组 AST 活性显著小于 24℃ 和 28℃ 组(图 6-5-11)。研究表明,美洲鲥长时间处于高温环境下会对肝脏造成一定程度的损伤,从而导致 AST 活性显著升高。

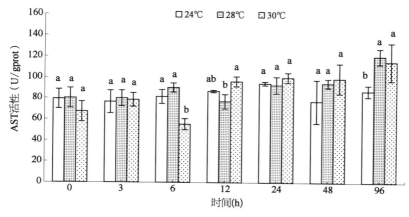

图 6-5-11 高温胁迫对美洲鲥鱼肝脏 AST 活性的影响

注:利用单因素方差分析(One-Way ANOVA)和 Duncan 多重比较检验高温胁迫下美洲鲥抗氧化和非特异性免疫酶活性大小差异的显著性,所得结果以平均值±标准差(mean±SD)来表示,$P<0.05$ 视为差异显著。上标中不同小写字母者表示同一时间段存在显著性差异($P<0.05$)。

美洲鲥 ALT 活性受高温胁迫影响较明显,其中对照组 24℃ 的 ALT 活性基本保持稳定,为 3.730~4.354 U/gprot;28℃ 组 ALT 活性随时间增大呈先升后降的变化,在 6 h 和 24 h 明显大于 24℃ 组($P<0.05$),后在 48 h 和 96 h 明显降低,与 24℃ 组无显著差异($P>0.05$);30℃ 组的 ALT 活性随时间增大呈现逐渐升高趋势,受高温胁迫影响较明显,其中在 48 h 和 96 h 时,ALT 活性显著大于 24℃ 组和 28℃ 组($P<0.05$)(图 6-5-12)。研究表明,美洲鲥在 28℃ 条件下,ALT 活性通过机体的调节可以恢复到正常水平,未对肝脏细胞造成损伤,而 30℃ 可能对肝脏产生了破坏作用,致使 ALT 活性显著升高。

因此,连续 96 h 的高温胁迫会显著抑制美洲鲥 1[+] 龄亚成鱼抗氧化能力与非特异性免疫能力,尤其是高温条件(30℃)下,对其非特异性免疫相关酶活性造成抑制

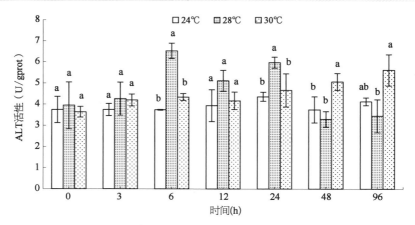

图 6 - 5 - 12　高温胁迫对美洲鲥鱼肝脏 ALT 活性的影响

注：利用单因素方差分析（One-Way ANOVA）和 Duncan 多重比较检验高温胁迫下美洲鲥抗氧化和非特异性免疫酶活性大小差异的显著性，所得结果以平均值±标准差（mean±SD）来表示，$P<0.05$ 视为差异显著。上标中不同小写字母者表示同一时间段存在显著性差异（$P<0.05$）。

作用，可能对肝脏造成一定程度的损伤。鉴于美洲鲥对高温耐受能力较弱，在实际养殖生产中应避免高温，夏季高温季节建议养殖水温最好控制在 28℃ 以下。

第六节　亚成鱼生长特性

美洲鲥生长可分快速生长期（0^+ 龄）、稳定生长期（1^+ 龄）和生长衰老期（2^+ 龄）三个时期。养殖条件下的美洲鲥 2 龄性成熟后，2^+ 龄鱼的生长速度明显降低。此外，2 龄鱼繁殖季节过后会出现大量死亡。因此，2 龄之前的生长阶段是美洲鲥养殖的关键时期，针对此环节要创造良好的养殖生产条件，充分挖掘美洲鲥的生产潜能，确保此阶段美洲鲥稳定健康生产。上海市水产研究所开展了池塘养殖美洲鲥 1^+ 龄亚成鱼生长特性的研究（徐嘉波等，2018）。研究发现，在 $16.4\sim30.8℃$ 条件下，经 185 d 的养殖试验，美洲鲥 1^+ 亚成鱼体长增长 48.3%，体质量增加 286.8%，体长与体质量呈幂函数关系，日均增长量随着养殖天数的增加呈"U"形变化，日均增重量随着养殖天数的增加呈"W"形变化，肥满度为 $1.34\sim1.63$。

2016 年 5～11 月，上海市水产研究所在杭州湾北岸上海市奉贤区五四农场内的奉贤科研基地进行了美洲鲥 1^+ 龄亚成鱼生长特性的研究。选取 2 个相邻池塘（编号：10[#] 东、10[#] 西），泥质塘底，深约 2.0 m，注水深 1.8 m，每个池塘具有独立进排水设施,均配备 1.5 kW 叶轮增氧机 1 台。美洲鲥 1^+ 龄亚成鱼的鱼种为上海市水产研究所奉贤科研基地 2015 年 5 月通过人工繁殖并经室内培育和陆基水泥池越冬培育而成。

2016 年 5 月 1 日开始,将本基地陆基水泥池中的美洲鲥 1^+ 龄鱼种 2 600 尾转运至 $10^\#$ 东进行养殖。另留存 1 600 余尾在陆基水泥池中暂养,陆基水泥池面积为 200 m²,水深 1.5 m,至 5 月 30 日,将此 1 600 尾鱼种转运至 $10^\#$ 西进行养殖。6 月 30 日,为降低水温,安全度夏,利用 $10^\#$ 东和 $10^\#$ 西越冬大棚遗留的底钢丝结构,全池塘覆盖遮阴膜,至 9 月 1 日,拆除所有遮阴膜。养殖期间投喂海水膨化配合饲料(浮性),根据养殖阶段不同选择合适口径的颗粒,早期投喂 $2^\#$ 料,1 月后投喂 $3^\#$ 料。未遮盖遮阴膜阶段,饲料投放在木质结构饲料框内,饲料框尺寸为 1.5 m× 2.0 m,框四周围 20 cm 高的 15 目皮条网;遮盖遮阴膜阶段,直接投放在池内。养殖用水为当地河口水,盐度为 3～12,pH 为 7～9,溶解氧保持在 5 mg/L 以上。水温低于 28℃,每 2 周换水 1 次,每次换水量为 1/3;水温高于 28℃,适时换水,换水量为 1/5;盛夏期间,当外界水温相对降低时,连续少量多次换水。养殖期间,每天上、下午各测量 1 次水温,定期检测池塘内常规水质指标。定时定点投喂饲料,每天清理未吃完的饲料。

数据分析中各项参数的计算公式如下。

体长与体质量关系式:$W = aL^b$

生长常数:$C_G = (\ln L_2 - \ln L_1) \times (t_2 - t_1)/2$

肥满度:$C_F = 100 \times W/L^3$

变异系数(%):$C_V = SD/X \times 100\%$

日均增长量(cm/d):$L_D = (L_2 - L_1)/(t_2 - t_1)$

日均增重量(g/d):$W_D = (W_2 - W_1)/(t_2 - t_1)$

特定增长率(%/d):$L_{SGR} = (\ln L_2 - \ln L_1)/(t_2 - t_1) \times 100\%$

特定增重率(%/d):$W_{SGR} = (\ln W_2 - \ln W_1)/(t_2 - t_1) \times 100\%$

式中:W 为体质量(g);L 为体长(cm);W_1、W_2 和 L_1、L_2 分别为 t_1、t_2 时的体质量和体长;SD 为标准差;X 为平均值;a 和 b 为常数。

一、生长特性

美洲鲥 1^+ 龄亚成鱼的养殖,$10^\#$ 东初始养殖密度为 15 600 尾/hm²,经 185 d

养殖,体长增加 49.8%、体质量增加 300.8%,体质量增加明显,池塘养殖成活率为 46.65%。10# 西初始养殖密度为 10# 东的 61%,为 9 600 尾/hm²。10# 西投放鱼种时间比 10# 东晚 30 d,经 30 d 陆基水泥池养殖,初始放入 10# 西的鱼种与经 30 d 池塘养殖的 10# 东鱼种体长、体质量的生长均无显著性差异(P>0.05)。10# 西池塘养殖成活率为 42.7%。

将两个池塘美洲鲥各阶段生长数据合并统计(P>0.01),分析美洲鲥 1⁺ 龄亚成鱼池塘养殖的生长特性(表 6-6)。美洲鲥 1⁺ 龄亚成鱼养殖周期为 185 d,其间水温为 16.4~30.8℃,各检测周期内的阶段平均水温和温度变异系数随着养殖时间的增加均呈"U"形变化,养殖周期内体长增长 48.3%,达到 26.67 cm±2.03 cm,体质量增加 286.8%,达到 306.7 g±81.9 g,体质量增加明显。日均增长量随着养殖时间的增加呈"U"形变化,最高出现在第 1~30 d(0.07 cm/d);日均增重量随着养殖时间的增加呈"W"形变化,其中养殖早期(第 1~45 d)出现持续增加并形成一个小高峰,养殖后期(第 158~185 d)达到最大值 2.40 g/d;体长生长常数最大值(1.48)出现在养殖初期(第 1~30 d),且随着养殖天数的增加下降明显,至养殖中后期则维持在相对稳定的数值区间(0.71~0.89)。

表 6-6 美洲鲥 1⁺ 龄亚成鱼生长情况(徐嘉波等,2018)

养殖日龄(d)	阶段水温(℃)	温度变异系数	平均体长(cm)	日均增长量(cm/d)	平均体质量(g)	日均增重量(g/d)	体长生长常数
1	—	—	17.98±1.58	—	79.3±21.2	—	—
30	22.4±1.9	8.4	19.91±1.29	0.07	106.4±20.7	0.94	1.48
45	24.9±2.0	8.1	20.68±1.70	0.05	136.5±32.1	2.00	0.29
59	27.1±1.7	6.2	21.55±1.66	0.06	151.4±33.5	1.07	0.29
73	27.4±1.0	3.7	21.39±1.38	-0.01	153.4±31.6	0.14	-0.05
101	29.2±0.7	2.4	22.53±1.87	0.04	190.1±49.4	1.31	0.73
129	28.4±1.8	6.3	23.70±1.62	0.04	214.3±45.1	0.86	0.71
158	26.1±1.4	5.2	25.19±1.87	0.05	242.1±59.7	0.96	0.89
185	21.3±2.1	9.8	26.67±2.03	0.05	306.7±81.9	2.40	0.77

二、体长与体质量关系

对测得的美洲鲥体长和体质量数据进行拟合(W=aL^b),得到体长和体质量的关系为：$W=0.006\,7L^{3.260\,3}$，$R^2=0.941\,6$（图 6-6-1）。拟合方程式中，$b=3.260\,3$，b 值接近 3，表明此阶段美洲鲥的生长为匀速生长，体质量增长略快于体长增长。施永海等（2017b）研究了工厂化养殖条件下 0～3 龄美洲鲥的周年生长特性，结果显示工厂化养殖美洲鲥雌雄鱼的体长与体质量均呈幂函数增长相关，雌雄鱼体长体质量拟合关系式分别为：$W=0.806\,2\times10^{-5}L^{3.111\,3}$（♀）；$W=1.004\,7\times10^{-5}L^{3.057\,4}$（♂），$b$ 值均接近 3，表明美洲鲥雌雄鱼均呈等速生长。

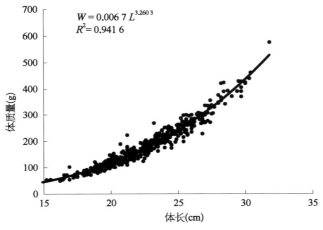

图 6-6-1　体长与体质量的关系（徐嘉波等，2018）

三、生长式型

对体长与养殖天数拟合方程，其生长曲线见图 6-6-2。体长与养殖天数关系为：$L=0.000\,002T^3-0.006\,10T^2+0.090\,825T+17.574\,103$，$R^2=0.994\,3$。拟合方程经计算可得，体长生长拐点出现在 100.8 d，在此拐点前体长生长速度随养殖天数增加而下降，拐点后体长生长速度随养殖天数增加而增加。而施永海等（2017b）研究发现，工厂化养殖美洲鲥雌雄鱼的体长生长曲线是一条不具拐点的渐近线，开始生长较快，随着年龄的增加，逐渐趋向体长渐近值 L_∞。导致这种差异产生的原因可能在于施永海等（2017b）研究的对象包含了 0～3 龄各个年龄段群体，适于用 von Bertalanffy 生长方程描述，而本研究仅对 1^+ 龄亚成鱼这个阶段的生长特性开展研究，因此生长阶段和样本群体大小导致两者生长曲线存在差异。

对体质量与养殖天数拟合方程，其生长曲线见图 6-6-3。体质量与养殖天数

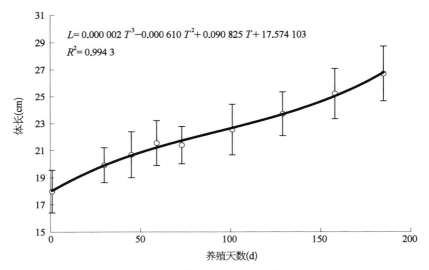

图 6-6-2　体长与养殖天数的关系(徐嘉波等,2018)

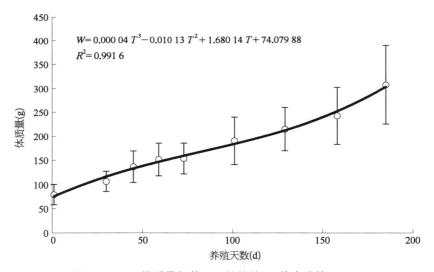

图 6-6-3　体质量与养殖天数的关系(徐嘉波等,2018)

关系为:$W=0.00004T^3-0.01013T^2+1.68014T+74.07988$,$R^2=0.9916$。拟合方程经计算可得,体质量生长拐点出现在 96.5 d,在此拐点前体质量生长速度随养殖天数增加而下降,拐点后体质量生长速度随养殖天数增加而增加,其变化规律与体长生长速度变化规律相同。而工厂化养殖美洲鲥雌雄鱼的体长生长曲线开始生长较快,随着年龄的增加,逐渐趋向渐近值 L_∞;体质量生长曲线则为一条具有拐点且不对称的 S 形曲线,雌雄鱼的体质量生长拐点分别位于 1.517 8a 和 1.224 7a。

拐点前,体质量生长速度随养殖天数增加而增加,拐点后体质量生长速度则随养殖天数增加而下降(施永海等,2017b)。

四、生长离散与肥满度

由图6-6-4可知,在养殖周期内,美洲鲥体长和体质量变异系数变化趋势相同,均呈波浪形波动,体长和体质量变异系数最大值(8.77%和26.71%)为放养时生长初始值。养殖过程中,体长和体质量变异系数峰值均出现在45 d(6月14日)、101 d(8月9日)和185 d(11月1日),其中体长变异系数101 d(8月9日)最大(8.32%);体质量变异系数185 d(11月1日)最大(26.69%);体长变异系数的最低谷值(6.44%)出现在73 d(7月12日),体质量变异系数的最低谷值(19.41%)出现在30 d(5月30日)。肥满度在养殖早期(1~30 d,5月1日~5月30日)较低,1 d(5月1日)和30 d(5月30日)肥满度均为1.34,但肥满度变异系数明显变小(13.69%→7.51%);养殖中后期(45~185 d,6月14日~11月1日)在相对较高的范围内波动,其中在101 d(8月9日)达到峰值(1.63),之后虽有所下降,但在养殖后期出现上升趋势,肥满度变异系数在养殖中期(第73~129 d,7月12日~9月6日)呈现连续增长(7.42%→10.41%),至养殖后期呈下降趋势。

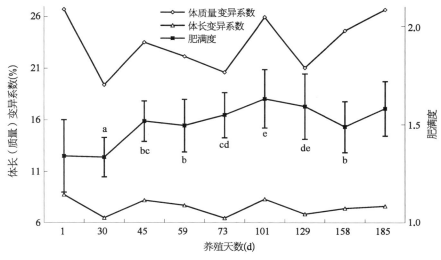

图6-6-4 体长(体质量)变异系数、肥满度与养殖时间的关系(徐嘉波等,2018)

五、水温与生长

由图6-6-5可知,阶段平均水温符合季节变化规律,但其变异系数变化趋势与其明显背离,并且在73～101 d阶段(7月12日～8月9日)维持在较低范围内(2.41%～3.66%),其余阶段的阶段平均水温变异系数均大于6%。在养殖早期,特定增重率随着水温的上升而增加,30～45 d阶段(5月30日～6月14日)的特定增重率达到最大(1.66%/d);45～73 d阶段(6月14日～7月12日),特定增重率随着水温的上升而降低,并在59～73 d阶段(6月28日～7月12日)达到最小(0.09%/d);至养殖中后期,特定增重率随着水温的下降呈增长趋势。特定增长率变化幅度较小,随温度的变化趋势大致与特定增重率随温度的变化趋势相同。养殖早期,在1～30 d阶段(5月1日～5月30日)的特定增长率达到最大(0.35%/d);养殖中期,在59～73 d阶段(6月28日～7月12日)达到最小(-0.05%/d);此后,维持在窄幅范围内波动(0.18%/d～0.21%/d)。

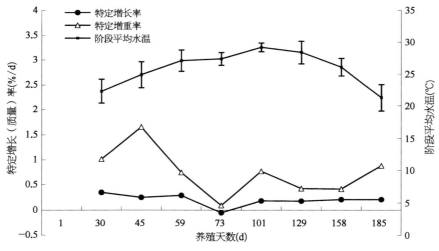

图6-6-5　特定增长(增重)率与水温的关系(徐嘉波等,2018)

研究美洲鲥的生长特性,有助于了解其生长速度、个体规格、生长拐点等生长发育规律。渔业生产上常把拐点年龄或性成熟年龄时的鱼体大小作为商品鱼上市规格的参考。施永海等(2017b)的研究结果表明,池塘工厂化养殖条件下,美洲鲥雌雄鱼的体质量生长拐点分别位于1.517 8a和1.224 7a,且该拐点为性成熟拐点,2^+龄就进入生长衰老期。养殖条件下,美洲鲥初次性成熟的年龄为2

龄(徐刚春等,2012),其体质量生长拐点年龄接近性成熟年龄(2 龄),说明在性成熟后美洲鲥的生长潜力已经较低。本研究表明,美洲鲥 1+龄亚成鱼体质量生长同样具有拐点,出现在 96.5 d;在此拐点前,体质量生长速度随养殖天数增加而下降;拐点后,体质量生长速度随养殖天数增加而增加。这说明 1+龄阶段仍为美洲鲥的稳定生长阶段,体质量生长仍有较大的增长空间。因此,在池塘养殖条件下,要充分发挥潜力,保证 1+龄美洲鲥的正常生长,以便在 2 龄性成熟之前能顺利上市。

美洲鲥 1+龄鱼种在池塘养殖条件下(养殖周期 185 d),其体长、体质量生长呈幂函数关系,属匀速生长型。体长、体质量与养殖天数均呈三次函数增长相关,体长和体质量生长拐点分别出现在 100.8 d 和 96.5 d。

参考文献

Lee S M. 2001. Review of the lipid and essential fatty acid requirements of rockfish (*Sebastes schlegeli*). Aquaculture Research, 32(S1): 8 - 17.

管标,温海深,刘群,等.2014.急性温度胁迫对虹鳟肝脏代谢酶活性及生长相关基因表达的影响.大连海洋大学学报,29(6): 566 - 571.

洪孝友,陈昆慈,李凯彬,等.2014.水库网箱美洲鲥养殖试验.水产养殖,(2): 8 - 9.

刘青华,郑玉红,孟涵,等.2017.美洲鲥鱼的养殖风险和对策.科学养鱼,(11): 1 - 3.

刘金兰,王培.2009.美洲鲥鱼消化系统消化酶活性研究.安徽农业科学,37(2): 192 - 194.

潘德博,洪孝友,朱新平,等.2010.美洲鲥工厂化养殖模式初探.广东农业科学,37(8): 34 - 35.

潘桂平,刘本伟,周文玉.2016.低温胁迫对云纹石斑鱼幼鱼抗氧化和免疫指标的影响.上海海洋大学学报,25(1): 78 - 85.

齐红莉,梁拥军,杨广,等.2009.美洲鲥应激反应机理的研究.华北农学报,24(1): 36 - 39.

强俊,杨弘,王辉,等.2012.急性温度应激对吉富品系尼罗罗非鱼(*Oreochromis niloticus*)幼鱼生化指标和肝脏 HSP70 mRNA 表达的影响.海洋与湖沼,43(5): 943 - 953.

施永海,张根玉,徐嘉波,等.2017a.一种工厂化养殖美洲鲥原池倒池的方法:中国,CN107223599A.

施永海,徐嘉波,陆根海,等.2017b.养殖美洲鲥的生长特性.动物学杂志,52(4): 638 - 645.

王伟,姜志强,孟凡平,等.2012.急性温度胁迫对太平洋鳕仔稚鱼成活率、生理生化指标的影响.水产科学,31(8): 463 - 466.

谢明媚,彭士明,张晨捷,等.2015.急性温度胁迫对银鲳幼鱼抗氧化和免疫指标的影响.海洋渔业,37(6): 541 - 549.

徐嘉波,税春,施永海,等.2018.池养美洲鲥 1+龄鱼种生长特性的研究.上海海洋大学学报,27(1): 55 - 63.

徐钢春,张呈祥,郑金良,等.2012.美洲鲥的人工繁殖及胚胎发育的研究.海洋科学,36(7): 89 - 96.

郁蔚文,管崇武,宋红桥.2005.美国鲥鱼海水驯养试验.渔业现代化,(6): 30 - 31.

张思敏,李吉方,温海深,等.2018.急性温度胁迫对许氏平鲉肝脏代谢机能和血液指标的影响及生理机制.中国海洋大学学报(自然科学版),48(5):32-38.

周景祥,陈勇,黄权,等.2001.鱼类消化酶的活性及环境条件的影响.北华大学学报(自然科学版),2(1):70-73.

第七章

美洲鲥的越冬养殖技术

美洲鲥在水温 8～10℃以下时摄食明显减少,5℃以下停止摄食,温度继续下降开始出现死亡。因此,在长三角地区美洲鲥不能自然过冬,需要搭建室外越冬棚或移入室内进行越冬养殖。一般在每年的 11 月中下旬至 12 月上旬,当水温低于 15℃时,美洲鲥需要移入越冬棚进行越冬养殖。越冬养殖有土池大棚越冬、工厂化越冬和网箱越冬三种模式。平稳有效地度过越冬期是美洲鲥养殖发展的关键环节之一,越冬的好坏不仅影响到当年的生产成果,对来年的成鱼养殖也有着较大的影响。

第一节　土池大棚越冬养殖

土池大棚越冬是近年来发展起来的,是比较适合规模化生产的一种方法,考虑到成本及方便管理,现在大多数采用在池塘上直接搭建农用薄膜保温大棚,解决美洲鲥越冬养殖和早期苗种培育暂养及大规格鱼种的强化培育。上海市水产研究所奉贤科研基地进行了多年的土池大棚越冬养殖试验,积累了丰富的越冬养殖经验。为便于读者借鉴,本节提供了作者所在单位的 2 个典型案例,供大家参考。

一、土池大棚的搭建

1. 越冬土池的选择
一般选一对相邻的池塘为一组,搭建一个大棚。池塘要求是长方形、东西走向

221

更好、池底平坦、不漏水、不渗水、进排水方便。池深为 1.5～2.5 m，池塘面积 0.13～0.66 hm² 为宜，两个池塘的宽度加中间隔离塘埂的总宽度不超过 100 m（即总跨度不超过 100 m）。塘埂一般要求有水泥护坡，塘埂的上口宽度要求达到 2.5 m 以上，塘埂的高度应高于池塘最高水位线 0.5 m 以上。

2. 土池大棚的搭建

越冬土池大棚为"人"形棚架结构，中梁建立在两个池塘的隔离塘埂上，是整个大棚的支撑点；池塘四周建地锚，用于固定钢丝绳使之形成棚顶框架，上面覆盖农用薄膜，固定后形成保温大棚。土池大棚搭建由搭建中梁、搭建地锚、搭建斜梁、铺设底层钢丝绳、铺设薄膜、铺设上层钢丝绳、拉纵向钢丝绳、锁定节点和封闭山墙安装大门 9 个步骤组成。固定横向钢丝绳的地锚间距为 50 cm，固定纵向钢丝绳的地锚间距为 100 cm，越冬土池大棚搭建完工的整体效果图见图 7 - 1。

图 7 - 1　越冬土池大棚外部

二、放养前准备

越冬棚一般在每年的 11 月底之前搭建完成。池塘进水口套 60 目筛绢网，排水口安置两道拦网，第一道是围网，第二道是闸网。放养前池塘必须清淤修整，然后池底留 30 cm 水，用 225～450 kg/hm² 漂白精浸泡消毒 24 h 后，彻底排干待用；或用

2 250～3 000 kg/hm² 生石灰干法清塘消毒。注水 1 周后放鱼,若有天然海水资源,越冬用水取天然海水为宜,盐度 5～18。越冬池要配备增氧设备,一般为 1.5 kW 或 3.0 kW 的叶轮式增氧机,也可用叶轮式增氧机和水车式增氧机搭配使用。0.2 hm² 以下池塘配叶轮式增氧机 1 台即可,具体视越冬池的面积大小和越冬鱼类的载荷量灵活配备。

三、放养

每年的 11 月中下旬至 12 月上旬,当水温低于 15℃时,美洲鲥需要移入池塘越冬棚进行越冬养殖。放养前 1 周需要对移入越冬棚的美洲鲥鱼种进行 2～3 次的拉网锻炼。鱼种放养选择无风的上午进行,提前开启越冬棚增氧机,测量水温,温差不超过 2℃。采用 20～50 L 的圆桶带水遮光运输,当年鱼种运输密度为 15～20尾,1⁺龄成鱼运输密度为 5～10 尾。鱼种下塘时,让池塘水体先进入桶内,使之适应 1～2 min,再放出。据多年养殖实践观察,水温 12℃以上美洲鲥摄食良好,说明美洲鲥越冬期仍然是重要生长期。美洲鲥越冬养殖密度不宜太大,建议当年鱼种(体长 10～12 cm、体质量 20～40 g)放养密度为 22 500～37 500 尾/hm²;1⁺龄鱼种(体长 27～35 cm、体质量 300～600 g)放养密度为 15 000～18 000 尾/hm²。

四、水质管理

1. 水温调控

越冬与度夏是美洲鲥养殖的关键环节,其中涉及的关键因子是水温。因此,调控好水温(夏天降温、冬天保温)对美洲鲥养殖具有重要意义。美洲鲥越冬水温要求控制在 10℃以上。在上海及周边地区通过搭建土池保温大棚,能够确保美洲鲥安全越冬。棚内池塘水温一般不会低于 10℃(张海明等,2010;谢永德等,2020),也不需要再另行升温。而且,棚内水温相对稳定,上下波动小,美洲鲥应激反应也小,更有利于美洲鲥的生长。

2. 水质调控

在越冬前期(即 12 月份中旬之前)每 2 周换水 1/3,中期(即 12 月份中旬之后至 2 月底)每 4～5 周换水 1/5～1/3;水温低于 10℃不换水或在低温潮来临之前换水 1次,再者连续几个晴天后上午排水、下午进水,换水时务必开启增氧机;后期(即 2 月底之后)恢复每 2 周换水 1/3。随着外界水温上升,根据池塘水质情况还可以增加换水量,原则上温差不能超过 2℃。为了改善池塘水质,还可以每月按 225～375

kg/hm² 生石灰用量全池泼洒 1 次。1⁺龄成鱼在次年的 3 月份开始逐步换入淡水,由海水过渡到淡水养殖环境,通过淡水养殖培育后,挑选人工繁殖亲本或者上市销售。

五、饲料投喂

越冬期总体水温偏低,美洲鲥摄食能力下降,为了保证美洲鲥营养需求,改投粗蛋白含量相对比较高(44%)的海水鱼膨化配合饲料(浮性)。每天投喂 2 次(8:00 和 16:00),每次投饲量以 2 h 摄食完为准。若有条件做到精细投喂,每天投喂次数可以增加到 4 次(7:00、11:00、14:00 和 17:00),每次摄食控制在 1 h 内。利用美洲鲥摄食条件反射,定点定时投喂,饲料投喂点选在池塘中间区域,不设置饲料投喂框。冬季摄食不必控制八分饱,足量投喂。根据养殖鱼类规格选择合适的饲料粒径(参见 5-1-1 对照表),尽量做到适口性投喂。

六、日常管理

越冬期的首要任务是保温。土池大棚搭建好后,需要经常检查保温膜是否被大风吹破,框架上的钢丝是否被拉断,一旦发现及时修补,维护好土池大棚保温功效。遇到下雨天气保温膜上若有积水,及时打洞除去积水。在越冬养殖期,每天需要观察美洲鲥活动、摄食等情况是否正常,发现有问题及时采取措施,包括及时清理残饵及固体有机物。每天上、下午需要测量水温,并定期检测池塘水质常规指标,密切注意池塘水温、水质变化。遇上晴好天气,大棚两端开门通风。整个养殖期间需要合理、科学的开启增氧机,晴天中午开机 1 h。还需要做好各项详细的记录工作,以便追踪、追溯事件的演变发展过程。当外塘水温持续稳定在 15℃以上时,时间一般在 3 月下旬至 4 月上旬,可以将越冬美洲鲥鱼种或成鱼逐步放养到外塘进行养殖。

典 型 案 例

案例 1:美洲鲥当年鱼种土池大棚越冬养殖试验

2017～2019 年,上海市水产研究所奉贤科研基地采用在池塘上方搭建简易农用薄膜大棚的方式开展了美洲鲥当年鱼种池塘大棚越冬养殖试验。美洲鲥当年鱼种越冬养殖一般在 11 月底、12 月初开始,至 4 月上旬结束。鱼种是基地自行繁育并养殖到当年 11 月底的美洲鲥当年鱼种,月龄为 6～7 月龄。越冬用水是当地河水并添加一定比例当地河口水,盐度维持在 3～5。美洲鲥越冬鱼种放养基本情况见表 7-1-1。

表 7 - 1 - 1　美洲鲥越冬鱼种放养基本情况

年份	池号	面积 (m²)	放养日期 (y－m－d)	放养总数 (尾)	放养密度 (尾/m²)	放养密度 (kg/hm²)	放养体长 (cm)	放养体质量 (g)	肥满度 (%)
2017～2018	10#西	1 666	2017-11-29	7 424	4.46	1 215.6	12.45± 1.24	27.29± 9.62	1.37± 0.11
2018～2019	7#	3 333	2018-12-05	7 588	2.28	1 511.7	16.65± 1.36	66.41± 15.29	1.41± 0.11

鱼种放养后及时投喂人工饲料,饲料为海水鱼膨化配合饲料(明辉牌,浮性),根据鱼种个体大小选择饲料型号和粒径,具体为:在 2017～2018 年越冬实验中,前 3 个月投喂 1# 料(粒径为 2.2～2.6 mm,常规营养成分:粗蛋白含量为 40%、粗脂肪含量大于 6.0%、水分含量小于 12.0%),随后的 1 个多月投喂 2# 料(粒径为 3.3～3.8 mm,常规营养成分:粗蛋白含量为 40%、粗脂肪含量大于 6.0%、水分含量小于 12.0%);而在 2018～2019 年越冬实验中,因鱼种个体较大,前 3 个月投喂 2# 料(粒径为 3.3～3.8 mm,常规营养成分:粗蛋白含量为 40%、粗脂肪含量大于 6.0%、水分含量小于 12.0%),随后的 1 个多月投喂 3# 料(粒径为 5.0～5.5 mm,常规营养成分:粗蛋白含量为 44%、粗脂肪含量大于 6.0%、水分含量小于 12.0%),每天投喂 2 次(8:00 和 16:00),投饲量以 2 h 摄食完为准。2017～2018 年,美洲鲥当年鱼种经过 130 d 的池塘大棚越冬养殖,鱼种体长和体质量分别达到 17.48 cm 和 77.57 g,分别增长 40.40% 和 184.24%,收获时的肥满度为 1.43,养殖成活率 89.29%,饵料系数为 1.50,单位产量 3 085.2 kg/hm²;2018～2019 年的池塘大棚越冬养殖,经过 125 d 的养殖,鱼种体长和体质量分别达到 21.19 cm 和 137.96 g,分别增长 28.04% 和 106.53%,收获时的肥满度为 1.42,成活率 94.81%,饵料系数为 1.65,单位产量 2 977.5 kg/hm²(表 7 - 1 - 2)。

表 7 - 1 - 2　美洲鲥当年鱼种池塘大棚越冬养殖试验结果

年份	池号	收获日期 (y－m－d)	收获体长 (cm)	收获体质量 (g)	肥满度 (%)	饵料系数	成活率 (%)	单位产量 (kg/hm²)
2017～2018	10#西	2018-04-08	17.48± 1.28	77.57± 17.58	1.43± 0.09	1.50	89.29	3 085.2
2018～2019	7#	2019-04-09	21.19± 1.72	137.96± 34.00	1.42± 0.09	1.65	94.81	2 977.5

本案例中,虽然美洲鲥两种规格的当年鱼种(27.29 g/尾和 66.41 g/尾)放养

个体密度差 1 倍(4.46 尾/m² 和 2.28 尾/m²),但是放养的重量密度相差不大(分别是 1 215.6 kg/hm² 和 1 511.7 kg/hm²)。越冬结果显示,在相似的放养重量密度下,美洲鲥当年鱼种的养殖效果也相似。单位产量分别为 3 085.2 kg/hm² 和 2 977.5 kg/hm²,养殖成活率分别为 89.29% 和 94.81%,饵料系数分别为 1.50 和 1.65。由此可见,美洲鲥当年鱼种(27.29~66.41 g/尾)池塘大棚越冬放养密度 1 215.6~1 511.7 kg/hm² 是合适的,如果能保持良好的水质,特别是能维持较高的溶解氧水平(5 mg/L 以上),美洲鲥当年鱼种越冬密度还可以进一步提高。

当鱼类生活环境水温低于鱼类的适宜范围,鱼类生长将受到抑制,表现出生长停滞或者负生长;当水温突破了鱼类能忍受的极限低温,会造成机体生理活动紊乱,甚至死亡。在江浙一带的冬季,敞口池塘的极端低温会突破美洲鲥的耐受极限,极易造成美洲鲥鱼体冻伤,甚至死亡。养殖户一般采用室内深井水、温泉水及池塘大棚来保温。本案例冬季池塘大棚越冬水温在 10~20℃ 范围内,当年鱼种在大棚内,生长良好,成活率也较高,饲料系数很理想。这说明越冬期间 10℃ 以上的水温适合美洲鲥当年鱼种生长,此水温还在美洲鲥当年鱼种的适宜水温范围。

案例2:美洲鲥1⁺龄成鱼土池大棚越冬养殖试验

2018~2019 年,上海市水产研究所奉贤科研基地进行美洲鲥成鱼土池大棚越冬试验,池塘的编号为 51# 和 52#,面积各为 0.16 hm²。2018 年 12 月 11 日,51# 池塘放养规格为平均体长 29.28 cm,平均体质量 404.43 g 的 1⁺龄成鱼 2 340 尾;52# 池塘放养规格为平均体长 30.33 cm、平均体质量 468.98 g 的 1⁺龄成鱼 2 743 尾。放养 2 d 开始投喂粗蛋白含量为 44%、编号为 9913 的海水鱼膨化配合饲料 3# 料(明辉牌,浮性),每天 4 次(7:00、11:00、14:00 和 17:00),投饲量以 1 h 摄食完为准。放养 1 周后逐步换入海水,由淡水过渡到海水环境越冬,之后根据池塘水质情况适时换水,原则是在水温 10℃ 以下时不换水。越冬期仍是美洲鲥重要的生长期,放养密度不宜太高。从美洲鲥的摄食行为分析,在水温 15℃ 时其摄食率达 2%,在水温 12~13℃ 时摄食率为 1%,摄食仍相对比较旺盛,故在越冬期仍然需要重视饲料投喂和水质调控,充分挖掘其生长潜能。徐嘉波等(2018b)研究表明,性腺发育成熟之前的越冬早和中期(即当年 11 月至次年 2 月)为美洲鲥 1⁺龄亚成鱼生长的重要时期,该阶段鱼的饲料系数低、体质量日均增长量大、肥满度高,提高该环节的养殖技术有利于增加养殖产量。因此,饲料投喂需要实行精细化管理,除了选用高蛋白含量的(44%)的海水鱼膨化料之外,在摄食形成条件反射的情况下由每天投喂 2 次增加到 4 次,并且足量投喂,尤其在水温 12~13℃ 时仍然要重视饲料投喂,因为此时能耗少,饲料转化率高。经过 93～100 d 的越冬养殖,51# 池塘于 2019 年 3 月 14 日拉网起捕,收获总尾数 2 284 尾,收获时体长为 32.62 cm,增长 11.4%,收获时体质量为 639.01 g,增重 58.0%,越冬养殖成活率 97.6%,饵料系数为 2.23。52# 池塘于 2019 年 3 月 21 日拉网起捕,收获总尾数 2 532 尾,收获时体长为 34.07 cm,增长 12.3%,收获时体质量为 662.05 g,增重 41.2%,越冬养殖成活率 92.3%,饵料系数 2.18。

第二节　工厂化越冬养殖

在长三角地区,采用工厂化模式养殖美洲鲥,冬季一般无需辅助加温即可顺利越冬,但必须适时做好养殖车间或大棚的保温。池塘养殖的美洲鲥,除了可以池塘大棚越冬,也可转入室内或大棚内的水泥池中,采用工厂化模式越冬。本节以上海万金观赏鱼养殖有限公司和上海任屯水产专业合作社为背景,结合文献报道和多年来的科研成果与养殖经验,介绍美洲鲥工厂化越冬养殖技术。

一、室内水泥池条件

越冬养殖池水深以 1.5 m 以上为宜,面积较大、水深较深的养殖池更有利于水温的保持。水源水质应符合《渔业水质标准》(GB 11607—1989)规定,符合美洲鲥养殖水质要求。若有条件,可抽取大型河流、湖泊或水库水温较高的底层水作为水源。

二、放养前准备

越冬养殖前,应做好鱼种的强化培育,抓住夏末到初冬这一段水温适宜的时期,加强养殖管理,精养细喂,培育体质健壮的大规格鱼种,为成功越冬奠定基础。

水温降至 22℃时,及时拆除大棚顶部的双层遮阴膜,保留覆盖面积 20%～30% 的单层遮阴膜以控制光照强度,遮阴膜最好设置在保温薄膜内层,以充分利用太阳辐射为大棚加温。水温 18℃时,大棚覆盖双层保温薄膜,封住通风口,薄膜接地处要用泥土压实,确保密封。

放养前,应做好养殖池的彻底清洗和消毒,并检查相关的供排水系统、供电系统、供气系统和尾水处理系统,确保其能够满足生产需要,并在整个越冬养殖期内运转良好。

三、放养

对于室外池塘培育和进棚越冬的鱼种,选择合适的进棚时间对提高越冬成活率和成本控制至关重要。密切关注当地天气预报,掌握寒潮动向,在池塘水温15～20℃时,考虑安排进棚越冬。进棚时,要确保池塘水温与大棚内水温温差不超过 2℃,搬运过程要带水操作。

越冬池的放养密度在 20 尾/m² 为宜,根据放养鱼种的规格和水源水质情况合理调整密度。

四、水质管理

越冬养殖期间,每 7～10 d 换水 1/2～2/3,或者每周吸污换水 2 次,每次 10% 左右。换水量要根据水温情况灵活掌握。水温高于 12℃时,可适当增加换水量,保持养殖池水质清新;水温较低时,要适当控制投喂,及时吸污,减少换水。冬季换水要注意水温差异,把握快出慢进的原则,避免水温过度波动。若有条件进行原池倒池,可每 30 d 左右原池倒池 1 次,对原池进行彻底刷洗和消毒。

要做好尾水处理系统的日常维护,定期反冲清洗滤料,及时捞出凋败的水生植物。低温条件下,尾水处理设施的处理能力一般也会有所下降,尤其是人工湿地处理模式。因此,越冬养殖期间,要适当延长养殖尾水在湿地停留处理的时间,或者为水处理设施搭建保温棚,保证尾水达标排放。水温回升后,要及时播种水生植物。

五、饲料投喂

每天定时投喂 2～3 次,每次 1.5 h 吃完为准。水温较低时,养殖美洲鲥摄食量会有所减少,要适当减少投饲量和投饲次数;越冬养殖后期,水温回升,要逐步增加投喂,强化培育。

六、日常管理

水温管理是越冬期间养殖管理的关键环节。要密切监测养殖池和水源水水温,关注天气变化。寒潮来袭前,要增加换水量,保持水质清新,低温期间尽量减少换水。做好日常巡查,确保各种养殖设备运转正常,确保大棚薄膜无漏洞和破损;查看养殖鲥鱼摄食和活动情况,及时捞出病鱼和死鱼,做好病害防治。做好养殖日志的记录,以便追溯养殖过程,不断积累经验技术,指导日后养殖生产。

若要开展美洲鲥的人工繁殖,养成的商品鱼还要进行第 2 次越冬养殖,亲本的越冬养殖技术详见第三章第二节。

典 型 案 例

2019 年,上海市水产研究所美洲鲥养殖技术服务点上海沁淼生物科技有限公司采用以镀锌板为框架内衬高密度聚乙烯膜的养殖池,开展了美洲鲥鱼种的越冬养殖。养殖池共计 7 口,为圆形,单个池面积为 30 m²。鱼种放养密度为 4 尾/m²,放养时平均体质量约 40 g/尾。采用定制的美洲鲥绿色饲料,蛋白含量为 40%～45%。每天投喂 2 次(9:00 和 16:00),上午投饲量约占全天投饲量的 30%,下午占70%。每 4～5 d 吸污换水 1 次,换水量 30%。养殖大棚在 11 月日均气温 15℃左右时封闭通风口,并配备了自动卷膜控制器,棚内气温超过 23℃时,自动卷膜通风大棚顶部部分覆盖黑白膜控制光照强度。12 月间,为了提高水温,拆除了黑白膜。此后,由于棚内光照增强,到 2020 年年初,部分养殖池开始出现池壁大量附生刚毛藻的现象,养殖美洲鲥也有零星死亡,死亡个体体表可见霉菌菌丝。2020 年 3 月,大棚重新覆盖黑白膜。2019 年上海冬季偏暖,并未出现连续极端低温天气,整个冬季水温保持在 10～15℃。到 2020 年 4 月,越冬成活率 98% 以上,平均规格约120 g/尾。

第三节　网箱越冬养殖

养殖水域表层水温全年 8℃以上,网箱深度达 8 m 以上时,美洲鲥可在网箱中顺利越冬(洪孝友等,2014;贾俊威,2016;俞爱萍,2015)。越冬期间,放养密度为50～75 尾/m²,网目为 3 cm。如果采用大箱套小箱的三级轮养模式,应在越冬前将鱼种转入中层网箱。每天定时定点投喂 2～3 次,每次 1 h 左右吃完;表层水温10℃以下时,每天中午投喂 1 次,可改投配合饲料(缓沉性)。投喂时,速度要慢,防止产生过多残饵。低温期间不宜进行分箱操作,以免冻伤或引发鱼病。做好日常的巡箱和检查工作,定期清洗网片,做好养殖日志的记录。

水深较浅或者冬季水温更低的养殖水域,养殖的美洲鲥无法在网箱中越冬。要在水温 15℃ 左右时,将网箱中的鱼种收回,转入温室大棚或者搭建保温棚的池塘中越冬。具体的技术方案参照本章第一、第二节。

典 型 案 例

2013 年～2016 年,安徽省宁国市青龙湾水库连续开展了美洲鲥大水面网箱养殖。养殖区平均水深为 28 m,表层常年水温为 8.5～33℃,平均透明度为 2.4 m,溶解氧为 5～8 mg/L,pH 为 7.0～8.5。网箱"田"字形设置,2013 年 5 月放养夏花鱼种 1.8 万尾,2014 年 5 月放养 10.2 万尾,2015 年 5 月放养 26.7 万尾,规格均为体长 3 cm/尾。经鱼种培育,到 11 月底,规格达到 50～150 g/尾,在原养殖水域越冬。越冬期间,网箱规格为 6 m×5 m×10 m,网衣孔径为 3 cm,密度为 50～75 尾/m²。投喂粗蛋白为 44% 的海水鱼膨化配合饲料 2# 料(天邦牌,浮性),每天上、下午各投喂 1 次;表层水温 10℃ 以下时,每天中午投喂 1 次。日投饲量约为鱼体质量的 2%～5%。一般每 10～15 d 更换网箱 1 次,以保证网箱内外水交换畅通。每 10～15 d 泼洒生石灰 1 次,同时定期在网箱周围挂袋硫酸铜和硫酸亚铁合剂预防病害。试验报告中,作者并未给出越冬期间的成活率和生长情况,仅提供了 3 批夏花鱼种经 1 年半的养殖,到收获时的规格和成活率,规格分别为 600～800 g/尾、650～850 g/尾和 300～400 g/尾,成活率分别为 73.3%、65.8% 和 69.4%(贾俊威,2016)。上述数据可以表明,鱼种顺利度过了越冬期,越冬养殖获得成功。

第四节　越冬亚成鱼生长特性

美洲鲥对温度较为敏感,耐低温能力较差,当水温低于 5℃ 时,摄食量明显下降,并开始死亡。在池塘养殖条件下,需要搭建保温大棚保障美洲鲥安全越冬。对越冬期间 1^+ 龄美洲鲥的生长特性进行研究分析,可为美洲鲥池塘养殖提供更加丰富的实践资料,进一步优化美洲鲥池塘养殖技术方案。上海市水产研究所(徐嘉波等,2018b)对池塘大棚越冬美洲鲥 1^+ 龄亚成鱼生长特性进行了研究。在 11.2～20.6℃ 条件下,放养密度为 4 682 尾/hm²,经 150 d 的越冬养殖,成活率为 98.0%,体长增长 26.6%,体质量增加 96.2%,体长与体质量呈幂函数关系,肥满度为 1.55～1.71。研究表明,美洲鲥 1^+ 亚成鱼的适宜越冬水温应在 12℃ 以上,最佳越冬水温在 15℃以上。

2016 年 11 月 8 日～2017 年 4 月 6 日，上海市水产研究所奉贤科研基地（徐嘉波等，2018b）在杭州湾北岸上海市奉贤区五四农场区域内开展了相关试验。选取编号为 10# 西的池塘，面积为 0.17 hm²，泥质塘底，池深约 2.0 m，水位深 1.8 m。池塘使用前，用 225 kg/hm² 的漂白精消毒，消毒干塘后进水至预定水位，1 周后开展美洲鲥越冬养殖试验。试验用鱼是 2015 年 5 月繁育后养殖至 1⁺ 龄的亚成鱼，规格为体长 26.41 cm±2.09 cm、体质量 295.6 g±81.0 g，放养密度为 4 682 尾/hm²。在越冬养殖期间，投喂海水鱼膨化配合饲料 3# 料（浮性），定时定点投喂饲料。用水为河口自然水，盐度为 3～12，pH 为 7～9，溶解氧在 5 mg/L 以上。每 2 周换水 1 次，当水温低于 12℃时，换水量为 1/5；当水温高于 12℃时，换水量为 1/3。越冬期间，每天上、下午各测量 1 次水温，每月测量 1 次生长数据，随机抽取 30 尾美洲鲥测量体长、体质量。

数据分析中各项参数的计算公式如下。

体长与体质量的关系式：$W = aL^b$

生长常数：$G_C = (\ln L_2 - \ln L_1) \times (t_2 - t_1)/2$

肥满度：$C_F = 100 \times W/L^3$

变异系数（%）：$C_V = SD/X \times 100$

体长日均增长量（cm/d）：$D_L = (L_2 - L_1)/(t_2 - t_1)$

体质量日均增长量（g/d）：$D_W = (W_2 - W_1)/(t_2 - t_1)$

体长特定增长率（%/d）：$L_{SGR} = (\ln L_2 - \ln L_1)/(t_2 - t_1) \times 100$

体质量特定增长率（%/d）：$W_{SGR} = (\ln W_2 - \ln W_1)/(t_2 - t_1) \times 100$

式中，W 为体质量（g），L 为体长（cm）；W_1、W_2 和 L_1、L_2 分别为 t_1、t_2 时的体质量和体长；SD 为标准差，X 为平均值；a 和 b 为常数。

一、越冬亚成鱼的阶段生长

美洲鲥 1⁺ 龄亚成鱼池塘越冬生长特性见表 7-4。经 150 d 池塘越冬养殖，美洲鲥体长增加 26.6%，达到 33.43 cm±1.25 cm，体质量增加 96.2%，达到 580.0 g±94.8 g。初始放养 796 尾，2017 年 4 月起陆续出售。经统计，至 2017 年 4 月 6 日，美洲鲥存活 741 尾。越冬期间每次测量生长数据时，活体性腺取样 10 尾，计 40 尾，越冬成活率以实际存活数除以越冬放养数扣除取样总数的差计算，为

98.0%。越冬期间水温为 11.2～20.6℃。体长日均增长量、体质量日均增长量随着养殖时间的增加均呈"n"形变化,体长日均增长量、体质量日均增长量最高均出现在 28～91 d,分别为 0.07 cm/d 和 3.41 g/d。体质量日均增长量在越冬中后期明显下降并维持在较低水平(0.34～0.40 g/d)。

表 7 - 4　美洲鲥 1^+ 龄越冬亚成鱼的阶段生长(徐嘉波等,2018b)

养殖天数(d)	阶段水温(℃)	体长(cm)	体长日均增长(cm/d)	体质量(g)	体质量日均增长量(g/d)	体长生长常数	阶段饵料系数	总饵料系数
1	—	26.41±2.09	—	295.6±81.0	—	—	—	—
28	18.2±1.5	27.61±2.50	0.04	343.3±105.2	1.76	0.60	—	—
91	13.8±1.4	31.99±2.58	0.07	558.3±162.6	3.41	4.63	1.88	—
120	14.4±1.6	32.52±2.40	0.02	568.0±148.0	0.34	0.24	—	—
150	14.7±1.7	33.43±1.25	0.03	580.0±94.8	0.40	0.41	9.41	2.36

生长常数用于划分鱼类的生长阶段(殷明称,1995)。美洲鲥 1^+ 龄亚成鱼越冬的体长生长常数表现出越冬早期略有下降,中期快速升高,后期迅速下降的趋势。具体表现为:越冬早期 A1(2016 年 11 月 8 日～2016 年 12 月 5 日)区间体长生长常数为 0.60,略低于池塘养殖 1^+ 龄鱼种秋末阶段(0.77～0.89)(徐嘉波等,2018a),这主要受鱼种转运操作和养殖环境改变的综合影响。转运操作对鱼种造成应激,同时池塘越冬保温大棚的搭建改变了原自然条件下的光照强度,在进入新养殖环境初期,鱼种有一个适应过程,该阶段鱼种摄食水平较低,生长略受影响。越冬中期 A2(2016 年 12 月 6 日～2017 年 2 月 6 日)区间体长生长常数为 4.63,显著高于越冬期间其他监测区间,同时显著高于 1^+ 龄鱼种池塘养殖(<1.48)(徐嘉波等,2018a),这主要由两类因素造成:一类为环境影响因素,即 A1 区间美洲鲥的生长所受环境影响在 A2 区间得以补偿、稳定,而较低的水温环境使得美洲鲥运动能耗降低,有利于生长;另一类因素,也是主要因素,为自身生长特性,就养殖美洲鲥周年生长特性而言,这一区间为稳定生长期和生长衰老期的过渡期,1^+ 龄亚成鱼中的雌鱼在该区间经历了性成熟拐点,雌雄个体分化明显,雌鱼个体明显大于雄鱼,就 1^+ 龄亚成鱼越冬阶段而言,体长生长速度拐点出现在 A2 区间的末端(59 d,2017 年 2 月 2 日)。越冬后期的 A3(2017 年 2 月 7 日～2017 年 3 月 7 日)与 A4(2017 年 3 月 8 日～2017 年 4 月 6 日)区间体长生长常数分别为 0.24 和 0.41,显著低于 A2 区间,表明美洲鲥 1^+ 龄亚成鱼已进入生长缓慢期,不论雌鱼和雄鱼均开

始进入性腺快速发育阶段。为准确区分和表述美洲鲥 1⁺ 龄亚成鱼越冬生长阶段，将 A1、A2 区间合并为 S1 越冬早中期加速生长阶段，将 A3、A4 区间合并为 S2 越冬后期衰退生长阶段。

二、体长与体质量的关系

采用幂函数方程($W = aL^b$)对美洲鲥 1⁺ 龄越冬亚成鱼的体长、体质量关系进行拟合，关系式为：$W = 0.012\ 3L^{3.076}$，$R^2 = 0.922\ 8$(图 7-4-1)。拟合方程式中，$b = 3.076$，b 值接近 3，表明越冬期间美洲鲥呈匀速生长。与施永海等(2017)对工厂化养殖美洲鲥生长特性研究的结果相似(♀：$b = 3.111\ 3$；♂：$b = 3.057\ 4$)，低于美洲鲥 1⁺ 龄鱼种池塘养殖阶段($b = 3.260\ 3$)(徐嘉波等，2018a)。

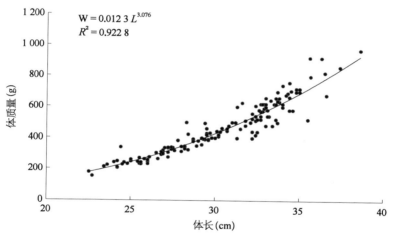

图 7-4-1　美洲鲥 1⁺ 龄亚成鱼越冬体长与体质量的关系(徐嘉波等，2018b)

三、生长式型

对美洲鲥 1⁺ 龄越冬亚成鱼的体长(L)、养殖天数(T)进行拟合，关系式为：$L = -0.000\ 002T^3 + 0.000\ 354T^2 + 0.045\ 634T + 26.288\ 008$，$R^2 = 0.992\ 4$(图 7-4-2)。根据拟合方程，体长生长拐点出现在 59 d，在此拐点前，体长生长速度随养殖天数的增加而加快；拐点后，体长生长速度随养殖天数的增加而下降。

对美洲鲥 1⁺ 龄越冬亚成鱼的体质量(W)、养殖天数(T)进行拟合，关系式为：

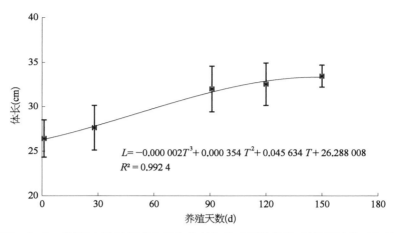

图 7-4-2　美洲鲥 1⁺龄亚成鱼越冬体长与养殖天数的关系(徐嘉波等,2018b)

$W=-0.000\ 180T^3+0.028\ 969T^2+1.590\ 880T+289.705\ 866,R^2=0.988\ 1$(图 7-4-3)。根据拟合方程,经计算,体质量增长拐点出现在 54 d,在此拐点前,体质量增长速度随养殖天数增加而加快;拐点后,体质量生长速度随养殖天数增加而下降。

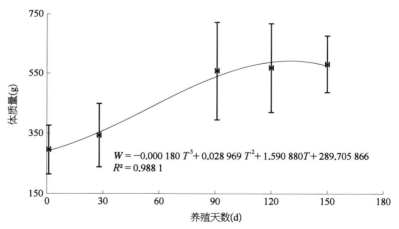

图 7-4-3　美洲鲥 1⁺龄亚成鱼越冬体质量与养殖天数的关系(徐嘉波等,2018b)

美洲鲥 1⁺龄亚成鱼越冬生长的体长、体质量分别与养殖时间拟合三次方程($R^2=0.992\ 4,R^2=0.988\ 1$),均优于 von Bertalanffy 生长方程和幂指数生长方程(陆小菊等,2002)。拟合方程计算可得,体长生长拐点出现在 59 d、体质量生长拐点出现在 54 d,体长生长拐点晚于体质量生长拐点,这与美洲鲥 1⁺龄鱼种池塘养殖生长特性相似(徐嘉波等,2018a),表明美洲鲥 1⁺龄亚成鱼越冬阶段仍未进入成鱼期,成鱼期前以体长生长为主(陈慧等,2010)。体长和体质量随养殖时间的变化与体长(体质量)日均增长量及生长常数随养殖时间的变化规律相符。拐点之前,随着养殖水温的降低,美洲鲥运动能耗下降,摄入能量主要用于生长和越冬储备;拐点之后,美洲鲥 1^+ 龄亚成鱼接近 2 龄成熟,逐渐过渡至生长缓慢期。

四、生长离散与肥满度

美洲鲥 1^+ 龄亚成鱼的越冬期间生长离散变化较为简单(图 7-4-4),体长变异系数和体质量变异系数变化基本相同,均呈先上升后下降趋势,体长变异系数和体质量变异系数均于 2016 年 12 月 5 日达到最大值(分别为 9.07％、30.65％);在越冬后期,体长和体质量变异系数逐渐变小,其中体质量变异系数下降明显,于越冬结束的 2017 年 4 月 6 日达到最小值(16.35％)(图 7-4-4)。这一方面与养殖环境有关。美洲鲥 1^+ 龄亚成鱼越冬前池塘养殖阶段经历春、夏、秋 3 季,季节交换和超出适宜生长水温范围的环境影响使得美洲鲥的生长在"适应中-适应"模式切换,其表现是生长离散呈现波浪形,与王秋实等(2011)对施氏鲟池塘养殖生长离散的分析结果一致。越冬期间除早期温度下降明显的环境影响外,中后期由于越冬密度低及水环境相对稳定,鱼类相互竞争作用不强,使得生长离散变化幅度不明显。另一方面与美洲鲥生长特性有关。越冬结束后,不论雌雄鱼,其生长期远远超过性成熟拐点(♀1.517 8 龄、♂1.224 7 龄)(施永海等,2017),这一阶段生长速度放

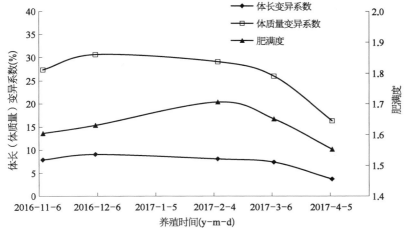

图 7-4-4　美洲鲥 1^+ 龄亚成鱼越冬体长、体质量变异系数和
肥满度的变化(徐嘉波等,2018b)

缓。当群体进入生长缓慢期时,群体中相对较弱的个体在适应环境的条件下仍有补偿生长,较强个体生长不明显,使得生长离散减小。

鱼类肥满度的变化呈现周年和季节的变化。美洲鲥 1⁺龄越冬亚成鱼的肥满度变化趋势与体长和体质量变异系数的变化趋势相同。整个越冬期间,美洲鲥 1⁺龄亚成鱼的肥满度为 1.55～1.71(图 7 - 4 - 4),高于越冬前池塘养殖阶段(1.34～1.63)(徐嘉波等,2018a)。其中,2017 年 2 月 6 日,肥满度达到最大值(1.71),且显著高于越冬初始和结束时的肥满度($P<0.05$)(图 7 - 4 - 4),肥满度在 S1 阶段呈上升趋势,并于 2017 年 2 月 6 日达到越冬期间最大值 1.71;在 S2 阶段呈下降趋势,于 2017 年 4 月 6 日达到越冬期间最低值 1.55(图 7 - 4 - 4)。综合分析整个 1⁺龄鱼种池塘养殖和 1⁺龄亚成鱼越冬的变化趋势,符合施永海等(2017)研究的养殖美洲鲥肥满度周年变化趋势(1 龄:♀1.55、♂1.55;2 龄:♀1.32、♂1.22)。同时,美洲鲥与黄海鲥鱼同为高脂鱼类(顾若波等,2007;朱建成等,2007),其肥满度均有季节变化特征,表现为越冬中期高,越冬结束时降低的特征,这一特征在实际生产过程中需加以重视。通常情况下,养殖户以保证鱼类成活率及顺利过冬为越冬首要目的,而美洲鲥 1⁺龄亚成鱼在越冬期间特别是在越冬当年底至次年立春,饵料系数低、体质量日均增长量大、肥满度高,此时应视为商品鱼养殖的重要环节,提高该环节的养殖技术有利于增加养殖产量。同时应在次年的清明前后及时出售符合规格的商品鱼,避免肥满度下降和鱼类繁殖影响商品鱼的品质,从而获得更好的养殖收益。这与施永海等(2017)对养殖美洲鲥从生长特性角度的分析结果一致。

五、体长、体质量增长与水温的关系

体长特定增长率与体质量特定增长率的变化趋势相同,两者的变化趋势与阶段平均水温的变化相反(图 7 - 4 - 5)。在越冬中前(2016 年 12 月 5 日～2017 年 2 月 6 日),体长和体质量特定增长率均随阶段平均水温的下降而升高,并均于 2017 年 2 月 6 日达到最大值($SGR_L=0.23\%/d$,$SGR_W=0.77\%/d$)。从 2017 年 2 月 6 日至越冬结束,体长和体质量特定增长率明显下降,其数值维持在整个越冬期间的最低水平。

美洲鲥 1⁺龄亚成鱼越冬养殖的体长特定增长率与体质量特定增长率的阶段变化明显。S1 阶段(A1 区间 $SGR_L=0.16\%/d$、A2 区间 $SGR_L=0.23\%/d$、A1 区间 $SGR_W=0.55\%/d$、A2 区间 $SGR_W=0.77\%/d$)相对接近前续的 2016 年 10～11

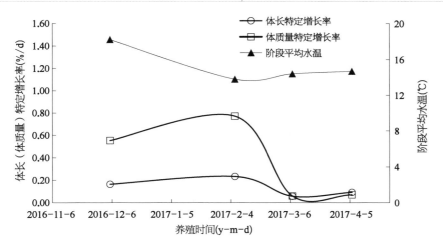

图7-4-5　美洲鲥1+龄亚成鱼越冬体长、体质量特定增长率与水温的关系(徐嘉波等,2018b)

月1$^+$龄鱼种池塘养殖阶段(SGR_L 0.21%/d,SGR_W 0.88%/d)(徐嘉波等,2018a),而S1阶段的阶段水温由18.2℃±1.5℃下降至13.8℃±1.4℃。这说明美洲鲥1$^+$龄亚成鱼生长至越冬中期仍表现出较好的生长状况,水温逐渐下降对生长并未产生负面作用。相反,随着水温逐渐下降,体长(体质量)特定增长率均出现上升趋势,据此推断美洲鲥1$^+$龄亚成鱼越冬适宜水温在12~20℃。但是S2阶段鱼的体长(体质量)特定增长率较S1阶段出现明显下降,此阶段的水温在12~15℃。根据笔者的经验以及相关文献记载(张海明等,2010),该地区池塘越冬大棚月平均水温最低一般出现在1、2月份,即S1和S2的过渡阶段。在推断的适宜温度范围内出现生长明显受影响的现象,其原因为由相对较高的温度逐渐下降至12℃左右的过程中,美洲鲥1$^+$龄亚成鱼运动减弱,能耗减小,有利于能量的积累和储备(S1阶段),但越冬中后期持续的低温(12~15℃)导致美洲鲥摄食能力下降,进而影响生长(S2阶段)。综上分析,美洲鲥1$^+$龄亚成鱼越冬最佳水温需大于15℃,低于15℃虽仍能生长,但持续的低温会导致生长减缓。这一分析结果与缪晓燕等(2014)对美洲鲥生长温度的研究结果相同。

六、越冬养殖与生长的关系

美洲鲥1$^+$龄亚成鱼的越冬养殖是商品鱼养成的重要阶段,该阶段养殖技术的成熟与否直接关系到商品鱼的产量和经济效益。对长江及其以北的区域而言,池塘自然越冬的水温条件不适宜美洲鲥鱼种的生长,要想实现越冬养殖次年春季商品鱼上市,需在较高温度条件下开展美洲鲥 1⁺ 龄亚成鱼越冬养殖。采用钢丝绳和塑料薄膜在池塘上方构建塑料薄膜保温大棚有效地满足了美洲鲥 1⁺ 龄亚成鱼越冬生长的水温要求。越冬早期(2016 年 11 月~2016 年 12 月),水温达 18.2℃±1.5℃,接近美洲鲥 1⁺ 龄鱼种池塘养殖最适生长水温范围,整个越冬期间仅有 5 d(2017 年 1 月 17 日~21 日)的日平均水温低于 12℃。越冬初始密度约为 4 776 尾/hm²,该密度显著低于徐嘉波等(2018a)开展的美洲鲥 1⁺ 龄鱼种养殖密度(15 600 尾/hm²、9 600 尾/hm²),主要出于对越冬养殖期间水质管理的考虑。越冬期间换水间隔周期长、换水量小,为保证越冬期间池塘水质,提高越冬成活率,降低了养殖密度。越冬结束后陆续出售美洲鲥。经统计,2017 年 4 月 6 日存活 741 尾,越冬成活率为 98.0%,明显高于 1⁺ 龄鱼种池塘养殖成活率(46.65%、42.70%)(徐嘉波等,2018a)。越冬期间总饵料系数为 2.36,其中 2017 年 2 月 6 日前(S1 阶段)的阶段饵料系数为 1.88,2017 年 2 月 6 日后(S2 阶段)的阶段饵料系数为 9.41。S1 阶段日投饲率为 1%~2%,而 S2 阶段的日投饲率低于 1%。造成两阶段的阶段饵料系数与日投饲率有明显差异的原因主要是美洲鲥 1⁺ 龄亚成鱼在此时段内雌鱼经历性成熟拐点(施永海等,2017)。性成熟拐点前以体长和体质量生长为主,饵料利用率高;性成熟拐点后以性腺发育为主,在越冬次年开春后,美洲鲥进入卵巢快速发育期,体内原积蓄能量集中向卵巢转移,卵巢的扩大和充盈会压缩体内消化器官的空间(宿鑫等,2015),鱼不仅摄食量下降,而且饵料利用率低。结合生长常数变化特征,在养殖生产过程中,可尽可能降低 S1 阶段外界环境因素的影响,如进行原养殖池塘越冬、尽早搭建越冬保温大棚等,进而提高养殖产量;可减少 S2 阶段的饲料投喂,以 1 h 以内吃完为准,进而降低饲料成本。

建议:美洲鲥 1⁺ 龄亚成鱼越冬,适宜水温需大于 12℃,最佳水温需大于 15℃,持续 12℃左右的低温会影响鱼种生长。越冬期(当年 11 月至次年 2 月)为美洲鲥 1⁺ 龄亚成鱼生长的重要时期,该阶段饵料系数低、体质量日均增长量大、肥满度高,提高该环节的养殖技术有利于增加养殖产量。建议尽早搭建池塘越冬保温大棚,延长在最佳越冬水温条件下的养殖时间,同时建议在美洲鲥 1⁺ 龄亚成鱼越冬后尽快出售符合规格的商品鱼。

参考文献

陈慧,林国文,刘招坤,等.2010.网箱养殖大黄鱼生长特性的研究.海洋科学,34(11):1-5.
顾若波,张呈祥,徐钢春,等.2007.美洲鲥肌肉营养成分分析与评价.水产学杂志,20(2):40-46.

洪孝友,陈昆慈,李凯彬,等.2014.水库网箱美洲鲥养殖试验.水产养殖,35(2)：8-9.

贾俊威.2016.美洲鲥鱼水库网箱养殖试验.安徽农学通报,22(14)：133-134.

陆小莟,陆文杰,郑光明,等.2002.鱼类生长的幂指数生长方程.水产学报,26(3)：281-284.

缪晓燕,樊昌杰,朱爱琴,等.2014.美洲鲥工厂化养殖技术初探.水产科技情报,41(4)：176-179.

施永海,徐嘉波,陆根海,等.2017.养殖美洲鲥的生长特性.动物学杂志,52(4)：638-645.

王秋实,赵春刚,马国军,等.2011.施氏鲟在静水池塘养殖的生长特性研究.黑龙江农业科学,(1)：70-73.

宿鑫,李永东,何雄波,等.2015.北部湾鲔(*Euthynnus affinis*)的摄食习性及其随生长发育的变化.渔业科学进展,36(4)：65-72.

徐嘉波,税春,施永海,等.2018a.池养美洲鲥1$^+$龄鱼种生长特性的研究.上海海洋大学学报,27(1)：55-63.

徐嘉波,施永海,税春,等.2018b.美洲鲥1$^+$龄亚成鱼池塘越冬生长特性.水产科技情报,45(5)：241-246.

殷名称.1995.鱼类生态学.北京：中国农业出版社.

俞爱萍.2015.美洲鲥鱼网箱养殖技术研究.中国水产,(5)：75-76.

张海明,张根玉,谢永德,等.2010.菊黄东方鲀土池塑膜大棚越冬养殖技术.水产科技情报,37(4)：162-164.

朱建成,赵宪勇,李富国.2007.黄海鳀鱼的生长特征及其年际与季节变化.渔业科学进展,28(3)：64-72.

第八章

美洲鲥的运输技术

美洲鲥从苗种到商品鱼养成一般需要 2 年时间。其间,涉及鱼种和商品鱼运输的技术难题。例如,在美洲鲥人工养殖过程中需要经常移池,特别是在当年鱼种养殖到冬季前,经常需要短途转运移入大棚越冬,但由于美洲鲥性情暴躁、鳞片极易脱落、"离水即死"等问题导致美洲鲥的捕捞、运输都比较困难。自 1998 年美洲鲥引进以来,国内学者在解决美洲鲥的运输问题方面开展了一系列深入的研究,包括运输方式、运输技术参数、运输应激机制和使用麻醉剂辅助提高运输成活率等(杜浩,2005;杜浩等,2007;齐红莉等,2009;朱新平等,2010;梅肖乐等,2013;张勇等,2016)。上海市水产研究所是国内最早引进美洲鲥并开展人工繁养技术的单位,对养殖和出售过程中鱼种运输、商品鱼运输的技术参数不断优化,在水温 8～28℃的美洲鲥运输可操作范围内,形成了一套完善的美洲鲥运输技术方案。本章内容主要依据作者公开专利和发表的文章(严银龙等,2005;施永海等,2017;施永海等,2019),结合相关研究人员的文献,总结如下。

第一节　夏花鱼种运输

美洲鲥夏花鱼种的个体较小,一般全长规格 3～5 cm,鳞片细小,在运输过程中不易脱落。随着人工繁殖技术的突破与广泛应用,目前,夏花鱼种主要在人工小水体环境下培育,性情相对温和。夏花鱼种的运输可采用氧气袋运输和活水车运输 2 种方式。

一、运输前准备

美洲鲥夏花鱼种拉网前,需进行一系列的准备工作,其中主要的技术步骤包括鱼种停食、拉网锻炼以及水温调节。

1. 停食

鱼类运输前需要停止投喂饵料,以便空腹和排空体内排泄物,特别是使用氧气袋运输时,由于氧气袋水体较小,鱼类排泄物可导致水质恶化,影响运输成活率。通常在运输12～24 h前,对运输对象停止投喂饵料。根据美洲鲥夏花鱼种的摄食习性、运动和消化特征,在开展运输操作前12 h停止投喂饵料较为适宜。

2. 拉网锻炼

美洲鲥夏花鱼种拉网运输前1 d,进行拉网锻炼。拉网采用24～30目(孔径550～700 μm)的筛绢网具,拉网锻炼选择在停止投喂饵料的时间段内。拉网时,三人操作,培育池的两个长边各一人,踩住网具两侧底纲,池中一人踩住网具中间底纲,协同将网具缓慢拉到培育池宽边的一侧(图8-1-1),将网具两边慢慢收拢形成网围,使鱼种集中于网围内,鱼种在小空间内适应5～10 min,然后网

图8-1-1　美洲鲥夏花鱼种拉网锻炼

围放开一口,让鱼种自行游出网围。反复拉网、连续锻炼 2～3 次,让鱼种适应拉网操作。

3. 水温调节

鱼类运输前需要进行水温调节。养殖环境水温逐渐调节并接近运输环节水温,可大幅提高运输成活率。通常在室内培育池条件下,美洲鲥夏花鱼种培育水温高于运输环节水温,因此夏花鱼种运输前,培育水温需逐步降低,主要可通过以下方式降温:一是自然通风降温;二是培育池换水降温;三是使用冷媒降温,如制冷设施、添加冰块等。在实际生产中,根据需要选择适宜的降温方式,降温过程的时间越长越有利于鱼种对环境的适应,进而有利于提高运输成活率。美洲鲥夏花鱼种运输前降温幅度每天不超过 2℃,直至达到或接近运输环节水温。若培育环节水温与运输环节水温相差较大,超过 7～8℃,且培育池美洲鲥夏花鱼种仅一部分需要运输,另一部分仍需继续培育,则不适宜实施大幅度的降温,应以保持培育池水温稳定为主,适当降低水温,并在正式运输环节,对需运输的鱼种再进行逐级降温。

二、出池计数

美洲鲥夏花鱼种出池计数是夏花鱼种运输的主要和关键技术环节之一,该环节的技术方案与技术参数根据培育池的鱼种应激特征而建立与优化。鱼种出池计数阶段尽可能降低应激反应,减少机械损伤。这是后续运输的重要前置基础,也是提高成活率的关键所在。

1. 出池前准备

出池拉网前,先对培育池吸污清底,再用滤网虹吸抽水的方式将池内水位降低至 30～40 cm 处,同时移去培育池内散气石。若培育池较大、夏花鱼种培育密度较高,可进行部分拉网,移去拉网区域散气石,保留部分散气石以确保培育池内夏花鱼种在出池拉网操作过程中不缺氧。

2. 出池拉网

用 24～30 目(孔径 550～700 μm)的筛绢网具入池拉网。出池拉网的操作方法与拉网锻炼的操作方法相同。区别在于,出池拉网时,当拉网收拢形成网围后,用容积为 10 L 的水桶带水舀取鱼种(图 8-1-2),桶内水位在 2/3～4/5 处,每次桶内装 500～1 000 尾,然后转运放入 20～30 目(孔径 550～830 μm)的筛绢网围中。

图 8-1-2　美洲鲥夏花鱼种出池拉网

3. 计数装运

筛绢网围长 2.8～3.2 m（与培育池宽相同）、宽 50～60 cm，在网围的一长边缝制可插入直管的边套，边套直径为 5.0～6.0 cm，在边套内插入一根直管，直管的直径为 4.0～5.0 cm，长度为 3.1～3.2 m，在边套的两头与直管分别用橡皮筋绕扎固定，网围短边两端裁剪整齐。围网放置在近满池水位的培育池的一侧，将围网边套内直管架在培育池的上口，另一边覆盖在培育池顶端池沿外侧向下延展。网围两端漫过培育池的池沿外侧向下延展，形成能交换水体的网围，围网内水深 5～10 cm。围网内不充气，鱼种在围网中的时间最长不超过 20 min，每次放入的鱼种数量控制在 1 000 尾以下（图 8-1-3）。

用小碗直接在筛绢围网中舀取鱼种计数。鱼种计数后放入容积为 10 L，有效水体 5 L 的水桶中，每桶盛载鱼种 50 尾，然后转运入氧气袋或车载水箱中。

三、运输包装

1. 氧气袋运输

氧气袋运输被广泛应用于鱼苗、鱼种的运输，具有体积小、携带方便、装运密度

图 8 - 1 - 3　美洲鲥夏花鱼种待计数装运

大、成活率高等特点,长距离的航空运输必须采用氧气袋运输方式。美洲鲥夏花鱼种的个体较小(3~5 cm),鳞片也非常细小,在运输过程中鳞片不易脱落,而且夏花鱼种在人工小水体环境下(20~50 m²)的苗种培育池培育,性情相对温和,适合采用氧气袋运输。

(1)氧气袋规格:运输用氧气袋一般是 45 cm×45 cm×75 cm 的方底袋,下半部为运输主体,一般为帆布或橡胶材质,上半部分用于包扎密封,为 PE 或 PVC 材质。氧气袋注水、充氧后的有效空间约为 43 cm×43 cm×25 cm(图 8 - 1 - 4)。

(2)氧气袋运输技术参数:夏花鱼种计数后用小桶装着连水倒入氧气袋中。袋中水深 6~8 cm,充氧密闭,袋内装水 25%~30%(10 L),充氧气 70%~75%,装水与充氧体积比约为 1:3。氧气袋装运鱼种密度为 300~400 尾/袋,约 30 尾/L。氧气袋内水温控制在 18~22℃,采用冰袋或冰瓶控制泡沫箱内水温,以到达运输地点后完全融化为宜,一般 1 个泡沫箱放置 1 个 600 mL 的冰瓶。

(3)包装方法:为降低夏花鱼种在氧气袋包装过程中的应激反应,包装过程应在较暗的自然光下进行,避免阳光直射和灯光照射。氧气袋充氧后,用橡皮筋扎紧

图 8-1-4 美洲鲥夏花鱼种运输氧气袋

袋口,并立即放置于泡沫箱中,一般标准航空箱可放置充氧后的运输袋 1 个。同时,须确保氧气袋与泡沫箱壁之间无大空隙,氧气袋无法因外力滚动为宜(图 8-1-5)。氧气袋放置妥当后,在氧气袋上方放置冰瓶,冰瓶不可直接与氧气袋水体接触,以防水体局部降温过快,损伤鱼种。冰瓶放置完成后,随即用封箱带将泡沫箱密封,完成包装过程。

图 8-1-5 美洲鲥夏花鱼种氧气袋装箱

2. 活水车运输

活水车运输广泛应用于鱼苗、鱼种和商品鱼运输,运输工具由货车及车载容器组成,因配置纯氧或气泵,为车载容器水体提供充足的溶解氧条件,而被定义为活水车。与氧气袋运输相比,活水车运输不受鱼体规格大小的限制;车载容器水体大并配以充氧条件,水环境更为稳定;活水车运输鱼装车便捷,卸车较繁琐。当鱼苗、鱼种和商品鱼进行中短途运输时,常用活水车运输,一般运输时长 2~4 h,成活率可达到 90% 以上。规格为体长 3~4 cm、体质量 0.5~1.5 g 的美洲鲥夏花鱼种亦可采用活水车运输。

（1）运输工具组成：夏花鱼种活水车运输的运输工具主要由车载水箱和车载氧气瓶组成(图8-1-6)。采用圆角方形水箱或者圆形水箱,水箱高1m,底面积0.8~1.8 m²,箱底设置充气管和散气石,用聚乙烯充气管通过减压阀连接氧气瓶。运输水箱底部设有排水阀。

图8-1-6 运输车载水箱与氧气瓶

（2）装运技术参数：活水车运输水箱水位保持在50~80 cm;纯氧增氧,增氧气量为微波状;运输密度为5 000尾/m²;运输过程中加冰袋降温,保持水温在22~23℃。

（3）装运技术要点：装鱼水桶转运至运输水箱过程中,应尽量保持稳定,避免剧烈晃动导致水体撞击桶壁,造成鱼种在水桶中应激反应加剧;装鱼水桶应缓慢浸没至运输水箱中,以便鱼种自行游入运输水箱,避免直接离开运输水箱水面,倾倒水桶,造成界面冲击,加剧鱼种应激反应;纯氧充气量会随着运输水箱水位的升高而变化,应及时调整充气量,维持微波状,特别在水桶至水箱转运完毕后,水箱水位此时已固定,须仔细检查确认充气状况;发车前,运输水箱应用双层75%遮光率的遮阴膜包裹遮盖,避免阳光直射导致水体温度升高,以及因光线过强导致鱼种运输过程中加剧应激,冲撞水箱壁而伤亡。

3. 夏花鱼种运输方式的选择

运输方式的选择应因地制宜,根据美洲鲥的生长阶段、规格、运输距离、运输工具及气温状况等实际情况来确定。美洲鲥夏花鱼种不同运输方法的特点见表 8-1-1。美洲鲥夏花鱼种(体长 3~5 cm)的车载氧气袋运输,有效水体为 8~10 L,水温为 18~20℃,密度低于 50 尾/L,从装载到放养的运输时间为 2.5~3.5 h,运输成活率在 95% 以上。夏花鱼种的活水车运输,水箱有效水体为 700 L,水温为 22~23℃,运输密度为 6.93~7.14 尾/L,运输时间为 2.5~3.0 h,成活率为 99.7%。关于运输方式的选择,建议:对于美洲鲥夏花鱼种距离在 100~200 km、时间在 2~3 h 的中途运输,采用车载氧气袋(有效水体 8~10 L)或水箱(有效水体 700 L)的方式,运输水温分别控制在 18~20℃ 和 22~23℃,长距离运输采用氧气袋空运。运输过程中,适当提高水体盐度或者添加麻醉剂可提高美洲鲥鱼种运输的成活率。

表 8-1-1　美洲鲥夏花鱼种运输方式的特点

运输方式	运输水温 (℃)	运输水体 (L)	运输密度 (尾/L)	特　　点
车载氧气袋	18~20	8~10	40~50	适合夏花鱼种(体长 4~5 cm)短途运输(3.5 h),成活率在 95% 以上,操作简单
航空氧气袋(朱新平等,2010)		10	20~30	适合夏花鱼种(体长 3~4 cm)长途运输(20 h),成活率 99%,操作繁琐
车载水箱	22~23	700	6.93~7.14	适合夏花鱼种(体长 3~5 cm)短途运输(2.5~3.0 h),成活率在 95% 以上,操作简单

四、放苗操作

1. 氧气袋放苗

到达运输目的地后,将氧气袋置于池水中遮阴漂浮 10~20 min,随后打开氧气袋,使池水逐步进入袋中。待鱼种适应 2~3 min 后,缓缓抽出氧气袋,让鱼种游入池水中。

2. 活水车运输

活水车到达目的地后,用放苗池水逐步调换运输水箱的水,分 2~3 次进行,待鱼种在水箱内适应 10~15 min 后,用滤网虹吸抽水的方式降低水箱水位,用 20~

30 目(孔径 550～830 μm)的抄网网起鱼种,抄网不脱水,然后用水勺带水舀鱼种到容积 10 L,有效水体 5 L 的水桶中,每桶 30～50 尾,带水运到放苗池中。从鱼种进入运输水箱到放入目的地的池塘或陆基养殖池内,时间一般不超过 3 h,也可以适当降低运输密度,来增加运输时间。

典 型 案 例

1. 上海市水产研究所的运输案例(施永海等,2019)

实例

2013 年 6 月 20 日,从江苏太仓运输 2 000 尾美洲鲥夏花鱼种(体长 3～5 cm)到上海奉贤,采用双层塑料袋运输,有效水体为 8～10 L,水温 18～20℃,每袋装 400 尾鱼,从装载到放养耗时 3.5 h,结果死亡 3 尾,运输成活率为 99.85%(表 8-1-2)。

表 8-1-2　美洲鲥夏花鱼种运输实例(施永海等,2019)

运输 容器	有效水体 (L)	运输时间 (Y/M/D)	运输水温 (℃)	鱼种规格 (cm)	运输密度 (尾/L)	运输时长 (h)	成活率 (%)
氧气袋	8～10	2013/6/20	18～20	3～5	40～50	3.5	99.85
氧气袋	6～8	2018/7/17	24～26	3～5	31～42	2.5	75
氧气袋	10	2018/7/17	24～26	3～5	35	3	50
水箱	700	2018/7/17	22～23	3～5	7.14	3	99.7
水箱	700	2018/7/20	22～23	3～5	6.93	2.5	100

2018 年 7 月 17 日,从上海奉贤运输 5 000 尾美洲鲥夏花鱼种(体长 3～5 cm)到上海金山,采用双层塑料袋运输,有效水体为 6～8 L,水温 24～26℃,每袋装 250 尾,运输时间为 2.5 h,结果死亡 1 250 尾,成活率为 75.00%(见表 8-1-2)。

2018 年 7 月 17 日,从上海奉贤运输 5 000 尾美洲鲥夏花鱼种(体长 3～5 cm)到上海嘉定,采用双层塑料袋运输,有效水体为 10 L,水温 24～26℃,每袋装 300～350 尾,运输时间为 3.0 h,结果死亡约 2 500 尾,成活率为 50.00%(见表 8-1-2)。

2018 年 7 月 17 日,从上海奉贤运输美洲鲥夏花鱼种(体长 3～5 cm)到上海青浦,采用车载水箱运输,有效水体为 700 L,水温 22～23℃,装载 5 000 尾鱼,运输时间为 3.0 h,结果死亡 15 尾,成活率为 99.70%(见表 8-1-2)。

2018 年 7 月 20 日,从上海奉贤运输美洲鲥夏花鱼种(体长 3～5 cm)到上海松江,采用车载水箱运输,有效水体为 700 L,水温 22～23℃,装 4 850 尾鱼,运输时间为 2.5 h,结果无死亡情况,成活率达 100%(见表 8-1-2)。

实例分析:

影响鱼种运输的因素较多:水温、密度、水质、光照、是否添加镇静剂以及鱼种规格、体质、摄食与否等(赵虎等,2016)。在其他条件相似的情况下,运输的水温、密度及鱼种规格是较关键的(赵虎等,2016)。

水温直接影响着鱼类的新陈代谢速度,特别是耗氧率(洪孝友等,2012)。案例中,美洲鲥氧气袋运输的水温分别是 18~20℃ 和 24~26℃。从运输结果来看,水温 24~26℃ 时成活率较低(50.00%~75.00%),而 18~20℃ 时基本无死亡。这是由于水温在 24~26℃ 时,美洲鲥鱼种的耗氧率相对于 18~20℃ 时上升迅速,鱼种在 18~20℃ 时的耗氧率相对较低,适宜运输。因此,在美洲鲥鱼种运输前,适当降温是必要的,夏花鱼种的适宜运输水温为 18~20℃。

2. 江苏省水产技术推广站的运输案例(梅肖乐等,2013)

采用塑料氧气袋充氧、带冰控温、泡沫箱打包的运输方式,开展美洲鲥 3~4 cm 鱼种的运输。泡沫箱规格为 60 cm×40 cm×30 cm,塑料氧气袋规格为 50 cm×50 cm,每袋装水 10 L 左右。运输用水使用经沉淀处理过的天然江水,调节盐度至 4。鱼苗装入氧气袋打包后,在装箱前放入冰冻的矿泉水瓶作为冰源,运输时间为 2~3 h,放置 1 瓶,运输时间每超过 2 h 增放 1 瓶,最多放置 4 瓶。运输 3 cm 左右的美洲鲥苗种,每袋装 1 000 尾;运输 4 cm 左右的美洲鲥苗种,每袋装鱼苗 500 尾。水温 20℃ 左右,以 10 h 左右能到达运输目的地为宜,运输成活率可达 90% 以上。

第二节　大规格鱼种短途运输

美洲鲥大规格鱼种是指夏花鱼种经池塘或工厂化养殖后,达到 100 g 以上的鱼种。通常大规格鱼种的运输发生在 1 龄越冬前后,一是大规格鱼种越冬,将池塘养殖的鱼种移入温室大棚池塘或室内工厂化设施;二是越冬后的次年开展商品鱼养成,将越冬设施内的鱼种再次移出,根据商品鱼养成的养殖密度要求,投放至池塘或工厂化设施,进行商品鱼养成。也有极少部分的 2 龄鱼种,因上市规格未到或未销售完,需要越冬和运输。此外,美洲鲥的养殖周期较长(一般需 1.5~2.0 年才能达到上市规格),在实际养殖过程中也经常需要拉网、移池和短途运输。

美洲鲥大规格鱼种的个体较大,性情暴躁,鳞片较大且容易脱落。这些因素极易造成其运输成活率低的问题。因此,对于美洲鲥大规格鱼种,特别是体质量超过100 g 的鱼种,采用车载水箱或水桶运输。

一、运输前准备

1. 停食

运输前,美洲鲥需饥饿 2～3 d,其间减少饲料投饲量,拉网锻炼前 1 d 停止投喂饲料。

2. 拉网锻炼

大规格鱼种运输前的 2～3 d 要进行拉网锻炼。用柔软的、网眼为 2.5 mm×5.0 mm 的皮条网将鱼种拉入网围,将鱼种集中于小网围内。美洲鲥刚集中到网围内时,活动急躁,乱窜乱撞,过 5～8 min 后,美洲鲥逐渐适应安静下来。网围禁锢 15 min 后,放开网围的一口,让鱼种自由游出网围。运输前,拉网锻炼 1～2 次为宜。拉网后,须立即开启增氧机,对池塘进行连续增氧。

3. 水温调节

大规格鱼种运输的水温调节主要是自然环境调节。依据运输前后水体温差小于 2℃的要求,因地因时的选择运输时间。通常,在大规格鱼种越冬前后的运输操作需进行水温调节。温室大棚池塘或工厂化养殖设施的保温性良好,这些设施的水温相对较高。因此,一方面可安排上述设施在临近运输操作时进水,避免这些设施内水温升高导致与露天池塘的温差过大;另一方面可对上述设施进行通风降温,以接近露天池塘环境温度。

二、拉网出池

拉网运输尽量选择在阴天进行。拉第一网时,一般对半个池塘拉网。拉网起网后,美洲鲥大规格鱼种集中在网围内,刚集中网围时,鱼活动急躁,过 5～8 min,鱼种安静后再进行运输操作(图 8-2-1)。在操作过程中,若发现网围内有抽搐或"假死"的鱼,要及时分离舀出网围,放回原池塘苏醒。鱼种在网围里滞留时间不能超过 45 min,若超过这个时间,应立即放开围网。再次拉网后,继续进行运输操作。

图 8 - 2 - 1　美洲鲥大规格鱼种拉网出池

三、车载装运

1. 运输工具选择

运输时间在 20~30 min,可用车载水桶(50~100 L),一般为不透明的灰白色或蓝色圆形塑料桶(图 8 - 2 - 2),桶的直径为 30~40 cm,高度为 50~60 cm,此方式上下车比较方便,操作简单。

2. 装运技术参数

装运密度为每桶装运 6~10 尾,运输过程不充氧,运输时间控制在 20~30 min。

3. 装运技术要点

运输时,须用水瓢或水盆将禁锢在网围内的美洲鲥大规格鱼种带水舀入水桶中,运输水桶装水高度为桶高度的 1/2。水桶上车后,即用双层 75% 遮阴率的遮阴膜遮光。

4. 大规格鱼种运输方式的选择

美洲鲥大规格鱼种主要根据鱼种运输时间的长短选择适宜的运输方式。短途运输时,适宜根据鱼种规格的大小选择合适的运输密度,采用运输车加运输水桶的

图 8-2-2　车载水桶

方式。此运输方式装卸方便,鱼种运输过程仅借助了 1 次运输水桶作为运输直接载体,对鱼种运输应激损伤程度较小。一般大规格鱼种不建议进行长途运输,如需长途运输,可采用运输车加运输水箱并配备纯氧设施的方式,此运输方式由于水体较大、溶解氧充足,可确保在长途运输过程中,最大限度地提高成活率,具体装运的技术方式和技术参数可参考本章第三节相关内容。需特别强调的是,长途运输的装卸较为繁琐,且鱼种运输过程中既要使用运输水桶作为转运工具,又要在运输水箱中经历长时间的暂养,必然对鱼种造成损伤,对后续养殖造成影响。因此,如要开展美洲鲖商品鱼养成,应提前做好养殖规划。相较而言,长途运输鱼种,可选择在夏花鱼种阶段进行,该阶段在运输成本和运输成活率方面更具有优势。

四、放鱼操作

运输到目的地,放鱼时将塑料桶倾斜,让桶口接近水面,池水回入桶内,将塑料桶灌满,让鱼种适应池水 1～2 min 后,再把塑料桶往后抽出,将鱼种放入池内。放鱼当天,池塘须保持增氧机开启状态,工厂化养殖同样须确保增氧机开启或持续不间断的充气。放鱼时,水温差不能超过 2℃。池塘养殖的美洲鲖越冬前 1 龄鱼种采用运输水桶的短途运输,成活率可达 90% 以上。

典　型　案　例

2005年12月中旬,在上海市水产研究所奉贤科研基地,将基地北场池塘养殖的美洲鲥越冬前1龄鱼种转运到本部陆基温室水泥池内,选择不透明的灰白色圆形塑料桶作为运输工具,桶的直径为32 cm、高度为50 cm、容量为50 L,运鱼时桶内装水到桶高度的1/2处,美洲鲥规格为100~150 g/尾,每桶装运6~7尾,上车后用双层75%遮阴率的遮阴膜遮光,池塘水温9℃,运输水温8℃,温室内水温9.5℃,运输距离4 km,上下车装运及运输总计时间20 min左右,总体运输成活率为92%~95%。

第三节　商品鱼活鱼运输

池塘养殖的商品鱼可直接在池塘边出售,亦可在出售前提前通过短途运输的方式,转运至方便拉网操作的工厂化小水体中。工厂化养殖的商品鱼可根据养殖设施大小,酌情选择是否转运至小水体出售。商品鱼转运后出售具有以下优点:一是可提前对出售商品鱼的规格进行筛选;二是避免在主养设施内因出售商品鱼而频繁拉网操作,影响美洲鲥摄食和水质环境;三是通过拉网转运,锻炼商品鱼的抗应激能力,提高商品鱼运输的成活率。商品鱼出售前的转运操作可参考大规格鱼种的短途运输技术。

一、运输前准备

商品鱼运输前同样需要停食,运输前1 d停止投喂饲料。

二、出池称重

1. 小水体拉网

小水体通常为长方形水泥池,面积为100~200 m²,可按2~3尾/m²的密度暂养平均规格为0.6~0.8 kg/尾的美洲鲥商品鱼。

根据出售数量选择全池拉网或半池拉网,拉网采用柔软的、网眼为2.5 mm×5.0 mm的皮条网,将商品鱼拉入网围后,静置5~8 min,待鱼恢复平静。提前准备带盖的运输水桶,水桶规格参考大规格鱼种运输水桶,加水至1/3桶高,过秤去皮。可用抄网捞取商品鱼移入运输水桶,随即加盖,防止桶内水溅出,一般50 L水桶放入 5 尾商品鱼称重转运 1 次,重复操作。

2．池塘拉网

商品鱼出售的池塘拉网操作与大规格鱼种运输相同,称重操作与商品鱼小水体拉网相同。

三、车载装运

1．运输工具材料

美洲鲋商品鱼运输工具通常根据美洲鲋商品鱼运输特点利用现有运输车辆定制改装而成(图 8 - 3)。必备运输工具包括运输车、定制运输水箱、纯氧供氧设备、小型水泵和抄网等。运输材料包括浓缩海水晶和冰块等。

图 8 - 3　美洲鲋商品鱼运输车

2．装运技术参数

当养殖环境水温低于 22℃(一般为春秋季),装运水温低于 20℃时,美洲鲋商品鱼装运密度为 35～40 尾/m³;当养殖环境水温为 25～28℃(一般为初夏或夏末),装运水温在 22～25℃时,装运密度为 25～30 尾/m³;当养殖环境水温高于

28℃时,不宜进行商品鱼出售与运输。运输用水可适当添加浓缩海水晶,盐度调节至 5～8。运输时长控制在 2～3 h。

3. 装运技术要点

商品鱼运输使用养殖商品鱼同源水作为运输用水,避免使用其他运输用水造成商品鱼适应水环境改变而影响成活率;运输用水使用冰块降温幅度不宜过大,一般调节至低于商品鱼养殖用水的 3～5℃;商品鱼通过运输水桶直接倒入运输用水中,不做提前的适应,利用冷休克的方式降低商品鱼应激反应;运输水箱采用纳米管底增氧方式提供纯氧增氧;运输水箱装鱼完成后,水位高度不高于箱体 2/3,避免运输过程中车辆刹车造成水体整体冲撞箱壁,导致商品鱼鳞片碰擦脱落。

典 型 案 例

上海市水产研究所奉贤科研基地于 2019 年 4～6 月期间,分批次出售美洲鲥商品鱼,按上述方法完成美洲鲥商品鱼运输前准备与出池称重。美洲鲥商品鱼收购商根据上述车载装运技术方法,实施美洲鲥商品鱼的运输:4 m³ 有效水体的装运车,单次装运 90～120 尾,计 50～80 kg,装运过程约 0.5 h,车载运输时长 1.5～2 h,装卸过程约 0.5 h,整个运输全过程时长约 3 h,根据收购商反馈运输全程成活率为 97%～100%。

第四节　亲本短途运输

美洲鲥后备亲本越冬后进入亲本培育阶段,通常在每年的 4 月上旬,美洲鲥雌性亲本卵巢发育初期,腹部尚未明显隆起时,将美洲鲥亲本从池塘转运至陆基水泥池进行产前强化培育。由于亲本对运输环境条件更为苛刻,且后续还要进行强化培育和人工促产,因此只适用 0.5 h 左右的短途运输,以最大限度地减少运输操作对亲本的应激,为后续人工促产提供保障。

一、运输前准备

1. 停食

运输前,美洲鲥亲本需饥饿 2～3 d,拉网锻炼前 2 d 停止投喂饲料。

2. 拉网锻炼

美洲鲥亲本运输前,同样需要进行拉网锻炼,具体操作方式参见大规格鱼种的拉网锻炼相关章节。与大规格鱼种相比,亲本拉网锻炼后,须格外关注拉网后的池塘是否会出现缺氧现象,工作人员须每隔1 h进行1次巡塘,确保无缺氧现象。

3. 水温调节

美洲鲥亲本运输前,须进行运输前后池塘与陆基水泥池的水温调节,具体调节方式参见大规格鱼种的运输前水温调节相关章节。

二、拉网出池

美洲鲥亲本拉网出池(图8-4-1)具体操作方式参见大规格鱼种的拉网出池相关章节。

图8-4-1　美洲鲥亲本拉网出池

三、车载装运

1. 运输工具选择

亲本短途运输采用车载水桶(50~100 L),一般为不透明的白色塑料桶(图8-4-2),桶的直径为50~60 cm、高度为40~50 cm。

图 8-4-2　美洲鲥亲本装运水桶

2. 装运技术参数

装运密度为每桶装运雌性亲本 2 尾或雄性亲本 3 尾,运输过程不充氧,运输时间控制在 10 min。

3. 装运技术要点

水桶上车后,即用双层 75% 遮阴率的遮阴膜遮光(图 8-4-3)。

图 8-4-3　美洲鲥亲本装车后遮阴膜避光

四、放鱼操作

放鱼时将塑料桶倾斜,让桶口接近水面,池水回入桶内,将塑料桶灌满,让亲本适应池水 1~2 min 后,再把塑料桶往后抽出,将亲本放入池内(图 8-4-4)。放鱼时,水温差不能超过 2℃。

图 8-4-4　美洲鲫亲本放入促产水泥池

典 型 案 例

上海市水产研究所奉贤科研基地采用上述方法,于 2020 年 3~4 月期间,分批次将池塘养殖的美洲鲫亲本短途转运至陆基促产水泥池。转运水温为 18~20℃,转运温差为 1℃,转运密度为雌性亲本 2 尾或雄性亲本 3 尾,运输采用 50 L 的不透明白色水桶,运输过程不充气、加盖遮阴膜,运输时长控制在 10 min 以内。美洲鲫亲本由池塘短途转运至陆基促产水泥池的实例详情见表 8-4,其中 3 月 18 日转运美洲鲫 2 龄亲本 160 尾至陆基促产水泥池,转运后 3 d 累计死亡 4 尾,转运成活率达 97.5%;3 月 24 日转运美洲鲫 3 龄亲本 162 尾至陆基促产水泥池,转运后 3 d 累计死亡 3 尾,转运成活率达 98.1%;3 月 18 日转运美洲鲫 2 龄亲本 192 尾至陆基促产水泥池,转运后３ｄ累计死亡５尾,转运成活率达 97.4%;三次转运的平均成活率达 97.7%。

表 8-4 美洲鲥亲本转运实例

日期 (y-m-d)	亲本年龄(龄)	转运数量(尾)	转运后３ｄ累计 死亡数量(尾)	转运成活率
2020/3/18	2	160	4	97.5%
2020/3/24	3	162	3	98.1%
2020/4/29	2	192	5	97.4%

注:亲本转运成活率=(转运数量-转运后３ｄ累计死亡数量)/转运数量。转运后３ｄ内,美洲鲥亲本会因应激损伤出现死亡,通常在转运３ｄ后转运群体适应新环境而稳定。

第五节 运输麻醉剂的使用

活鱼运输中使用麻醉剂的目的主要是提高运输成活率,麻醉剂不仅可以降低鱼类的过度活动,防止鱼类剧烈运动和应激反应而造成伤亡,同时鱼类因麻醉作用,降低了耗氧量,减少了代谢排放,防止运输水质加速恶化,可适当延长运输时长。目前,已应用的鱼类麻醉剂主要有 MS-222、苯唑卡因、碳酸和二氧化碳、喹哪丁、尿烷、弗拉西迪耳、三氯乙酸等。根据现有麻醉剂在美洲鲥上的应用,总结如下。

一、麻醉剂的种类

1. MS-222

化学名称为烷基磺酸盐同位氨基苯甲酸乙酯,为白色结晶粉末,溶解度为 11%,易溶于水。MS-222 是经美国 FDA 组织批准能用于食用鱼的鱼用镇静剂,目前被世界各国广泛应用于鱼类运输、孵化、称量、标志等过程用于麻醉和镇静,获得了显著的效果,其休药期为 2ｄ,缺点是价格昂贵(严银龙等,2005)。使用 MS-222 麻醉运输活鱼,鱼成活率高,且鱼无异味,对人体无害。

2. 丁香油

丁香油为桃金娘科植物丁香的干燥花蕾经蒸馏所得的挥发油,为淡黄或无色的澄明油状物,有丁香的特殊芳香气,主要成分是丁香酚(含量为 85%～95%)和甲基丁香酚。丁香油是近年来备受关注的一类水产用麻醉剂。其作用原理为鱼通过鳃丝或体表摄入麻醉药后,首先抑制脑的皮质(触觉丧失期),再作用于基底神经节与小脑(兴奋期),最后作用于脊髓(麻醉期),鱼体进入深度镇静,呼吸平缓,鳃盖振动减慢;一段时间后药效消失或移去麻醉剂,鱼体重新复苏。通过丁香油麻醉剂的应用,使鱼体镇静,降低新陈代谢及应激反应,减少躁动,降低损伤。

3. 苯唑卡因

白色粉末,较易溶于水。先溶于酒精,然后使其在水中悬浮即可使用。使用此麻醉剂不宜深麻,鱼深麻后导致平衡能力丧失,会堆满容器底部,水循环不良,造成底部缺氧,增加死亡概率。因此,使用苯唑卡因时应注意使用剂量,视鱼体大小、多少而定,使鱼达到浅麻效果最为适合。

二、麻醉剂的效果

早在 2005 年,严银龙等(2005)就开展了美洲鲥鱼种使用麻醉剂的运输实验,鱼种(60~80 g/尾)采用氧气袋运输方式,在氧气袋中添加不同品种、剂量的麻醉剂,研究探索最佳的运输时麻醉剂使用量。研究发现:采用 200 mg/L 的美国 Sedate 麻醉剂(成分为:Acetone, dimethylketone alpha methyl quinoline)、20~25 mg/L 的 MS-222 以及 12 mg/L 的丁香酚麻醉剂,运输时间 3 h,鱼种运输成活率均可达到 100%。

2007 年,杜浩等(2007)也开展了美洲鲥麻醉剂使用效果的研究。采用 MS-222、丁香油和苯唑卡因对两种鱼种(50 g/尾和 250 g/尾)开展麻醉效果试验。在较高麻醉浓度(MS-222 为 75 mg/L 以上,丁香油为 20 mg/L 以上,苯唑卡因为 40 mg/L 以上),美洲鲥大规格鱼种(250 g)30 min 内停止鳃盖张合运动,且停止鳃盖运动的鱼在空气中暴露 10 min 后也能够复苏;在适宜的麻醉浓度(MS-222 为 20~30 mg/L 以上,丁香油为 8~10 mg/L 以上,苯唑卡因为 20~30 mg/L)下,幼鱼能够进入麻醉状态,且能保持很长时间(12 h);麻醉效果随着水温的升高而增强;在 20 mg/L 的 MS-222 麻醉剂下,小规格鱼种(50 g/尾)较大规格鱼种(250 g/尾)更容易进入麻醉状态,而在 10 mg/L 丁香油和 20 mg/L 苯唑卡因麻醉剂下,小规格鱼种却难进入麻醉状态。研究表明,苯唑卡因更适合用于运输美洲鲥的麻醉。

三、使用注意事项

每一种麻醉剂都有各自的特点,因而不同类型的麻醉剂对同一种鱼的麻醉效果也有所不同。用丁香油麻醉时，美洲鲥需要较长时间复苏，且丁香油有一定挥发性，会产生明显的香味，对周围人和环境有一定影响。MS－222在国际上使用较为普遍，但其价格高昂，作为麻醉剂使用的成本较高。相对于MS－222和丁香油，苯唑卡因的价格较低，且使用方便，效果良好，更适合用于运输美洲鲥的麻醉(杜浩等，2007)。

无论使用哪种麻醉剂，在每次大规模使用麻醉剂时，均要提前在同等的理化环境下进行预实验，以确保麻醉剂的用量不会对美洲鲥产生不良影响。提倡和建议在运输环节尽可能使用常规的理化因子调控手段来提高运输成活率，如降温、避光、升盐等。

参考文献

杜浩，危起伟，杨德国，等. 2007. MS－222、丁香油、苯唑卡因对养殖美洲鲥幼鱼的麻醉效果. 大连海洋大学学报，22(1)：20－26.

杜浩. 2005. 美洲鲥(*Alosasa pidissima*)人工孵化、养殖及转运关键技术的研究. 武汉：华中农业大学，15－22.

洪孝友，潘德博，朱新平，等. 2012. 温度对美洲鲥耗氧率的影响. 广东农业科学，39(10)：159－161.

梅肖乐，陈焕根，冯冰冰，等. 2013. 美洲鲥鱼苗种运输技术. 现代农业科技，(20)：257＋259.

齐红莉，梁拥军，杨广，等. 2009. 美洲鲥应激反应机理的研究. 华北农学报，24(1)：36－39.

施永海，严银龙，张海明，等. 2019. 美洲鲥鱼种运输试验. 水产科技情报，46(2)：32－36.

施永海，张根玉，朱雅珠，等. 2017－05－24. 一种美洲鲥一龄大规格鱼种的短途转运方法：CN106688975.

严银龙，朱雅珠，张根玉，等. 2005. 美国鲥鱼的麻醉运输试验. 水产科技情报，32(6)：103－106.

张勇，徐钢春，杜富宽，等. 2016. 美洲鲥 hsp70 的分子特征及其对运输应激的应答. 动物学杂志，51(2)：268－280.

赵虎，牛文利，邓捷，等. 2016. 稚鲵运输技术研究[J]. 水产科技情报，43(4)：207－210.

朱新平，潘德博，陈昆慈，等. 2010－03－03. 一种提高美洲鲥苗种运输成活率的方法：CN101658150.

第九章

美洲鲥的营养与饲料

近年来,美洲鲥的人工养殖规模日益扩大,但与此形成鲜明对比的是美洲鲥人工配合饲料的研发相对滞后。饲料中蛋白质(陈建明等,2019;刘阳洋等,2019)、脂肪(陈涛等,2019;付旭等,2020)和碳水化合物(刘浩等,2020;董兰芳等,2019)等营养水平不同会对水产养殖动物生长造成不同影响,且水产动物在不同生长阶段其营养需求也不尽相同(杨俊江,2013;张淑华等,1998;刘兴国,2001)。因此,要真正实现美洲鲥规模化养殖成功,需在充分了解美洲鲥各生长阶段营养需求的基础上,制定营养均衡的饲料配方,选择优质的饲料原料,采用科学的加工工艺,配合科学的投喂方法,充分发挥饲料的营养效能。配合饲料的研发过程中,一般以饲喂对象的营养成分作为配方设计的重要参考依据,因此本章节将目前关于美洲鲥各生长阶段的营养成分的数据进行统计分析,为美洲鲥人工配合饲料的研发提供基础的理论依据。

第一节 营养成分

美洲鲥肉味鲜美,营养价值较高。目前,美洲鲥各阶段营养成分的分析研究比较完整,包括鱼卵(施永海等,2020)、仔鱼(Liu 等,2018;刘志峰等,2018)、当年鱼种、成鱼(洪孝友等,2013a;顾若波等,2007;郭永军等,2010;魏润平等,2017)、产后亲本(邓平平等,2020)等阶段。美洲鲥各生长阶段营养成分的研究不仅可以作为营养品质评价的基础数据,同时还可以为美洲鲥配合饲料的研发提供理论借鉴和科学依据。

一、卵的营养成分

美洲鲥成熟卵的卵粒较大,卵径为 3.09 mm±0.08 mm,吸水膨胀后卵膜径为 4.03 mm±0.25 mm(徐钢春等,2012)。在北美已有人们通过捕捞自然水域的美洲鲥取卵加工成鱼子酱,因此养殖美洲鲥鱼卵有望成为鱼子酱的原料。从苗种生产的角度看,鱼卵的营养物质是胚胎和鱼苗早期发育的主要营养来源,鱼卵营养分析可作为鱼类卵子质量检测指标、亲本配合饲料配方设计以及仔稚鱼营养需求研究的参考依据。因此,弄清美洲鲥鱼卵的营养成分对提升该鱼全人工繁育技术水平有重要的意义。

为此,上海市水产研究所对美洲鲥未吸水游离的成熟卵子的营养成分进行了分析(施永海等,2020)。现场解剖由海水鱼膨化配合饲料(水分含量为 6.95%±0.13%,粗蛋白含量为 40.50%±0.04%,粗脂肪含量为 10.61%±1.15%,粗灰分含量为 9.09%±0.09%,$n=3$,氨基酸和脂肪酸组成分别见表 9-1-1 和表 9-1-3)培育的、性腺发育成熟的美洲鲥雌鱼亲本(23 月龄,规格为体长 34.3 cm±3.5 cm、体质量 841.9 g±149.7 g,$n=6$),取出游离的成熟卵子(未吸水),每尾雌鱼取出的鱼卵作为 1 个样本(鲜质量约 100~150 g),然后对鱼卵进行常规营养成分、氨基酸和脂肪酸组成的分析和评价,结果如下。

1. 常规营养成分

美洲鲥鱼卵的水分含量较高,为 91.88%±0.50%,这可能与该鱼卵个体大、卵周隙大有关。鱼卵粗蛋白质含量为 5.33%±0.35%,粗脂肪含量为 1.14%±0.10%,粗灰分含量为 0.76%±0.02%($n=6$)(施永海等,2020)。值得注意的是,本研究中美洲鲥鱼卵的水分含量过高,干物质相对较少,过高的水分含量是否会影响其口感还需要进一步研究确定。

2. 氨基酸

美洲鲥鱼卵干样的氨基酸种类齐全,可检测到包括色氨酸在内的 18 种氨基酸,其中人体所需的必需氨基酸(EAA)8 种、非必需氨基酸(NEAA)10 种,含量最高的是谷氨酸(7.96%),其次分别为亮氨酸(6.28%)、丙氨酸(6.00%)和天冬氨酸(5.02%),色氨酸含量(0.58%)最低(表 9-1-1)。氨基酸总量和必需氨基酸总量分别为 61.41% 和 27.05%(表 9-1-1),必需氨基酸与氨基酸总量的比值、必需氨基酸与非必需氨基酸的比值分别为 0.44 和 0.89(表 9-1-1),远高于 FAO/WHO 模式中高质量蛋白质对 EAA/TAA 和 EAA/NEAA 的要求(分别为 40% 左右和 60％以上）。这说明美洲鲥鱼卵属于比较优质的蛋白质源。鱼卵干样的鲜味氨基酸总量高达 21.12％,与氨基酸总量的比值为 0.34,4 种鲜味氨基酸有 3 种的含量排在前 4 位（表 9-1-1）。在鲜味氨基酸中,谷氨酸和天门冬氨酸的鲜味最强,而且谷氨酸还参与多种生理活性物质的合成,是脑组织生化代谢中的重要氨基酸。在美洲鲥鱼卵中谷氨酸和天门冬氨酸的含量分别为 7.96％和 5.02％,在所有氨基酸组成中排第 1 和第 4,说明美洲鲥鱼卵鲜美可口且营养丰富（施永海等,2020）。

表 9-1-1　美洲鲥亲本饲料和鱼卵的氨基酸组成及含量
（％,干质量基础）（施永海等,2020）

氨　基　酸	亲本饲料	鱼　卵
异亮氨酸(Ile)[*]	1.83	3.66±0.11
亮氨酸(Leu)[*]	3.72	6.28±0.15
赖氨酸(Lys)[*]	2.80	4.10±0.15
蛋氨酸(Met)[*]	0.81	1.31±0.18
苯丙氨酸(Phe)[*]	1.85	2.24±0.07
苏氨酸(Thr)[*]	1.59	4.14±0.13
缬氨酸(Val)[*]	1.82	4.74±0.08
色氨酸(Trp)[*]	—	0.58±0.02
精氨酸(Arg)[**]	2.23	2.63±0.09
组氨酸(His)[**]	1.02	1.20±0.04
天冬氨酸(Asp)[△]	3.86	5.02±0.22
甘氨酸(Gly)[△]	2.45	2.15±0.11
谷氨酸(Glu)[△]	6.44	7.96±0.25
丝氨酸(Ser)	1.66	2.96±0.11
丙氨酸(Ala)[△]	2.40	6.00±0.25
酪氨酸(Tyr)	0.85	2.40±0.07
脯氨酸(Pro)	1.89	3.40±0.14
胱氨酸(Cys)	0.43	0.66±0.07
氨基酸总量(TAA)	37.65	61.41±1.30
必需氨基酸(EAA)	14.42	27.05±0.61
半必需氨基酸(HEAA)	3.25	3.82±0.10
非必需氨基酸(NEAA)	19.98	30.54±0.85

续　表

氨　　基　　酸	亲 本 饲 料	鱼　　卵
鲜味氨基酸(DAA)	15.15	21.12±0.59
必需氨基酸/氨基酸总量(EAA/TAA)	0.38	0.44±0.01
必需氨基酸/非必需氨基酸(EAA/NEAA)	0.72	0.89±0.03
鲜味氨基酸/氨基酸总量(DAA/TAA)	0.40	0.34±0.01

注：亲本饲料和鱼卵的样本数分别为 1 和 6;△为鲜味氨基酸,＊为必需氨基酸,＊＊为半必需氨基酸。

必需氨基酸指数(EAAI)反映必需氨基酸的平衡性,是评价蛋白质营养价值的常用指标之一,EAAI 越大则营养价值越高(钟鸿干等,2017),EAAI<70 表示蛋白质营养不充足,EAAI 在 80 左右表示蛋白质营养价值良好,EAAI>90 表示蛋白质营养价值高(Oser,1951)。美洲鲥鱼卵的 EAAI 为 86.98,说明其蛋白质营养价值较高,氨基酸平衡性较好。根据表 9-1-2 中的氨基酸评分(AAS)和化学评分(CS)数据,美洲鲥鱼卵第一、第二限制性氨基酸均分别是蛋氨酸＋胱氨酸和色氨酸,支链氨基酸与芳香族氨基酸的比值(F 值)为 3.17(施永海等,2020)。

表 9-1-2　美洲鲥鱼卵必需氨基酸组成的评价(On N basis)(施永海等,2020)

必需氨基酸 EAA	美洲鲥鱼卵 (mg/g)	FAO 评分 模式(mg/g)	鸡蛋蛋白 (mg/g)	氨基酸 评分	化学 评分
异亮氨酸(Ile)	3.49	2.50	3.31	1.39	1.05
亮氨酸(Leu)	5.98	4.40	5.34	1.36	1.12
赖氨酸(Lys)	3.90	3.40	4.41	1.15	0.89
苏氨酸(Thr)	3.95	2.50	2.92	1.58	1.35
缬氨酸(Val)	4.51	3.10	4.10	1.45	1.10
色氨酸(Trp)	0.55	0.60	0.99	0.92	0.56
蛋氨酸＋胱氨酸(Met＋Cys)	1.88	2.20	3.86	0.85	0.49
苯丙氨酸＋酪氨酸(Phe＋Tyr)	4.42	3.80	5.65	1.16	0.78
必需氨基酸指数(EAAI)	86.98				
F 值	3.17				

注：F 值为支链氨基酸与芳香族氨基酸的比值。

3. 脂肪酸

对美洲鲥鱼卵干样进行了 C8~C24 脂肪酸(36 种)的检测,共检测到 13 种,包含 3 种饱和脂肪酸(SFA)(总量为 30.43%)、2 种单不饱和脂肪酸(MUFA)(总量为28.45%)和8种多不饱和脂肪酸(PUFA)(总量为41.04%)(表9-1-3)。脂肪酸组分中以油酸(C18：1n9c)(27.13%)、棕榈酸(C16：0)(22.39%)、亚油酸(C18：2n6c)(14.56%)和二十二碳六烯酸(C22：6n3)(11.29%)为主,共占脂肪酸总量的75.37%。n-3和n-6多不饱和脂肪酸的比值($\sum$n-3 PUFA/$\sum$n-6 PUFA)较低(0.51)(表9-1-3),体现了淡水鱼卵的特质,同时也符合美洲鲥需溯河淡水繁育的繁殖习性(施永海等,2020)。

表9-1-3 美洲鲥亲本饲料和鱼卵的脂肪酸组成及含量(%)(施永海等,2020)

脂 肪 酸	亲 本 饲 料	鱼 卵
C14：0	0.96	1.29±0.20
C15：0	0.18	—
C16：0	13.64	22.39±2.03
C17：0	0.11	—
C18：0	4.61	6.75±0.90
C20：0	0.37	—
C22：0	0.36	—
C16：1	0.04	1.32±0.15
C17：1	0.07	—
C18：1n9c	23.37	27.13±2.86
C20：1n9	0.58	—
C18：2n6t	0.40	—
C18：2n6c	45.34	14.56±0.78
C20：2	0.32	1.77±0.18
C22：2	0.15	—
C18：3n6	0.59	7.24±1.11
C18：3n3	5.33	1.14±0.07
C20：3n6	0.30	3.62±0.48
C20：4n6	0.22	0.68±0.09
C20：5n3(EPA)	1.10	0.73±0.11
C22：6n3(DHA)	1.94	11.29±1.26
SFA	20.24	30.43±2.19
MUFA	24.06	28.45±2.93
PUFA	55.70	41.04±1.52
DHA+EPA	3.05	12.02±1.37

续　表

脂　肪　酸	亲　本　饲　料	鱼　　卵
$\sum n-3\ PUFA$	8.38	13.16 ± 1.38
$\sum n-6\ PUFA$	46.85	26.11 ± 1.06
SFA/UFA	0.25	0.44 ± 0.05
$\sum n-3\ PUFA/\sum n-6\ PUFA$	0.18	0.51 ± 0.06

注：亲本饲料和鱼卵的样本数分别为 1 和 6；SFA 为饱和脂肪酸；MUFA 为单不饱和脂肪酸；PUFA 为多不饱和脂肪酸。

上述研究显示,美洲鲥鱼卵水分含量较高,但其干物质营养价值较高,味道鲜美,具有开发利用空间,有望成为鱼子酱的新原料。通过对美洲鲥鱼卵营养成分的分析,可以为鱼卵质量检测指标、美洲鲥亲本配合饲料配方设计以及仔稚鱼营养需求研究提供参考依据。

二、仔鱼营养成分

鱼类早期发育阶段的营养需求较为复杂,主要分为内源性营养、混合性营养和外源性营养三个阶段(郑怀平,1999)。仔鱼在内源性营养阶段不摄食外界饵料,主要的营养来源为卵黄。通过对该阶段鱼体营养成分的研究,可窥见该阶段仔鱼营养利用特点,为研究仔鱼营养需求提供重要线索。混合营养阶段是仔鱼从内源性营养向外源性营养的过渡阶段,当仔鱼卵黄耗尽,营养则全部依靠外界获取,即进入外源性营养阶段。该阶段的仔鱼营养需求是水产养殖面临最大的挑战之一,主要是因为对仔鱼营养需求认识匮乏。目前,主要通过对鱼卵和仔鱼营养组成的分析来指导人工配合饲料的研发和配方的改进。本节通过汇总目前美洲鲥仔鱼营养成分的研究结果,为美洲鲥仔鱼人工配合饲料的研发提供数据支撑和参考依据。

1. 常规营养成分

上海市水产研究所和中国水产科学研究院黄海水产研究所(Liu 等,2018)研究了美洲鲥仔鱼内源营养阶段体内常规营养成分变化。研究结果显示,仔鱼水分含量较高(88.25%～90.60%)(表 9-1-5),随着仔鱼的生长,个体干重趋于稳定,而个体粗蛋白含量逐渐降低(表 9-1-4)(Liu 等,2018)。上海市水产研究所研究发现仔鱼个体总脂含量为 $41.91 \sim 50.46\ \mu g/$尾(表 9-1-5),而中国水产科学研究院黄海水产研究所的研究结果为 24. 14～25. 49 μg/尾（表 9 - 1 - 4）（Liu 等，2018），这可能与亲本的个体大小以及营养积累等因素有关。

表 9 - 1 - 4　美洲鲥内源营养仔鱼的常规营养成分（$n=3$）（Liu 等，2018）

指　　标	0 d仔鱼	1 d仔鱼	3 d仔鱼
干重(mg/尾)	0.28±0.01	0.28±0.03	0.26±0.02
粗蛋白(μg/尾)	214.36±10.88	209.66±11.18	188.75±9.64[c]
个体总脂(μg/尾)	25.49±1.92	25.33±2.45	24.14±2.13

表 9 - 1 - 5　美洲鲥发育早期的水分和总脂含量（$n=3$）

指　　标	0 d仔鱼	4 d仔鱼
水分含量(%)	90.60±0.21	88.25±0.25
干质量的总脂(%)	18.83±1.31	19.13±2.14
鲜质量的总脂(%)	1.77±0.16	2.25±0.26
个体总脂(μg/尾)	50.46±4.64	41.91±4.80

2. 氨基酸

美洲鲥内源性营养阶段仔鱼（0～3 d）体内可检测到 17 种氨基酸（研究中未交待色氨酸未检出具体原因，可能与其水解方式有关），含量最高的 4 种依次为谷氨酸、亮氨酸、天门冬氨酸和赖氨酸，必需氨基酸含量（85. 86～98. 75 μg/尾）高于非必需氨基酸（76. 78～89. 97 μg/尾）。随着仔鱼生长，各氨基酸含量均呈下降趋势，其中以胱氨酸、脯氨酸、酪氨酸、缬氨酸、异亮氨酸、亮氨酸和苯丙氨酸下降最为明显（表 9 - 1 - 6）（Liu 等，2018）。

表 9 - 1 - 6　美洲鲥内源营养仔鱼的氨基酸组成（μg/尾）（Liu 等，2018）

氨　基　酸	0 d仔鱼	1 d仔鱼	3 d仔鱼
天门冬氨酸(Asp)	14.79±1.13	14.73±1.21	13.50±1.09
丝氨酸(Ser)	8.75±0.64	8.25±0.56	7.70±0.62
谷氨酸(Glu)	23.27±1.84	23.57±2.12	21.49±1.65
甘氨酸(Gly)	8.44±0.39	8.59±0.48	8.35±0.53
丙氨酸(Ala)	14.47±1.29	12.55±1.08	11.73±1.05
胱氨酸(Cys)	0.80±0.03	0.65±0.02	0.65±0.03
酪氨酸(Tyr)	8.80±0.64	8.39±0.56	7.05±0.62

氨　基　酸	0 d仔鱼	1 d仔鱼	3 d仔鱼
脯氨酸(Pro)	10.66±0.86	8.76±0.54	6.31±0.49
非必需氨基酸(NEAA)	89.97±6.93	85.49±6.44	76.78±5.88
苏氨酸(Thr)	10.20±1.06	9.80±0.67	8.69±0.63
缬氨酸(Val)	11.17±0.88	10.88±1.02	9.53±0.59
蛋氨酸(Met)	6.15±0.34	5.87±0.25	5.43±0.38
异亮氨酸(Ile)	11.42±1.09	10.94±0.87	9.22±0.58
亮氨酸(Leu)	18.49±1.41	17.48±1.33	14.80±1.21
苯丙氨酸(Phe)	9.80±0.75	9.58±0.68	8.41±0.52
赖氨酸(Lys)	14.42±1.34	14.37±1.35	13.16±1.12
组氨酸(His)	6.07±0.27	6.06±0.33	5.72±0.24
精氨酸(Arg)	11.03±1.05	10.85±0.96	10.91±0.81
必需氨基酸(EAA)	98.75±8.21	95.83±7.49	85.86±6.32
氨基酸总量(TAA)	188.72±13.78	181.32±12.81	162.64±10.14
必需氨基酸与非必需氨基酸比(EAA/NEAA)	1.10±0.04	1.12±0.08	1.12±0.06

3. 脂肪酸

美洲鲥内源营养阶段仔鱼可检出 C14～C22 中 16 种脂肪酸,包括 6 种饱和脂肪酸、3 种单不饱和脂肪酸和 7 种多不饱和脂肪酸。饱和脂肪酸以 C16：0 为主,其次为 C18：0;单不饱和脂肪酸以 C18：1n9 为主;多不饱和脂肪酸以 C20：6n3(DHA)为主,EPA＋DHA 含量较高(25.24％～27.33％)。随着仔鱼生长,C18：2n6、C18：3n6、SFA 和 EPA/ARA 明显降低,而 C18：3n3、C20：4n6、C22：6n3 和 $\sum$n‐3 PUFA/$\sum$n‐6 PUFA 明显升高(表 9‐1‐7)(Liu 等,2018)。

表 9‐1‐7　美洲鲥内源营养仔鱼的脂肪酸组成(％)(Liu 等,2018)

脂　肪　酸	0 d仔鱼	1 d仔鱼	3 d仔鱼
C14：0	1.09±0.10	1.01±0.09	1.01±0.08
C15：0	0.23±0.01	0.22±0.03	0.24±0.02
C16：0	24.27±1.17	24.10±1.13	21.61±1.86
C16：1n7	2.69±0.19	2.55±0.25	2.48±0.18

脂 肪 酸	0 d仔鱼	1 d仔鱼	3 d仔鱼
C17：0	0.44±0.03	0.43±0.03	0.47±0.02
C18：0	8.27±0.27	8.68±0.36	8.44±0.54
C18：1n9	19.73±1.62	19.51±1.60	20.64±1.77
C18：2n6	7.76±0.34	7.47±0.28	6.70±0.25
C18：3n3	0.43±0.02	0.37±0.00	0.58±0.07
C18：3n6	2.30±0.21	2.14±0.15	1.87±0.18
C20：0	0.19±0.05	0.19±0.04	0.19±0.05
C20：1n9	0.59±0.05	0.59±0.08	0.52±0.04
C20：4n6(ARA)	1.15±0.10	1.23±0.13	1.69±0.15
C20：5n3(EPA)	3.42±0.22	3.31±0.28	3.58±0.25
C22：5n3	1.57±0.17	1.58±0.11	1.55±0.16
C22：6n3(DHA)	21.82±1.25	22.43±1.26	24.25±1.15
SFA	34.49±1.38	34.64±1.49	31.97±1.07
MUFA	23.00±1.96	22.64±1.72	23.64±1.83
PUFA	38.43±2.31	38.53±2.13	40.21±2.29
$\sum$n-3 PUFA	27.23±1.53	27.69±1.71	29.96±1.45
$\sum$n-6 PUFA	11.20±0.80	10.84±0.80	10.26±0.60
$\sum$n-3 HUFA	26.80±2.23	27.32±2.16	28.88±2.37
$\sum$n-3 PUFA/$\sum$n-6 PUFA	2.43±0.22	2.55±0.19	2.92±0.14
EPA/DHA	0.16±0.01	0.15±0.01	0.15±0.01
EPA/ARA	2.99±0.26	2.69±0.22	2.12±0.17
EPA+DHA	25.24±1.65	25.74±1.53	27.33±1.42

注: SFA,饱和脂肪酸;MUFA,单不饱和脂肪酸;PUFA,多不饱和脂肪酸;HUFA,高不饱和脂肪酸。

　　美洲鲴外源性营养阶段仔鱼脂肪酸组成与内源性营养阶段相似,但外源营养阶段仔鱼脂肪酸组成及含量易受到所摄食饵料营养结构的影响。如刘志峰等(2018)研究了三种不同饵料(丰年虫、微颗粒饲料以及丰年虫和微颗粒饲料混合)投喂美洲鲴 10 d仔鱼 30 d对鱼体脂肪酸组成的影响,结果表明外源性营养阶段仔鱼脂肪酸组成与内源营养阶段相似,但各处理中脂肪酸含量因摄食饵料不同而发生改变,丰年虫组 n-3 HUFA 和 DHA 含量显著低于微粒饲料组和混合投喂组(表 9-1-8)。

表 9-1-8 不同饲料饲养的美洲鲥仔鱼的脂肪酸组成(％)(刘志峰等,2018)

脂 肪 酸	丰年虫	微颗粒饲料	丰年虫＋微颗粒饲料
C14：0	1.01±0.23[a]	3.53±0.46[b]	1.88±0.27[c]
C15：0	0.32±0.02	0.36±0.03	0.36±0.03
C16：0	17.41±1.35[a]	24.72±3.61[b]	19.56±1.75[ab]
C16：1n7	9.89±1.22[a]	4.42±0.37[b]	6.46±1.28[c]
C17：0	0.81±0.10[a]	0.38±0.04[b]	0.78±0.09[a]
C18：0	7.13±1.32	5.86±0.78	7.14±0.94
C18：1n9	30.47±3.64[a]	18.27±2.15[b]	24.52±3.30[ab]
C18：2n6	3.59±0.41	2.74±0.39	3.35±0.31
C18：3n3	4.88±0.76[a]	0.63±0.05[b]	3.57±0.64[a]
C18：3n6	0.48±0.06	0.40±0.05	0.36±0.07
C20：0	0.13±0.02	0.15±0.01	0.15±0.01
C20：1n9	0.47±0.05[a]	1.70±0.22[b]	0.90±0.08[c]
C20：4n6(ARA)	2.56±0.41[a]	1.70±0.19[b]	2.31±0.22[a]
C20：5n3(EPA)	10.54±2.23	7.62±1.77	9.03±1.69
C22：5n3	2.50±0.30[a]	1.58±0.21[b]	2.18±0.33[a]
C22：6n3(DHA)	3.50±0.45[a]	21.68±3.60[c]	14.74±2.17[b]
SFA	26.81±2.17[a]	34.98±3.08[b]	29.87±2.26[ab]
MUFA	40.83±5.44[a]	24.39±2.80[b]	31.87±3.62[c]
PUFA	28.05±4.32	36.35±4.93	35.53±4.88
∑n-3 PUFA	21.42±2.72[a]	31.51±4.11[b]	29.52±3.66[b]
∑n-6 PUFA	6.63±1.06	4.84±0.85	6.02±0.97
∑n-3 HUFA	16.54±2.40[a]	30.88±3.77[b]	25.94±3.64[b]
∑n-3 PUFA/∑n-6 PUFA	3.23±0.45[a]	6.51±0.93[b]	4.90±0.72[ab]
DHA/EPA	0.33±0.04[a]	2.84±0.19[c]	1.63±0.12[b]
EPA/ARA	4.12±0.61	4.50±0.55	3.91±0.39
EPA＋DHA	14.04±1.56[a]	29.30±3.56[b]	23.76±3.40[b]

注：SFA 为饱和脂肪酸;MUFA 为单不饱和脂肪酸;PUFA 为多不饱和脂肪酸;HUFA 为高不饱和脂肪酸。不同字母的数值间存在显著性差异($P<0.05$);方差分析采用 SPSS18.0 统计软件进行 ANOVA 单因素方差分析,用 LSD 和 SNK 多重比较检验组间差异,显著性水平为 0.05。

三、幼鱼鱼体营养成分

幼鱼(当年鱼种)培育是鱼类养殖过程中的重要环节,鱼种质量的优劣直接影响养成效果。上海市水产研究所(刘永士等,2020)比较了不同养殖模式下美洲鲥当年鱼种鱼体营养成分。采用人工繁育的鱼苗,于 7 月中旬,以 3.26 尾/m² 的养殖密度分别放养在敞口池塘和遮阴池塘(覆盖遮阴率 75% 的遮阴膜);养殖过程中,水温低于 28℃,每 14 d 换水 1/3;水温高于 28℃,适时换水 1/5;盛夏高温期间,当外界水温相对较低时连续少量多次换水;每天 2 次(8:00 和 16:00)测量水温和投喂饲料,投喂量以 2 h 摄食完为准;养殖 120 d 后,分别从两个池塘拉网随机挑选 15 尾美洲鲥用于营养成分的分析,分析结果如下。

1. 常规营养成分

美洲鲥当年鱼种蛋白和脂肪含量均较高,鱼体(去除内脏团)粗蛋白含量(以鲜重计)为 16.34%~16.61%,粗脂肪含量(以鲜重计)为 7.48%~10.79%(表 9 - 1 - 9)(刘永士等,2020)。

表 9 - 1 - 9 不同养殖模式对美洲鲥当年鱼种常规营养成分的
影响(鲜重基础)(%)(刘永士等,2020)

项　目	水　分	粗蛋白质	粗脂肪	粗灰分
饲　料	6.16±0.29	42.61±0.30	11.19±0.72	10.20±0.16
遮阴组	69.22±0.35[a]	16.34±0.28[a]	10.79±0.49[a]	2.88±0.12[a]
敞池组	70.68±0.43[b]	16.61±0.40[a]	7.48±1.38[b]	3.41±0.30[a]

注:同列数据肩标无或相同字母表示差异不显著($P>0.05$),不同小写字母表示差异显著($P<0.05$),饲料不参与显著性分析。方差分析采用 SPSS17.0 统计软件数据,用独立样本 t 检验进行处理间的比较,采用反正弦函数转换处理百分数后再做检验比较,显著性水平为 0.05。

不同养殖模式下,当年鱼种鱼体常规营养成分不同。遮阴养殖的当年鱼种(体长 12.46 cm±1.00 cm,体质量 26.53 g±6.02 g)鱼体的水分含量显著低于敞池养殖(体长 12.20 cm±0.63 cm,体质量 23.48 g±3.92 g)($P<0.05$),而粗脂肪含量显著高于敞池养殖($P<0.05$),粗蛋白和粗灰分含量没有显著性差异($P>0.05$)(表 9 - 1 - 9)(刘永士等,2020)。这可能是因为敞口池塘浮游动物含量丰富,美洲鲥摄食部分浮游动物,而遮阴养殖下美洲鲥摄食饲料更多,实验所用饲料的粗脂肪含量高于常见浮游动物(4.66%~9.70%)(林元烧等,2001),因此遮阴组美洲鲥鱼种体内脂肪积累更多。

美洲鲥当年鱼种在不同生长阶段体内营养成分也有所不同。遮阴养殖的当年鱼种体内水分含量随着鱼种的生长显著降低($P<0.05$),仅在 10 月和 11 月无显著差异($P>0.05$);鱼体总脂肪(以干重计)含量随鱼种的生长显著升高($P<$

0.05),仅 10 月份和 11 月份无显著性差异($P>0.05$)(表 9-1-10)(施永海等,2019a),说明当年鱼种随着生长发育,鱼体内脂类富集明显。造成这种现象的原因可能有两个:一是在幼鱼的初期阶段,虽然其外形已与成鱼相近,但体内的组织器官还需要进一步发育,因此所吸收的能量不仅要支持个体的快速生长,同时还要用于各组织器官的发育,造成当年鱼种放养初期,鱼体脂肪积累较少;二是到了 9 月份,高温季节结束,高水温对幼鱼的胁迫已经解除,幼鱼的摄食增加,鱼体营养物质积累也随之增加,加之此时幼鱼已发育完全,所吸收的能量较少用于完善组织器官,因此造成了 9 月和 10 月的鱼体脂肪含量迅速增加和脂类富集。

表 9-1-10 美洲鲥当年鱼种水分和总脂肪含量($n=3$)(施永海等,2019a)

月 份	体长(cm)	体质量(g)	水分(%,鲜重计)	总脂肪(%,干重计)
7 月	3.24 ± 0.51	0.71 ± 0.35	78.74 ± 0.84^a	12.93 ± 2.40^a
8 月	5.26 ± 0.87	2.27 ± 1.31	74.49 ± 0.51^b	20.95 ± 0.95^b
9 月	7.91 ± 0.89	7.77 ± 2.65	71.92 ± 0.49^c	26.87 ± 1.15^c
10 月	11.61 ± 1.11	22.64 ± 6.27	68.89 ± 0.24^d	33.90 ± 1.26^d
11 月	12.46 ± 1.00	26.53 ± 6.02	69.22 ± 0.35^d	35.05 ± 1.39^d

注:同行中肩标不同字母表示组间差异显著($P<0.05$),标有相同字母或者无字母表示组间无显著性差异($P>0.05$)。方差分析采用 SPSS17.0 统计软件处理数据,对各月份组数据进行单因素方差分析(One-way ANOVA),如数据是百分数,先采用反正弦函数转换后在进行方差分析,用 Duncan 氏法进行多重比较,显著性水平为 0.05。

2. 氨基酸

蛋白质的营养取决于蛋白质自身的氨基酸,尤其是必需氨基酸的组成与含量。美洲鲥当年鱼种鱼体可检测到 18 种氨基酸,其中有人体所必需的氨基酸(EAA)8 种、非必需氨基酸(NEAA)10 种,含量最高的 4 种依次为谷氨酸、天门冬氨酸、赖氨酸和甘氨酸。鱼体的 EAA/TAA 为 38.41%～38.55%,EAA/NEAA 为 72.66%～73.36%,说明美洲鲥当年鱼种鱼体为优质蛋白源(表 9-1-11)(刘永士等,2020)。

表 9-1-11 两种养殖模式对美洲鲥当年鱼种氨基酸组成及含量的影响(干物质基础,%)(刘永士等,2020)

氨基酸(AA)	饲料	遮阴组	敞池组
天门冬氨酸(Asp)△	3.96	4.74 ± 0.14^a	5.21 ± 0.19^b
苏氨酸(Thr)*	1.63	2.13 ± 0.05^a	2.31 ± 0.11^a
丝氨酸(Ser)	1.75	2.14 ± 0.06^a	2.28 ± 0.06^b

氨基酸（AA）	饲　料	遮阴组	敞池组
谷氨酸（Glu）△	6.99	7.15±0.26ᵃ	7.91±0.18ᵇ
甘氨酸（Gly）△	2.60	4.07±0.12ᵃ	4.26±0.20ᵃ
丙氨酸（Ala）△	2.49	3.52±0.10ᵃ	3.79±0.06ᵇ
缬氨酸（Val）*	1.87	2.35±0.07ᵃ	2.44±0.19ᵃ
蛋氨酸（Met）*	0.84	1.58±0.03ᵃ	1.64±0.20ᵃ
异亮氨酸（Ile）*	2.01	2.09±0.06ᵃ	2.28±0.07ᵇ
亮氨酸（Leu）*	3.90	3.73±0.10ᵃ	4.09±0.10ᵇ
酪氨酸（Tyr）	0.92	1.45±0.14ᵃ	1.58±0.05ᵃ
苯丙氨酸（Phe）*	1.95	2.27±0.08ᵃ	2.45±0.28ᵃ
组氨酸（His）**	1.08	1.29±0.03ᵃ	1.45±0.13ᵃ
赖氨酸（Lys）*	2.98	4.40±0.07ᵃ	4.74±0.12ᵇ
精氨酸（Arg）**	2.06	3.08±0.28ᵃ	3.17±0.32ᵃ
脯氨酸（Pro）	2.06	2.13±0.03ᵃ	2.31±0.33ᵃ
色氨酸（Trp）*	未检测	0.43±0.03ᵃ	0.45±0.01ᵃ
胱氨酸（Cys）	0.34	0.71±0.02ᵃ	0.72±0.03ᵃ
氨基酸总量（TAA）	39.43	49.28±0.70ᵃ	53.07±1.69ᵇ
必需氨基酸（EAA）	15.18	19.00±0.22ᵃ	20.39±1.01ᵃ
半必需氨基酸（HEAA）	3.14	4.38±0.26ᵃ	4.62±0.45ᵃ
非必需氨基酸（NEAA）	21.22	25.91±0.77ᵃ	28.06±0.47ᵇ
鲜味氨基酸（DAA）	16.04	19.48±0.60ᵃ	21.17±0.32ᵇ
必需氨基酸与氨基酸总量比率（EAA/TAA）	38.50	38.55±0.29ᵃ	38.41±0.87ᵃ
必需氨基酸与非必需氨基酸比率（EAA/NEAA）	71.54	73.36±1.82ᵃ	72.66±3.38ᵃ
鲜味氨基酸与氨基酸总量比率（DAA/TAA）	40.68	39.52±0.72ᵃ	39.91±0.74ᵃ

　　注：△为鲜味氨基酸，* 为必需氨基酸，** 为半必需氨基酸。同行数据肩标无或相同字母表示差异不显著（$P>0.05$），不同小写字母表示差异显著（$P<0.05$），饲料不参与显著性分析。方差分析采用 SPSS17.0 统计软件数据，用独立样本 t 检验进行处理间的比较，采用反正弦函数转换处理百分数后再做检验比较，显著性水平为 0.05。

　　不同养殖模式会影响鱼体氨基酸的组成。敞池养殖美洲鲌当年鱼种鱼体中 7 种氨基酸（天门冬氨酸、丝氨酸、谷氨酸、丙氨酸、异亮氨酸、亮氨酸和赖氨酸）的含量显著高于遮阴养殖（$P<0.05$），而其余 11 种氨基酸（苏氨酸、甘氨酸、缬氨酸、蛋氨酸、酪氨酸、苯丙氨酸、组氨酸、精氨酸、脯氨酸、色氨酸和胱氨酸）的含量两种养殖模式间差异不显著（$P>0.05$）。8 种必需氨基酸中，敞池养殖有 3 种氨基酸（异亮氨酸、亮氨酸和赖氨酸)的含量显著高于遮阴养殖($P<0.05$),而其他 5 种氨基酸(苏氨酸、缬氨酸、蛋氨酸、苯丙氨酸和色氨酸)的含量两种养殖模式间差异不显著($P>0.05$)。2 种半必需氨基酸(组氨酸和精氨酸)的含量两种养殖模式间不存在显著性差异($P>0.05$)。在 4 种鲜味氨基酸种,敞池养殖中天门冬氨酸、谷氨酸和丙氨酸的含量显著高于遮阴养殖($P<0.05$),而甘氨酸的含量差异不显著($P>0.05$)(表 9 - 1 - 11),说明敞池养殖美洲鲥肉质鲜美程度略优于遮阴组(刘永士等,2020)。

　　敞池组美洲鲥鱼体的氨基酸总量、非必需氨基酸和鲜味氨基酸占鱼体干重的百分含量(分别为 53.07%、28.06% 和 21.17%)均比遮阴组(分别为 49.28%、25.91% 和 19.48%)显著升高($P<0.05$);两个组鱼体的必需氨基酸和半必需氨基酸占肌肉干重的百分含量差异不显著($P>0.05$)(表 9 - 1 - 11)(刘永士等,2020)。

　　美洲鲥当年鱼种鱼体的 EAAI 为 76.46～76.49(表 9 - 1 - 12),说明当年鱼种蛋白质营养价值较高,氨基酸平衡性较好。同时,两个组的 EAAI 与 F 值相近,说明两种养殖模式养殖的当年鱼种氨基酸营养相近。然而敞池组在某些 EAA(异亮氨酸、亮氨酸和赖氨酸)以及 DAA(天门冬氨酸、谷氨酸和丙氨酸)含量要高于遮阴组,因此可认为敞池养殖美洲鲥当年鱼种蛋白品质略优于遮阴养殖(刘永士等,2020)。

表 9 - 1 - 12　不同养殖模式对美洲鲥当年鱼种营养品质的
影响(刘永士等,2020)(干重计)

必需氨基酸 (EAA)	遮阴组 (mg/g)	敞池组 (mg/g)	FAO/WHO 标准模式 (mg/g)	全鸡蛋 蛋白模式 (mg/g)	遮阴组		敞池组	
					氨基酸 评分	化学 评分	氨基酸 评分	化学 评分
异亮氨酸(Ile)	246.08	251.21	250	331	0.98	0.74	1.00	0.76
亮氨酸(Leu)	439.58	451.33	440	534	1.00	0.82	1.03	0.85
赖氨酸(Lys)	518.43	522.66	340	441	1.52	1.18	1.54	1.19
苏氨酸(Thr)	251.18	254.84	250	292	1.00	0.86	1.02	0.87
缬氨酸(Val)	276.68	268.83	310	411	0.89*	0.67*	0.87*	0.65*
色氨酸(Trp)	51.01	49.31	60	99	0.85△	0.52△	0.82△	0.50△
蛋氨酸＋胱氨酸 (Met＋Cys)	270.40	260.86	220	386	1.23	0.70	1.19	0.68
苯丙氨酸＋酪氨酸 (Phe＋Tyr)	437.99	444.51	380	565	1.15	0.78	1.17	0.79
必需氨基酸指数 (EAAI)	76.49	76.46						
F 值	2.20	2.19						

注:F 值为支链氨基酸与芳香族氨基酸的比值。△第一限制性氨基酸,＊第二限制性氨基酸。

3. 脂肪酸

脂肪酸是细胞的重要组成成分之一,为人体提供必要的营养支撑(柳学周等,2017),尤其是不饱和脂肪酸(UFA)。UFA 中的单不饱和脂肪酸(MUFA),能够正向调节血脂代谢,降低低密度蛋白胆固醇的氧化敏感性,从而保护血管内皮和降低血液高凝状态(刘跟生等,2006);而多不饱和脂肪酸(PUFA)具有降血脂、降血压和抗肿瘤等功能,能降低心血管疾病的发生率(许星鸿等,2011),其中 EPA 和 DHA 还具有促进儿童智力发育、降低血液甘油三酯含量、减少血栓形成、预防心脑梗死及老年性痴呆等功效(王珊珊等,2009),是人与动物生长发育的必需脂肪酸(庄平等,2010)。

美洲鲥当年鱼种鱼体中饱和脂肪酸(SFA)主要以 C16：0 为主(19.50%～25.30%),其次为 C18：0(6.23%～7.01%),敞池养殖鱼体 SFA 含量(35.91%)显著高于遮阴养殖(27.70%)($P<0.05$);MUFA 主要以 C18：1n9(29.80%～34.70%)为主,C16：1、C20：1 和 C22：1 含量较少,敞池养殖(35.98%)和遮阴养殖(38.49%)差异不大($P>0.05$);PUFA 主要以 C18：2n6(11.33%～18.50%)为主,C20：5n3(EPA)和 C22：6n3(DHA)的含量较低,尤其是遮阴养殖,EPA 未检出,但遮阴养殖 PUFA 总量(21.35%)显著高于敞池养殖(13.66%)(表 9-1-13)。可见,两种养殖模式下脂肪酸组成存在差异,分析原因可能是池塘遮阴处理改变了池塘的生态环境,尤其是减少了浮游动物的生物量,导致美洲鲥的食物来源几乎全部为配合饲料,而配合饲料的脂肪酸中 PUFA 含量最为丰富(51.03%),从而提高了美洲鲥鱼体 PUFA 的含量(刘永士等,2020)。

表 9-1-13　不同养殖模式对美洲鲥当年鱼种脂肪酸组成及含量的影响(刘永士等,2020)(%)

脂　肪　酸	饲　　料	遮　阴　组	敞　池　组
C12：0	—	0.04 ± 0.00^a	0.10 ± 0.01^b
C14：0	0.84	1.64 ± 0.06^a	3.11 ± 0.72^a
C15：0	0.17	—	—
C16：0	13.50	19.50 ± 0.40^a	25.30 ± 1.57^b
C17：0	0.11	—	—
C18：0	4.56	6.23 ± 0.17^a	7.01 ± 0.75^a
C20：0	0.70	0.31 ± 0.00^a	0.39 ± 0.04^a
C22：0	0.16	—	—

续　表

脂　肪　酸	饲　料	遮　阴　组	敞　池　组
C16：1	—	1.89±0.07[a]	3.76±0.73[b]
C17：1	0.06	—	—
C18：1n9	23.92	34.70±0.72[a]	29.80±4.76[a]
C20：1	—	1.51±0.02[a]	1.63±0.04[b]
C20：1n9	3.96	—	—
C22：1	—	0.40±0.06[a]	0.79±0.38[a]
C18：2n6	46.13	18.50±0.50[a]	11.33±2.50[b]
C20：2	0.30	—	—
C22：2	0.89	—	—
C18：3n3	0.73	—	—
C18：3n6	0.36	1.59±0.06[a]	1.63±0.70[a]
C20：3n6	0.37	—	—
C20：4n6	0.25	—	—
C20：5n3(EPA)	0.21	—	0.33±0.31
C22：6n3(DHA)	1.79	1.26±0.20	1.46
其他脂肪酸	—	12.43±0.51[a]	14.47±1.68[a]
∑SFA	20.04	27.70±0.38[a]	35.91±3.06[b]
∑MUFA	27.94	38.49±0.82[a]	35.98±4.15[a]
∑PUFA	51.03	21.35±0.75[a]	13.66±1.24[b]
EPA＋DHA	2.00	1.26±0.20[a]	1.06±1.34[a]
∑SFA/∑UFA	0.25	0.46±0.01[a]	0.73±0.14[a]

注：SFA 为饱和脂肪酸,MUFA 为单不饱和脂肪酸,PUFA 为多不饱和脂肪酸,UFA 为不饱和脂肪酸。同行数据肩标无或相同字母表示差异不显著($P>0.05$),不同小写字母表示差异显著($P<0.05$),饲料不参与显著性分析。方差分析采用 SPSS17.0 统计软件数据,用独立样本 t 检验进行处理间的比较,采用反正弦函数转换处理百分数后再做检验比较,显著性水平为 0.05。

美洲鲥当年鱼种鱼体 EPA 和 DHA 总含量仅为 1.06％～1.26％,高于雄鱼成鱼(0.23％～0.69％)(郭永军等,2010;顾若波等,2007)和雌鱼成鱼(0.65％)(洪孝友等,2013)。研究表明,鱼体内 EPA 和 DHA 主要靠从饵料中摄取,本试验用配合饲料中 EPA 含量低(0.21％)可能导致了遮阴组鱼体中 EPA 未检出,而敞池组由于摄食了更多的浮游生物,从而补充了一定量的 EPA。因此,今后在设计美洲鲥当年鱼种配合饲料配方时,需提高 EPA 和 DHA 的含量。

上述研究显示,美洲鲥当年鱼种鱼体富含脂肪和优质蛋白;不同养殖模式对当年鱼种鱼体营养成分和品质产生一定的影响。采用敞口池塘养殖,鱼体蛋白质品质略优于遮阴池塘养殖,而遮阴池塘养殖鱼体的脂肪酸品质更优。

四、成鱼肌肉营养成分

已有一些学者对美洲鲥成鱼肌肉营养组成进行了研究,如魏润东等(2017)对从广州黄沙水产批发市场购得的 5 尾美洲鲥成鱼肌肉(鱼体两侧头后至尾柄前去皮去骨)进行了常规营养成分和氨基酸组成与含量的分析;顾若波等(2007)从江苏省江阴市采集人工驯养的美洲鲥雌、雄鱼各 6 尾,取背部去皮肌肉,用于分析其常规营养成分和氨基酸、脂肪酸组成与含量;郭永军等(2010)从天津采集人工养殖美洲鲥成鱼 10 尾,取鱼体两侧的轴上肌和轴下肌,用于分析其常规营养成分和氨基酸、脂肪酸组成与含量及矿物质元素种类与含量;洪孝友等(2013a)从广东清远采集人工养殖美洲鲥成鱼 8 尾,取背部肌肉匀浆后—20℃保存待用,用于分析其常规营养成分和氨基酸、脂肪酸组成与含量。这些研究的结果都表明美洲鲥成鱼肌肉味道鲜美,营养丰富,但由于采集美洲鲥个体规格和取样部位的差异以及各地区养殖环境、采用的饲料等的不同导致各营养成分检测结果有所不同。本节将上述各学者的研究结果进行汇总,方便读者了解美洲鲥成鱼的营养价值以及各地区养殖美洲鲥的营养差异。

1. 常规营养成分

美洲鲥成鱼的肌肉是人们主要摄食部分。体长 30～36 cm、体质量 433.5～880 g 的美洲鲥成鱼的含肉率为 67.97%～69.26%(魏润平等,2017),其肌肉富含脂肪和蛋白,但从不同地区采集的美洲鲥肌肉常规营养成分检测数据结果相差甚大(表 9-1-14),尤其是粗脂肪。这可能与不同地区养殖环境、养殖模式以及养殖所用的饲料有关。

表 9-1-14 美洲鲥成鱼肌肉中常规营养成分(鲜重计)

来　　源	体长 (cm)	体质量 (g)	水分 (%)	灰分 (%)	粗脂肪 (%)	粗蛋白 (%)
广东广州(魏润平等,2017)	33.3	627.7	71.67	1.32	1.27	21.39
天津(郭永军等,2010)	40.8± 2.2	447.1± 15.2	75.50	1.64	3.68	20.58

续　表

来　源	体长 (cm)	体质量 (g)	水分 (%)	灰分 (%)	粗脂肪 (%)	粗蛋白 (%)
广东清远（洪孝友等，2013a）	31.0～ 31.3	520.0～ 637.0	75.06± 0.84	1.30± 0.04	3.46± 0.22	17.01± 0.13
江苏江阴（顾若波等，2007）	21.48± 0.41	193.68± 10.10	70.23± 0.37	1.96± 0.30	6.80± 0.27	18.88± 0.41

2. 氨基酸

美洲鲥成鱼肌肉中氨基酸种类齐全，顾若波等（2007）和魏润平等（2017）未检测到色氨酸，是因酸水解将其破坏。从氨基酸组成上看，谷氨酸含量最高，天门冬氨酸和赖氨酸含量次之（表9-1-15）。谷氨酸是鲜味氨基酸，这也可以证明美洲鲥成鱼肌肉味道鲜美；另外，谷氨酸还是脑组织生化代谢中的重要氨基酸，参与多种生理活性物质的合成（顾若波等，2007）。赖氨酸是人乳中第一限制性氨基酸，因而肌肉富含赖氨酸的美洲鲥是优质的催乳食品（邴旭文等，2005）。美洲鲥成鱼肌肉 EAA/TAA（39.98%～43.50%）为40%左右，EAA/NEAA（66.62%～76.98%）在60%以上，按FAO/WHO的理想模式判断，美洲鲥成鱼肌肉不仅为优质的蛋白质源，而且味道鲜美，具有较高的食用价值。

表9-1-15　美洲鲥鱼成鱼肌肉中氨基酸组成（%）

氨基酸(AA)	广东广州 （干重计）（魏润平 等，2017）	天津（鲜重计） （郭永军等， 2010）	广东清远 （鲜重计）（洪孝友 等，2013a）	江苏江阴 （鲜重计）（顾若波 等，2007）
天门冬氨酸(Asp)△	7.25	1.42	1.67±0.02	1.52
苏氨酸(Thr)*	3.03	0.61	0.70±0.01	0.55
丝氨酸(Ser)	2.22	0.55	0.64±0.00	0.65
谷氨酸(Glu)△	10.49	2.17	2.52±0.01	2.49
甘氨酸(Gly)△	3.68	0.71	0.71±0.01	0.77
丙氨酸(Ala)△	4.45	0.85	0.94±0.02	0.98
缬氨酸(Val)*	3.19	0.64	0.72±0.01	0.86
蛋氨酸(Met)*	1.70	0.45	0.48±0.00	0.46
异亮氨酸(Ile)*	3.23	0.56	0.73±0.03	0.78
亮氨酸(Leu)*	5.81	1.11	1.35±0.01	1.30
酪氨酸(Tyr)	2.46	0.53	0.58±0.03	0.50

氨基酸(AA)	广东广州(干重计)(魏润平等,2017)	天津(鲜重计)(郭永军等,2010)	广东清远(鲜重计)(洪孝友等,2013a)	江苏江阴(鲜重计)(顾若波等,2007)
苯丙氨酸(Phe)*	2.79	0.54	0.74±0.07	0.71
组氨酸(His)**	1.57	0.31	0.58±0.01	0.53
赖氨酸(Lys)*	6.63	1.32	1.69±0.11	1.61
精氨酸(Arg)**	4.51	0.87	1.05±0.02	0.94
脯氨酸(Pro)	2.29	0.47	0.46±0.00	0.52
色氨酸(Trp)*	未检出	0.10	0.06±0.02	未检出
胱氨酸(Cys)	0.22	0.12	0.28±0.00	0.10
氨基酸总量(TAA)	66.81	13.33	15.90±0.12	15.27
必需氨基酸(EAA)	29.06	5.33	6.47±0.08	6.27
鲜味氨基酸(DAA)	25.87	5.15	5.84±0.05	5.76
必需氨基酸/氨基酸总量(EAA/TAA)	43.50	39.98	40.69	41.06
必需氨基酸/非必需氨基酸(EAA/NEAA)	76.98	66.62	68.61	69.67
鲜味氨基酸/氨基酸总量(DAA/TAA)	38.72	38.63	36.73	37.72

注：△为鲜味氨基酸,* 为必需氨基酸,** 为半必需氨基酸。

3. 脂肪酸

不同地区采集的美洲鲥成鱼肌肉中脂肪酸的组成与含量存在差异。天津采集的人工养殖的美洲鲥肌肉中共检测到 6 种脂肪酸,每 100 g 肌肉中含有 2 种饱和脂肪酸,占脂肪酸总量的 41.81%;含 4 种不饱和脂肪酸,占 58.19%,其中单不饱和脂肪酸 1 种,多不饱和脂肪酸 3 种;每 100 g 肌肉中含有 DHA 0.23 g,未检测到 EPA(表 9 - 1 - 16)(郭永军等,2010)。广东清远采集的美洲鲥肌肉检测出 21 种脂肪酸,其中饱和脂肪酸 8 种,占脂肪酸总量的 45.80%;单不饱和脂肪酸 5 种,占 8.81%;多不饱和脂肪酸 8 种,占 45.46%,其中 DHA 和 EPA 占 0.65%(表 9 - 1 - 16)(洪孝友等,2013a)。江苏省江阴市人工养殖的美洲鲥肌肉主要含有 18 种脂肪酸,其中饱和脂肪酸 7 种,占脂肪酸总量的 31.05%;单不饱和脂肪酸 4 种,占 44.41%;多不饱和脂肪酸 8 种,占 21.69%,其中 DHA 和 EPA 占 0.69%(表 9 - 1 - 16)(顾若波等,2007)。

表 9 - 1 - 16　美洲鲥成鱼肌肉中脂肪酸组成

脂　肪　酸	天津(g/100 g) (郭永军等,2010)	广东清远(%) (洪孝友等,2013a)	江苏江阴(%) (顾若波等,2007)
C10：0	—	0.25 ± 0.02	—
C14：0	—	7.03 ± 0.27	2.97
C15：0	—	0.10 ± 0.13	0.29
C16：0	0.33	33.25 ± 1.39	19.73
C17：0	—	0.69 ± 0.03	1.01
C18：0	0.13	0.79 ± 0.09	6.64
C19：0	—	—	0.15
C20：0	—	—	0.26
C21：0	—	3.58 ± 0.20	—
C24：0	—	0.13 ± 0.02	—
C16：1n7	—	—	3.48
C17：1	—	6.24 ± 0.24	—
C18：1	0.16	—	—
C18：1n9	—	0.95 ± 0.08	37.93
C20：1	—	0.53 ± 0.04	—
C20：1n9	—	—	2.42
C22：1n9	—	0.91 ± 0.01	0.58
C24：1	—	0.17 ± 0.02	—
C18：2	0.20	—	—
C18：2n6	—	34.41 ± 1.92	14.62
C18：3	0.05	—	—
C18：3n3	—	0.28 ± 0.06	2.96
C18：3n6	—	8.57 ± 0.88	—
C20：2	—	0.49 ± 0.10	—
C20：2n6	—	—	2.12
C20：3n6	—	0.91 ± 0.05	1.03
C20：4n6	—	0.17 ± 0.01	0.10
C20：5n3(EPA)	—	0.21 ± 0.04	0.39
C22：2n6	—	—	0.17
C22：6n3(DHA)	0.23	0.44 ± 0.07	0.30
ΣSFA	—	45.80 ± 1.30	31.05
ΣMUFA	—	8.81 ± 0.28	44.41
ΣPUFA	—	45.46 ± 1.40	21.69
DHA + EPA	—	0.65	0.69

注：SFA 为饱和脂肪酸,MUFA 为单不饱和脂肪酸,PUFA 为多不饱和脂肪酸。

4. 矿物质元素含量

矿物质元素对于维持生命及正常新陈代谢具有至关重要的作用,人体内无法合成,故需要通过日常膳食摄取。人工养殖的美洲鲥成鱼(体质量 447.1 g±15.2 g,体长 40.8 cm±2.2 cm)肌肉中可检测到钾(K)、钠(Na)、钙(Ca)、镁(Mg)等常量元素以及铜(Cu)、锌(Zn)、铁(Fe)、锰(Mn)等微量元素(表 9-1-17)(郭永军等,2010),常量元素中钾的含量最高,微量元素中铁含量最高。鱼体对微量元素有很强的富集作用,鱼体和水中的微量元素之间存在显著相关性,但在人工投食养殖条件下,饲料中微量元素含量的多少是决定养殖动物相关微量元素含量的主要因素(郭永军等,2010)。

表 9-1-17　美洲鲥肌肉中矿物质元素含量(郭永军,等,2010)(mg/100 g)

来源	K	Na	Ca	Mg	Cu*	Zn*	Fe*	Mn*
天津	586.1	89.9	106.3	31.5	0.07	0.5	1.4	0.06

注: * 微量元素。

上述研究结果显示,美洲鲥成鱼出肉率高,富含蛋白质和脂肪。肌肉氨基酸组成均且丰富,富含人体所必需氨基酸,是一种优质蛋白源;不饱和脂肪酸含量很高,且含有丰富的矿物质元素。综合表明,美洲鲥是一种营养价值高、肉味鲜美的高档优质鱼类。

五、产后亲本肌肉营养成分

美洲鲥繁殖期间,雌鱼需要消耗大量的蛋白质用于卵巢和卵细胞的发育;雄鱼虽然在精巢发育上消耗的蛋白相对较少,但要消耗大量的脂肪转化为能量,用于追逐雌鱼,促进排卵受精;同时亲本在该阶段摄食量较少,这势必导致产后亲本肌肉营养价值降低。上海市水产研究所(邓平平等,2020)分别对 2 龄产后雌、雄亲本(♀体长 34.48 cm±1.70 cm、体质量 479.47 g±113.11 g,♂体长 33.42 cm±4.58 cm、体质量 378.67 g±71.22 g)背部肌肉的常规营养成分和氨基酸、脂肪酸组成与含量进行了分析研究。产卵亲本投喂膨化配合饲料(明辉牌,浮性)(氨基酸和脂肪酸组成检测结果见表 9-1-18),每 4 d 换水 2/3,配备空气能制冷机和遮阴膜将水温控制在 17~19℃。该研究结果有助于了解产后亲本肌肉的营养状况,并制定相应的亲本繁育期和产后营养强化方案,延长亲本产卵时间,提高产卵量、受精率和孵化率,提高产后亲本成活率与营养价值。此外,产后亲本因成活率低,很多流入市场,通过该研究可避免消费者盲目追崇,有助于引导理性消费。

表 9 - 1 - 18　饲料中氨基酸和脂肪酸组成和含量(邓平平等,2020)

氨　基　酸	绝对含量(%)	脂　肪　酸	相对含量(%)
天冬氨酸(Asp)	3.89	C16∶0	13.64
苏氨酸(Thr)	1.59	C17∶0	0.11
丝氨酸(Ser)	1.66	C18∶0	4.61
谷氨酸(Glu)	6.44	C20∶0	0.37
甘氨酸(Gly)	2.45	C22∶0	0.36
丙氨酸(Ala)	2.40	C16∶1	0.04
胱氨酸(Cys)	0.43	C17∶1	0.07
缬氨酸(Val)	1.82	C18∶1n9c	23.37
蛋氨酸(Met)	0.81	C20∶1n9	0.58
异亮氨酸(Ile)	1.83	C18∶2n6t	0.40
亮氨酸(Leu)	3.72	C18∶2n6c	45.34
酪氨酸(Tyr)	0.85	C18∶3n6	0.59
苯丙氨酸(Phe)	1.85	C18∶3n3	5.33
赖氨酸(Lys)	2.80	C20∶2	0.32
组氨酸(His)	1.02	C20∶3n6	0.30
精氨酸(Arg)	2.23	C20∶4n6	0.22
脯氨酸(Pro)	1.89	C22∶2	0.15
色氨酸(Trp)	0	C20∶5n3	1.10
氨基酸总量(TAA)	37.64	C22∶6n3	1.94

1. 常规营养成分

美洲鲥雌性亲本(体长 34.48 cm±1.70 cm、体质量 479.47 g±113.11 g)产后肌肉中的水分、粗蛋白、粗脂肪和粗灰分含量分别为 79.33%、13.77%、5.22% 和 1.53%,雄性亲本(体长 33.42 cm±4.58 cm、体质量 378.67 g±71.22 g)分别为 79.68%、16.59%、2.40% 和 1.61%(表 9 - 1 - 19)。雌雄亲本常规营养成分含量存在差异。肌肉粗蛋白含量雌鱼显著低于雄鱼($P<0.05$),而肌肉粗脂肪含量雌鱼显著高于雄鱼($P<0.05$)(表 9 - 1 - 19)。产后亲本肌肉的水分明显高于成鱼,粗蛋白和粗脂肪含量明显低于成鱼(表 9 - 1 - 19)。这可能是因为繁殖季节美洲鲥亲本性腺发育、卵细胞分化和生殖行为要消耗大量营养物质(邓平平等,2020)。

表 9-1-19 美洲鲥产后亲本肌肉常规营养成分
（$n=3$，鲜重基础）（邓平平等，2020）

群 体	水分（%）	粗蛋白（%）	粗脂肪（%）	粗灰分（%）
雌性	79.33±4.50[a]	13.77±0.30[a]	5.22±0.53[b]	1.53±0.12[a]
雄性	79.68±1.00[a]	16.59±0.19[b]	2.40±0.28[a]	1.61±0.04[a]

注：同列数据肩标无或相同字母表示差异不显著（$P>0.05$），不同小写字母表示差异显著（$P<0.05$）。方差分析采用 SPSS17.0 统计软件数据，用独立样本 t 检验进行处理间的比较，采用反正弦函数转换处理百分数后再做检验比较，显著性水平为 0.05。

2. 氨基酸

在美洲鲥雌雄产后亲本肌肉中都检测出 18 种常见氨基酸（表 9-1-20），含量较高的前 4 种依次为谷氨酸（♀9.29%、♂11.91%）、赖氨酸（♀5.97%、♂7.66%）、天冬氨酸（♀5.89%、♂7.53%）和亮氨酸（♀5.14%、♂6.46%），含量最低的为色氨酸（♀0.62%、♂0.70%）。除甘氨酸和胱氨酸外，产后雌鱼肌肉中其他 16 种氨基酸含量均显著低于雄鱼（$P<0.05$）。产后雌鱼肌肉中氨基酸总量、必需氨基酸、半必需氨基酸、非必需氨基酸和鲜味氨基酸的含量也都显著低于产后雄鱼（$P<0.05$）（邓平平等，2020）。

表 9-1-20 美洲鲥产后亲本肌肉氨基酸组成及含量
（$n=3$，%，干重基础）（邓平平等，2020）

氨 基 酸	雌	雄
天冬氨酸（Asp）	5.89±0.60[a]	7.53±0.14[b]
苏氨酸（Thr）	2.80±0.08[a]	3.56±0.06[b]
丝氨酸（Ser）	2.50±0.08[a]	3.11±0.07[b]
谷氨酸（Glu）	9.29±0.66[a]	11.91±0.37[b]
甘氨酸（Gly）	3.49±0.37[a]	3.80±0.07[a]
丙氨酸（Ala）	4.09±0.22[a]	4.75±0.08[b]
胱氨酸（Cys）	0.68±0.05[a]	0.77±0.07[a]
缬氨酸（Val）	3.16±0.14[a]	4.00±0.13[b]
蛋氨酸（Met）	1.96±0.09[a]	2.46±0.05[b]
异亮氨酸（Ile）	2.91±0.13[a]	3.68±0.05[b]
亮氨酸（Leu）	5.14±0.21[a]	6.46±0.10[b]
酪氨酸（Tyr）	2.22±0.11[a]	2.82±0.06[b]

氨　基　酸	雌	雄
苯丙氨酸(Phe)	2.88 ± 0.10^a	3.52 ± 0.06^b
赖氨酸(Lys)	5.97 ± 0.25^a	7.66 ± 0.07^b
组氨酸(His)	1.65 ± 0.13^a	2.61 ± 0.01^b
精氨酸(Arg)	4.64 ± 0.24^a	5.44 ± 0.23^b
脯氨酸(Pro)	2.40 ± 0.19^a	2.56 ± 0.06^b
色氨酸(Trp)	0.62 ± 0.03^a	0.70 ± 0.03^b
氨基酸总量(TAA)	61.66 ± 3.36^a	76.67 ± 1.35^b
必需氨基酸(EAA)	24.14 ± 1.76^a	30.40 ± 1.56^b
半必需氨基酸(HEAA)	6.29 ± 0.36^a	8.05 ± 0.25^b
非必需氨基酸(NEAA)	30.55 ± 2.28^a	37.26 ± 0.91^b
鲜味氨基酸(DAA)	22.76 ± 1.85^a	28.00 ± 0.66^b
必需氨基酸/氨基酸总量(EAA/TAA)	39.15 ± 0.52^a	39.65 ± 1.15^a
必需氨基酸/非必需氨基酸(EAA/NEAA)	49.55 ± 0.77^a	48.60 ± 1.71^b

注：同行数据肩标无或相同字母表示差异不显著（$P>0.05$），不同小写字母表示差异显著（$P<0.05$）。方差分析采用 SPSS17.0 统计软件数据，用独立样本 t 检验进行处理间的比较，采用反正弦函数转换处理百分数后再做检验比较，显著性水平为 0.05。

　　根据 AAS 测评，产后雌鱼第一和第二限制性氨基酸分别为缬氨酸和色氨酸，产后雄鱼第一和第二限制性氨基酸分别为色氨酸和缬氨酸。根据 CS 测评，产后雌雄鱼第一限制性氨基酸都为色氨酸，第二限制性氨基酸都为蛋氨酸与胱氨酸组合。产后雌鱼和雄鱼群体的 F 值较为接近，分别为 2.20 和 2.23，EAAI 分别为 81.60 和 82.64，可见产后雌鱼群体蛋白质品质低于产后雄鱼（表 9－1－21）。产后群体肌肉氨基酸组成中 EAA/NEAA 为 48.60%～49.55%，不符合 FAO/WHO 模式中优质蛋白标准，故美洲鲥产后群体肌肉为非优质蛋白源。

表 9－1－21　美洲鲥产后亲本肌肉必需氨基酸评价（邓平平等，2020）（干重计）

必需氨基酸 (EAA)	雌鱼 (mg/g)	雄鱼 (mg/g)	FAO 评分 模式(mg/g)	鸡蛋蛋白 (mg/g)	雌　鱼		雄　鱼	
					AAS	CS	AAS	CS
异亮氨酸(Ile)	273.01	281.7	250	331	1.09	0.82	1.13	0.85
亮氨酸(Leu)	482.22	494.5	440	534	1.10	0.90	1.12	0.93
赖氨酸(Lys)	560.09	586.4	340	441	1.65	1.27	1.73	1.33
苏氨酸(Thr)	262.69	272.5	250	292	1.05	0.92	1.09	0.93

必需氨基酸 （EAA）	雌鱼 （mg/g）	雄鱼 （mg/g）	FAO 评分 模式（mg/g）	鸡蛋蛋白 （mg/g）	雌　鱼		雄　鱼	
					AAS	CS	AAS	CS
缬氨酸（Val）	296.47	306.2	310	410	0.96[1]	0.72	0.99[2]	0.75
色氨酸（Trp）	58.167	53.59	60	99	0.97[2]	0.59[1]	0.89[1]	0.54[1]
蛋氨酸＋胱氨酸 （Met＋Cys）	247.68	247.3	220	386	1.13	0.64[2]	1.12	0.64[2]
苯丙氨酸＋酪氨 酸（Phe＋Tyr）	478.47	485.3	380	565	1.26	0.85	1.28	0.86
必需氨基酸指数 （EAAI）	81.60	82.64						
F 值	2.20	2.23						

注：AAS 为氨基酸评分；CS 为化学评分；F 值为支链氨基酸与芳香族氨基酸的比值。上标 1 代表第一限制性氨基酸，上标 2 代表第二限制性氨基酸。

3. 脂肪酸

美洲鲥产后亲本肌肉中检出 C14～C22 脂肪酸 11 种，其中包括 4 种饱和脂肪酸，3 种单不饱和脂肪酸和 4 种多不饱和脂肪酸。饱和脂肪酸主要以 C16∶0 和 C18∶0 为主，单不饱和脂肪酸主要以 C18∶1n9c 为主，多不饱和脂肪酸主要以 C18∶2n6c 和 C22∶6n3（DHA）为主。对比雌雄产后亲本肌肉油脂中 11 种脂肪酸含量，只有 C18∶0、C20∶0、C16∶1 和 C18∶3n 在雌雄间表现出显著性差异（$P <$ 0.05），其他无显著性差异。雄鱼肌肉中 C18∶0、C22∶6n3（DHA）、$\sum$SFA、$\sum$PUFA 和 EPA＋DHA 的平均含量比雌鱼高，而 C14∶0、C16∶1、C18∶1n9c、C18∶2n6c、C18∶3n 和 $\sum$MUFA 的平均含量比雌鱼低（表 9－1－22），这可能是由于产卵后肌肉中部分脂肪酸转移至卵巢供产卵所需，从而导致雌鱼肌肉中不饱和脂肪酸含量比雄鱼低（邓平平等，2020）。黄旭雄等（2014）、滕静等（2016）和 Gao 等（2013）分别在研究银鲳鱼、长江刀鲚和美洲鲥卵巢发育时发现大量的 EPA 和 DHA 从肌肉向卵巢转移，这也验证了上述观点。

表 9－1－22　美洲鲥产后亲本肌肉脂肪酸组成及含量（$n=3$）
（邓平平等，2020）（％）

脂　肪　酸	雌　鱼	雄　鱼
C14∶0	1.53±0.03[a]	1.23±0.26[a]
C16∶0	12.07±0.32[a]	12.10±1.06[a]

续　表

脂 肪 酸	雌 鱼	雄 鱼
C18：0	5.69±0.46[a]	7.27±0.84[b]
C20：0	0.31±0.02[a]	0.41±0.05[b]
C16：1	1.42±0.04[b]	0.93±0.19[a]
C18：1n9c	35.30±0.35[a]	29.50±5.21[a]
C20：1n9	2.38±0.05[a]	2.25±0.27[a]
C18：2n6c	18.03±0.84[a]	16.60±0.53[a]
C18：3n	1.29±0.05[b]	1.05±0.05[a]
C20：5n3(EPA)	0.50±0.05[a]	0.60±0.04[a]
C22：6n3(DHA)	3.72±0.24[a]	8.71±2.77[a]
其他脂肪酸	17.80±0.92[a]	19.33±1.72[a]
∑SFA	19.59±0.78[a]	23.01±1.88[a]
∑MUFA	39.04±0.39[a]	32.68±5.64[a]
∑PUFA	23.54±0.80[a]	26.96±2.25[a]
EPA+DHA	4.22±0.23[a]	9.31±2.81[a]
∑SFA/∑UFA	0.31±0.02[a]	0.35±0.05[a]

注：SFA 为饱和脂肪酸，MUFA 为单不饱和脂肪酸，PUFA 为多不饱和脂肪酸，UFA 为不饱和脂肪酸。同行数据肩标无或相同字母表示差异不显著（$P>0.05$），不同小写字母表示差异显著（$P<0.05$）。方差分析采用 SPSS17.0 统计软件数据，用独立样本 t 检验进行处理间的比较，采用反正弦函数转换处理百分数后再做检验比较，显著性水平为 0.05。

上述研究显示，美洲鲥产后亲本肌肉的营养品质有所下降，产后亲本肌肉蛋白质品质低于养殖群体，且为非优质蛋白。产后雄鱼蛋白质含量、必需氨基酸指数和不饱和脂肪酸比例都高于雌鱼，因此产后雄性亲本比雌性亲本有更高的营养价值。

第二节　营 养 需 求

动物需要的营养素包括蛋白质、脂肪、糖类、维生素、矿物质和水 6 类。鱼类生活在水中，水是其基本生存环境，因此一般不作为营养素来研究。鱼类对于各营养素的需求量根据鱼类的种类、食性、不同生长阶段、水温、水质和投饲技术等因素而异（李爱杰，1998）。目前，有关美洲鲥营养需求的研究相对较少，主要有：

上海市水产研究所(朱雅珠等,2007)初步确定了幼鱼饲料中蛋白质和脂肪的适宜含量;杨坤等(2008)研究了不同蛋白水平(35％、40％和45％)对美洲鲥幼鱼生长的影响;侯冠军等(2013)研究了不同蛋白水平的饲料对美洲鲥鱼苗配合饲料驯食效果的影响。本节根据上述的研究结果,结合目前鱼类营养需求研究领域的基本理论以及美洲鲥养殖常用配合饲料的成分,介绍了美洲鲥的营养需求,为养殖生产中科学选择配合饲料以及进一步研发美洲鲥专用饲料提供基础资料。

一、蛋白质

蛋白质是生命的物质基础,是生物体的主要组成成分,在生命活动中起着重要作用。对于鱼类来说,蛋白质还是主要的能量来源之一,是决定鱼类生长的最关键的营养物质,鱼类对蛋白质的需求量约为哺乳动物和鸟类的2～4倍。饲料中蛋白质最适添加量包含两个意义:① 维持饲喂对象体蛋白动态平衡所必需的蛋白质量,即维持体内蛋白质现状所必需的蛋白质量;② 能使饲喂对象生长最大化,或能使其体内蛋白质积蓄达最大量所需的最低蛋白质量。在养殖生产中主要以后者为优先考虑。

目前,已有一些关于美洲鲥蛋白质营养需求的研究,但数量较少,且研究不够深入。侯冠军等(2003)研究发现,美洲鲥鱼苗体长15 mm时,所用配合饲料中蛋白质含量为46％、赖氨酸质量分数为2.4％时可满足此阶段鱼苗的生长;体长20 mm时,鱼苗对配合饲料中蛋白质需求为46％～48％,赖氨酸的需求为2.04％～2.4％;体长25 mm时,鱼苗对配合饲料中蛋白质需求为50％,赖氨酸需求为2.2％。杨坤等(2008)研究表明,美洲鲥幼鱼(18.99～19.46 g)饲料中蛋白质适宜含量约为40％。朱雅珠等(2007)研究认为美洲鲥幼鱼饲料中蛋白质的适宜含量为40％～45％,而成鱼饲料中蛋白质含量为35％～40％。笔者经过多年的养殖实践,认为美洲鲥当年鱼种养殖用饲料蛋白含量以42％～45％为宜,第2年成鱼养殖用饲料蛋白含量以40％～44％为宜。

鱼类对蛋白质的营养需求实质是对寡肽和氨基酸的营养需求,特别是对必需氨基酸的需求。美洲鲥人工配合饲料中必须提供足够的、平衡的各种必需氨基酸,保证其快速、健康生长。目前,尚未有关于美洲鲥氨基酸营养需求的研究报道,但可根据上文中不同生长阶段美洲鲥卵、鱼体或者肌肉中氨基酸组成及其比例,来指导美洲鲥人工配合饲料中氨基酸的含量和配比。

二、脂肪

脂肪是鱼类生长所必需的一类营养物质，也是鱼类能量的最主要来源。饲料中脂肪含量不足或缺乏，可导致鱼类代谢紊乱，蛋白质利用率下降，同时还可能并发脂溶性维生素和必需脂肪酸缺乏症；但饲料中脂肪含量过高，又会导致鱼体脂肪沉积过多，鱼体抗病力下降。因此，饲料中脂肪含量需适宜。另外，鱼类在生长发育的不同段对脂肪需求不同，养殖中应根据生长发育情况适时调整饲料脂肪含量。侯冠军等（2013）研究发现，美洲鲥鱼苗体长 15～20 mm 时，所用配合饲料中脂肪含量为 3.0% 摄食效果最好；体长 25 mm 时，配合饲料中脂肪含量为 10.0% 摄食效果最好。美洲鲥幼鱼阶段摄食配合饲料中脂肪适宜含量为 6%～8%，成鱼阶段则要求较低，脂肪含量可降为 6%（朱雅珠等，2007）。

必需脂肪酸是指机体内不能合成或合成的量不能满足鱼体营养需求但又为鱼体所必需的脂肪酸。必需脂肪酸只能通过摄食获得。鱼类的必需脂肪酸包括 n - 3 多不饱和脂肪酸中的亚麻酸（linolenic acid，ALA）、二十碳五烯酸（eicosapentaenoic acid，EPA）、二十二碳六烯酸（docosahexaenoic acid，DHA）和 n - 6 多不饱和脂肪酸中的亚油酸（linoleicaci acid，LIN）、花生四烯酸（arachidonic acid，ARA）等，它们对鱼类的生长、免疫和繁殖生理活动具有重要的调控功能（罗土炎等，2017）。一般认为，饲料中含有 1% 的 C18 多不饱和脂肪酸（C18：3n3 和 C18：2n6）就能满足淡水鱼类必需脂肪酸的需要量。目前，尚未有关于美洲鲥脂肪酸营养需求研究的直接报道，一般都是从营养成分角度分析得到机体营养补充的建议。如上海市水产研究所对美洲鲥早期（原肠期到开口前的 4 d 仔鱼）脂肪酸组成变化的研究显示，美洲鲥胚胎发育期间对 DHA 大量消耗。鱼类早期发育阶段是神经发育的快速期，需利用更多的 DHA 来支撑个体发育的需求，DHA 不足会导致刚出膜仔鱼对外界反应能力低下甚至死亡。因此，建议在美洲鲥亲本培育和促产期间，投喂富含 DHA 的饲料，通过亲本摄食将 DHA 补充到亲本体内并转化到卵巢和鱼卵中。另外，美洲鲥人工配合饲料中脂肪酸营养组成，可以上文中鱼卵以及不同生长阶段鱼体和肌肉中脂肪酸组成及其比例作为参考依据。

三、碳水化合物

碳水化合物也称糖类，一般由碳、氢和氧三种元素构成，是鱼类生长所必需的一类营养物质,主要起提供能量作用,是鱼类脑、鳃组织和红细胞等必需的代谢供能底物之一,也是 DNA 和 RNA 的重要组成成分,并作为某些抗体、酶和激素的组成成分参加机体正常的新陈代谢及免疫反应,维持正常的生命活动。

鱼类主要以蛋白质和脂肪作为能量来源,对糖类的利用能力较低,饲料中糖水平超过一定的限度会引发鱼类抗病力低、生长缓慢、死亡率高等现象;但糖摄入长期不足会导致鱼体代谢紊乱、身体消瘦和生长速度下降。另外,作为能量饲料,糖类比蛋白质和脂肪更经济。因此,鱼类配合饲料中添加一定量的糖类,充分发挥其供能、节约蛋白质、增加脂肪积累、提高机体免疫力等功能,不但可以缓解目前水产配合饲料行业对鱼粉的过分依赖,降低饲料成本,而且还可以减轻氮排泄对养殖水体的污染,同时有助于配合饲料,特别是膨化配合饲料的制粒,促进鱼类养殖健康发展(罗土炎等,2017)。

鱼类对不同来源和种类的碳水化合物利用率不同。对单糖和双糖的消化率较高,淀粉次之,纤维素最差。淀粉既可作为配合饲料的黏结剂,又能在鱼体酶系统的参与下被消化,以单糖的形式被吸收,作为供给鱼体生命活动的能量,同时为鱼体新陈代谢形成体脂和合成非必需氨基酸提供原料,从而节约蛋白质,提高蛋白质的有效利用率。纤维素只作为填充物或载体,起帮助消化和吸收其他营养素的作用(罗土炎等,2017)。美洲鲥的肠道较短,不及体长的 1/2,为滤食性动物(洪孝友等,2013b)。一般动物食性鱼类消化道中纤维素酶活性极低,不能分解纤维素,纤维素偏高在某种程度上可能会产生负面效应。目前,关于美洲鲥对碳水化合物营养需求尚未见报道,但一般认为动物食性鱼类饲料中碳水化合物含量不宜超过20%,因此建议美洲鲥人工配合饲料中碳水化合物含量不超过 20%。

四、矿物质

矿物质是构成鱼类机体的重要成分,是维持鱼类正常生长、健康和繁殖等功能的必要营养物质,对维持机体渗透压、调节生理代谢和酸碱平衡发挥着重要的作用;此外,锌、铁、铜、硒等还作为金属酶的辅酶,发挥维持高等脊椎动物免疫系统的细胞功能的作用(罗土炎等,2017)。鱼类除了从饲料中获得矿物质元素外,还可以通过鳃和体表从水环境中吸收矿物质。镁、钠、钾、铁、锌、铜、硒等矿物质元素通常从水中吸收可部分满足鱼类的营养需求,而钙、磷等则主要从饲料中摄取。目前,未有关于美洲鲥矿物质营养需求的研究报道。在人工养殖条件下,美洲鲥机体矿物质主要来源为饲料,当前所用人工配合饲料中复合矿物质添加量约为 0.5%,这可作为今后继续研究美洲鲥矿物质营养需求的参照标准。

五、维生素

维生素是维持鱼类健康、促进鱼类生长发育所必需的一类低分子有机化合物。鱼类对维生素的需求量很少,每日需求量仅以毫克或微克计算,但其对维持新陈代谢、免疫功能、生长和繁殖是必需的,主要生理功能是调节体内物质、能量代谢以及参与氧化还原反应。由于动物本身不能合成大多数维生素,或合成量不能满足需要,所以大多数维生素必须通过食物获取。鱼类需要 11 种水溶性维生素[硫胺素（V_{B1}）、核黄素（V_{B2}）、吡哆醇（V_{B6}）、泛酸、尼克酸（V_{B3}）、生物素、叶酸、钴胺素（V_{B12}）、肌醇、胆碱和抗坏血酸（V_C）]和 4 种脂溶性维生素[维生素 A（V_A）、维生素 D（V_D）、维生素 E（V_E）和维生素 K（V_K）]。目前,尚未有关于美洲鲥对维生素营养需求的研究报道,但养殖所用人工配合饲料中复合维生素的添加量一般为 0.5%,最多不超过 1%,可作为研制美洲鲥专用人工配合饲料的参考依据。

第三节　常用饲料

美洲鲥养殖一般在苗种培育阶段采用轮虫开口,经丰年虫无节幼体、枝角类和桡足类过渡然后转食配合饲料。上海市水产研究所(严银龙等,2020)的研究表明,美洲鲥仔鱼破膜 2 d 后,卵黄囊逐渐消失,需及时补充投喂外源生物饵料,并根据鱼苗生长变换投喂生物饵料的规格与数量;随着鱼苗生长,鳞片长齐,美洲鲥进入幼鱼阶段(46～56 d,体长 30～50 mm),此时应逐步驯化转食人工配合饲料,并根据生长情况及时变换饲料种类,直到养成商品鱼。目前,市面上尚未有专门针对美洲鲥的人工配合饲料,养殖生产中,根据美洲鲥的营养需求,选用针对其他特定鱼类或某一系列鱼类的配合饲料。

人工配合饲料按其物理性状主要可分为粉状饲料、微粒饲料和颗粒饲料,其中颗粒饲料包括软颗粒饲料、硬颗粒饲料和膨化饲料。上述饲料在美洲鲥养殖过程中都有应用,应根据生长阶段选用不同类型的饲料。

一、苗种培育阶段

美洲鲥苗种培育阶段的饵料主要为活体生物饵料,如轮虫、枝角类、桡足类等。

在上述饵料不足情况下,可补充丰年虫无节幼体。为了保证丰年虫无节幼体的营养,需对其进行营养强化。在丰年虫卵孵化温度 26～28℃ 条件下,孵化开始后 18 h 添加强化剂进行营养强化,首次强化 6 h 后再进行第 2 次强化,强化剂添加量按 DHA 含量占丰年虫重的 1% 计算(吴文化等,2004)。刘惠中等(2004)在美洲鲥的苗种培育阶段未使用生物饵料,鱼苗出膜 2 d 投喂 60 目筛绢网滤过的蛋黄,7 d 后投喂微粒饲料。

二、转食阶段

侯冠军等(2013)分别利用粉状饲料(幼鳗配合饲料和稚鳖料)和微粒饲料驯食不同规格的美洲鲥鱼苗(15 mm、20 mm 和 25 mm),其中粉状饲料加工成长条状软颗粒投喂,微粒饲料直接投喂,驯食阶段成活率为 65.94%～79.06%。

潘庭双等(2006)将美洲鲥乌仔利用生物饵料培育 7 d 后,开始投喂人工粉碎的膨化配合饲料(蛋白质含量 42%),经过 5～6 d 的驯食,鱼苗习惯上浮摄食漂浮的饲料,从夏花鱼种到变态完成,随后开始投喂膨化配合饲料(粒径 1 mm)。

上海市水产研究所(严银龙等,2020)在进行美洲鲥幼鱼(30～50 mm)驯食阶段采用山东升索微粒饲料(粒径 750～1 000 μm),转食成功 7～10 d 后,开始混合投喂海水鱼膨化配合饲料 0# 料(明辉牌,浮性,成分:蛋白含量 40.29%±0.03%、脂肪含量 14.44%±0.33%),直至幼鱼完全摄食该饲料,此后投喂膨化配合饲料养至鱼种出池。

三、养成阶段

美洲鲥从当年鱼种到商品鱼的养成阶段所用饲料主要为颗粒饲料,以膨化配合饲料(浮性)为主,并根据美洲鲥的生长适时调整饲料的型号。上海市水产研究所的研究表明,美洲鲥体长为 3.24～7.45 cm,投喂海水鱼膨化配合饲料 0# 料(蛋白含量 40.29%±0.03%、脂肪含量 14.44%±0.33%);体长为 7.45～17 cm,投喂海水鱼膨化配合饲料 1# 料(蛋白含量 40.00%±0.28%、脂肪含量 11.19%±0.72%)(施永海等,2019b);体长为 17～20 cm,投喂海水鱼膨化配合饲料 2# 料(粒径 3.3～3.8 mm,蛋白含量 40.50%±0.04%、脂肪含量 10.61%±1.15%),体长超过 20 cm,投喂海水鱼膨化配合饲料 3# 料(粒径 5.0～5.5 mm,蛋白含量 40.50%±0.04%、脂肪含量 10.61%±1.15%)(施永海等,2019b;施永海等,2019c)。现在也有很多养殖户采用高蛋白含量(44％～45％)的配合饲料,也获得了良好的养殖效果。

第四节　美洲鲥烹饪方法

美洲鲥与中国鲥的外形相似、肉质相近,在中国鲥濒临灭绝的情况下,被作为其替代品种引入国内,因此美洲鲥的烹饪方法很多都参考了中国鲥。例如,美洲鲥鳞片同样富含脂肪,故烹饪加工时不去鳞,以增加鱼肉的香味。近年来,随着美洲鲥养殖业的兴起和发展,很多新的烹饪方法也不断问世,作者通过网络等渠道搜集资料,并对其进行整理,结合自身烹饪经验介绍如下,仅供各位美食爱好者参考。

一、清蒸鲥鱼

原料:鲥鱼 1 条(600 g),火腿 50 g,鲜笋 50 g,冬菇 50 g,香葱 50 g,姜 50 g,猪油 50 g,淀粉、盐、胡椒粉适量。

做法:① 鲥鱼去鳃(不去鳞),从腹部剖开,除去内脏,用盐腌渍入味;② 将冬菇、鲜笋和火腿切片,整齐码放在鱼身上,姜切片垫在鱼身下,部分切碎的姜、笋和火腿塞入鱼腔内;③ 锅中水烧开,将鱼放入锅蒸 10 min;④ 鱼蒸好后,用猪油起锅,将盘子中原汁入锅烧开,加入胡椒粉、葱、蒜和盐调味,加水淀粉勾芡;⑤ 调好的浓汁淋在鱼上面即成。

二、酒香糟鲥鱼

原料:鲥鱼 1 条(750 g),糟卤 250 g,冰糖 1 小块,小葱 10 g,生姜 10 g。

做法:① 鲥鱼去鳃(不去鳞),从背部劈开,除去内脏,清理干净;② 把冰糖化于 200 g 水中,然后和糟卤 1∶1 混合,根据自己口味调制;③ 把鲥鱼浸入调制好的糟卤,腌制 30～60 min;④ 将鲥鱼放在盘里,加少许调制好的糟卤,放上葱结和姜片;⑤ 蒸锅烧水,水开后上锅蒸 7 min,然后焖 3 min,去掉葱姜,即可上桌。

三、网油蒸鲥鱼

原料:鲥鱼(500～1 000 g),猪网油 100 g,火腿 50 g,口蘑 25 g,黄酒 25 g,小

葱 10 g,姜 10 g,味精 1 g,盐 4 g,香菜 30 g,鸡油 5 g,猪油(炼制)25 g。

做法:① 鲥鱼去鳃(不去鳞),从腹部剖开,除去内脏,在腹内接近脊骨处划一刀,去掉里面的污血块,洗净血水;② 用盐和黄酒抹遍鱼身,腌制 3 min,再用清水洗 1 次;③ 将水发口蘑和熟火腿切成约 3 cm 长、2 cm 宽的薄片;④ 将网油洗净,在砧板上铺开,鲥鱼放在中间,鱼身上放口蘑片和火腿片,撒上盐和味精,然后用网油包裹鱼身,放在盘里;⑤ 再淋上熟猪油,放上葱结和姜片,上笼蒸熟,约 30 min 取出,去掉葱姜;⑥ 另烧鸡清汤 100 mL 倒入盘内,淋入鸡油,盘边拼放香菜即成。

四、酒酿鲥鱼

原料:鲥鱼 1 条(750 g),酒酿 150 g,黄酒 30 g,小葱 10 g,生姜 10 g,盐 6 g,白酒 15 g,火腿片 3 片,冬笋片 3 片。

做法:① 鲥鱼去鳃(不去鳞),除去内脏,清理干净;② 鲥鱼身上抹白酒,再把盐均匀抹在鱼身上,加入葱姜腌制 30 min,之后把火腿片和冬笋片盖在鱼身上;③ 蒸锅烧水,水开后上锅蒸 10 min;④ 10 min 后,把盘子倾斜,倒掉蒸出的水,去掉葱姜;⑤ 加入黄酒和酒酿,蒸锅上蒸 3 min 后即可上桌。

五、砂锅鲥鱼

原料:鲥鱼 1 条(750 g),火腿 25 g,酱油 5 g,醋 10 g,小葱 10 g,黄酒 10 g,姜 10 g,植物油 50 g,盐 5 g。

做法:① 鲥鱼去鳃(不去鳞),除去内脏,清理干净,从中切成两段;② 火腿切片待用;③ 砂锅置旺火上,放入植物油,烧至五六成热,将鱼皮朝下稍煎;④ 泵入黄酒、醋、酱油和清水 500 mL,烧开后装入砂锅;⑤ 再加精盐、葱段、姜片和火腿片,盖上锅盖,置风炉炭火上细炖,保持汤面偶冒小泡,待汤汁浓稠,拣去葱段、姜片即成。

特点:此菜汤味鲜醇,脂厚鱼香、鲜味透骨。关键在于文火慢炖,切忌旺火急烧。

六、毛峰熏鲥鱼

原料:鲥鱼 1 条,锅巴(小米)15 g,黄山毛峰 25 g,盐 3 g,白砂糖 25 g,小葱

25 g,醋 50 g,姜 50 g,香油 15 g。

做法：① 将鲥鱼去鳃(不去鳞)，除去内脏，清理干净；② 鲥鱼身上撒盐，里外擦匀，姜末和葱末洒在鱼身上，腌渍 20 min 左右；③ 取锅 1 只，先放锅巴，再撒上毛峰茶叶，上面放一个铁丝箅子，把腌过的鱼，鳞向上摆在箅子上，盖上锅盖，用旺火烧至冒浓烟时，转用小火熏 5 min，再用旺火熏 3 min 左右取出；④ 将鱼剁成 5 cm 长、2 cm 宽的长条状，按鱼原形摆在盘内，在鱼身上淋香油；⑤ 上桌随带醋和姜末各一小碟佐食。

七、红烧鲥鱼

原料：鲥鱼中段 1.2 kg，水发冬菇 25 g，净冬笋 50 g，猪板油 70 g，熟大油 50 g，葱、姜各 10 g，酱油 25 g，白糖 10 g，料酒 50 g，味精 5 g，盐 6 g。

做法：① 将鲥鱼一割两半，去鳃(不去鳞)，除去内脏和黑色腹膜。洗净下锅，用热大油煎成黄色后，取出；② 冬菇、笋切成长片，板油切成似蚕豆大小的丁；③ 把炒锅烧热，放入板油丁，与笋片、冬菇片、整葱和姜一起煸炒；④ 放入鲥鱼，加入酱油、料酒、盐、糖、味精和适量清水，用旺火烧开，再转小火焖 15 min，收浓汁即成。

八、烤鲥鱼

原料：鲥鱼 1 条，酱油，料酒，盐，味精，猪油，花椒末，葱，姜，蒜。

做法：① 鲥鱼中间断开剔去脊骨，去掉腹内黑膜后洗净；② 用刀在鱼肉上切粗十字花刀，放在碗内备用；③ 葱、姜和蒜切末，放在碗内，加入酱油、料酒、盐和味精调匀，倒入鲥鱼碗内，腌渍 30 min；④ 烤盘内放入猪油，腌好的鱼放入烤盘内，葱末、姜末和蒜末放在鱼腹上，在浇上猪油；⑤ 烤盘放入烤箱(炉温约 250℃)，烤 15～20 min，鱼皮呈金黄色，油吱吱发响有香味时取出，撒上适量花椒末即成。

九、酱汁鲥鱼

原料：鲥鱼 1 条，猪油，黄酱，糖，料酒，清汤，味精，麻油，姜。

做法：① 鲥鱼去鱼鳃(不去鳞)，除去内脏，洗净；② 锅中放入猪油，烧至八成熟时，放入鲥鱼，炸至鱼呈淡黄色、鱼翅翘起时，捞出沥去油；③ 锅中放入猪油、黄酱和糖煸炒至糖溶化时，烹入料酒，加入清汤、味精和鲥鱼，烧滚后放在温火上烤至卤汁将收干时捞出鱼放在盘中；④ 把卤汁放在旺火上收汁成为酱汁时，放入麻油，浇在鱼身上，再撒上姜末即成。

参考文献

Liu Z F，Gao X Q，Yu J X，et al. 2018. Changes of protein and lipid contents，amino acid and fatty acid compositions in EGGS and yolk-sac larvae of American shad (*alosa sapidissima*). Journal of Ocean University of China，17(2)：413-419.

OSER B L. 1951. Method for integrating essential amino acid content in the nutritional evaluation of protein. Journal of the American Dietetic Association，27：396-402.

邴旭文，蔡宝玉，王利平. 2005. 中华倒刺鲃肌肉营养成分与品质的评价. 中国水产科学，12(2)：211-215.

陈建明，黄爱霞，田儒品，等. 2019. 饲料蛋白质水平对太湖鲂鲌幼鱼生长性能、体组成和消化酶活性的影响. 动物营养学报，(10)：4843-4851.

陈涛，黄福标，沈艺敏，等. 2019. 饲料脂肪水平对红罗非鱼稚鱼生长及肌肉脂肪酸组成的影响. 海洋湖沼通报，(5)：127-134.

邓平平，施永海，徐嘉波，等. 2020. 美洲鲥产后雌雄亲本肌肉营养成分比较. 动物学杂志，55(3)：393-400.

董兰芳，童潼，张琴，等. 2019. 饲料碳水化合物水平对拟穴青蟹稚蟹生长、体成分和消化酶活性的影响. 水生生物学报，(2)：252-258.

封功能，韩光明，王爱民，等. 2011. 4 种常规养殖虾肌肉营养品质分析与评价. 湖北农业科学，30(5)：1004-1007.

付旭，崔前进，陈冰，等. 2020. 饲料脂肪水平对淡黑镊丽鱼生长及色素蓄积的影响. 大连海洋大学学报，(1)：56-62.

高露姣，夏永涛，黄艳青，等. 2012. 俄罗斯鲟鱼卵与西伯利亚鲟鱼卵的营养成分比较. 海洋渔业，34(1)：57-63.

顾若波，张呈祥，徐钢春，等. 2007. 美洲鲥肌肉营养成分分析与评价. 水产学杂志，(2)：40-46.

郭永军，邢克智，杨广，等. 2010. 美洲鲥鱼肌肉营养成分测定及分析. 中国饲料，(8)：39-41.

洪孝友，谢文平，朱新平，等. 2013a. 美洲鲥与孟加拉鲥肌肉营养成分比较. 营养学报，(2)：206-208.

洪孝友，朱新平，陈昆慈，等. 2013b. 孟加拉鲥、美洲鲥和中国鲥形态学比较分析. 华南农业大学学报，(2)：203-206.

黄旭雄，温文，危立坤，等. 2014. 闽东海域银鲳亲鱼性腺发育后期脂类及脂肪酸蓄积特点. 水产学报，(1)：99-108.

侯冠军，李海洋，汪留全，等. 2013. 不同蛋白水平饲料对美洲鲥鱼苗种食性驯化的影响. 粮食与饲料工业，(3)：51-54.

李爱杰. 1998. 水产动物营养与饲料学. 北京：中国农业出版社.

梁琍，冉辉，桂庆平，等. 2015. 锦江河野生黄颡鱼与养殖黄颡鱼营养品质分析及比较. 湖北农业科学，54(18)：4544-4547.

林元烧，曹文清，郑爱榕，等. 2001. 几种饵料浮游动物脂肪酸组成分析及营养效果评价. 台湾海峡,20(S1):164-168.

刘跟生,徐贵发.2006.单不饱和脂肪酸对心血管的保护作用.卫生研究,35(3):357-359.

刘浩,杨俊江,董晓慧,等.2020.饲料碳水化合物水平对斜带石斑鱼生长性能、体成分、血浆生化指标及肠道和肝脏酶活性的影响.动物营养学报,(1):357-371.

刘惠中,张呈祥.2004.美洲鲥鱼苗种培育技术.科学养鱼,(6):8.

刘兴国.2001.河蟹不同生长阶段的营养需求与饲料配制技术.渔业现代化,(6):3-5.

刘晓勇,索力,张颖,等,2014,三种养殖鲟鱼卵营养成分的比较分析.淡水渔业,44(5):82-86.

刘阳洋,于海波,吉红,等.2019.饲料蛋白质水平对匙吻鲟生长、体组成及健康状况的影响.水产学报,(10):2218-2229.

刘永士,蒋飞,施永海.2020.两种养殖模式下美洲鲥当年鱼种营养成分比较及品质评价.浙江大学学报(农业与生命科学版),46(2):243-253.

刘志东,陈雪忠,曲映红,等.2014.南极冰鱼与南极磷虾营养成分分析及比较.现代食品科技,30(2):228-233.

刘志峰,高小强,于久翔,等.2018.不同饵料对美洲西鲱仔鱼生长、相关酶活力及体脂肪酸的影响.中国水产科学,(1):97-107.

柳学周,徐永江,李荣,等.2017.黄条鰤(*Seriola aureovittata*)肌肉营养组成分析与评价.渔业科学进展,38(1):128-135.

罗土炎,罗钦,饶秋华,等.2017.澳洲龙纹斑种苗繁育与养殖技术.中国农业科学技术出版社.

潘庭双,李海洋,侯冠军.2006.美洲鲥鱼的生物学特性及大规格苗种培育技术.水利渔业,(4):33-34.

施永海,张根玉,张海明,等.2014.配合饲料和活饵料喂养刀鲚肌肉营养品质分析与比较.动物营养学报,26(2):427-436.

施永海,张根玉,张海明,等.2015.河川沙塘鳢肌肉营养成分的分析和评价.食品科学,36(4):147-151.

施永海,徐嘉波,陆根海,等.2017.养殖美洲鲥的生长特性.动物学杂志,52(4):638-645.

施永海,蒋飞,徐嘉波,等.2019a.池养美洲鲥 0^+ 龄幼鱼脂肪酸组成的变化.大连海洋大学学报,34(4):511-518.

施永海,徐嘉波,刘永士,等.2019b.敞口池塘和遮阴池塘养殖美洲鲥当年鱼种的生长规律和差异.上海海洋大学学报,28(2):161-170.

施永海,徐嘉波,谢永德,等.2019c.池塘培育美洲鲥初次性成熟亲本的生长特性.广东海洋大学学报,39(2):45-52.

施永海,徐嘉波,谢永德,等.2020.美洲鲥鱼卵营养成分分析及评价.水产科学,39(3):407-413.

唐雪,徐钢春,徐跑,等.2011.野生与养殖刀鲚肌肉营养成分的比较分析.动物营养学报,23(3):514-520.

滕静,陶宁萍,李玉琪.2016.卵巢发育不同阶段长江刀鲚肉营养成分的分析及评价.现代食品科技,32(9):267-274.

王珊珊,李秋,徐田彬,等.2009.N-3多不饱和脂肪酸的生理功能特性及应用.中国食物与营养,(10):51-54.

魏润平,张泽峰,王晶,等.2017.美国鲥鱼肌肉营养成分分析.饲料与畜牧,(17):36-39.

吴文化,王斌,师伟,等.2004.美洲鲥鱼苗种规模化养殖技术研究——Ⅰ.稚鱼培育.水产学杂志,(2):61-64.

徐钢春,张呈祥,郑金良,等.2012.美洲鲥的人工繁殖及胚胎发育的研究.海洋科学,36(7):89-96.

许星鸿,刘翔,阎斌伦,等.2011.日本对虾肌肉营养成分分析与品质评价.食品科学,32(13):297-301.

严银龙,张之文,施永海,等.2020.美洲鲥室内人工育苗技术初探.水产科技情报,47(3):121-125.

杨俊江.2013.三个生长阶段斜带石斑鱼蛋白质、脂肪和碳水化合物需要量研究.广东海洋大学.

杨坤,张静,汪留全,等.2008.不同饲料蛋白水平对美洲鲥幼鱼生长的影响.水产科学,(11):581-583.

于久翔,高小强,韩岑,等.2016.野生与养殖红鳍东方鲀营养品质的比较分析.动物营养学报,28(9):2987-2997.

原居林,刘梅,倪蒙,等.2018.不同养殖模式对大口黑鲈生长性能、形体指标和肌肉营养成分影响研究.江西农业大学学报,40(6):1276-1285.

张淑华,张欣,刘德央,等.1998.中国对虾不同生长阶段对蛋白质、脂肪、糖类和无机盐的需求.齐鲁渔业,(1):21-25.

郑怀平.1999.鱼类早期生活史的营养与摄食.盐城工学院学报,12(3):63-66.

钟鸿干,马军,姜芳燕,等.2017.两种养殖模式下斑石鲷肌肉营养成分及品质的比较.江苏农业科学,45(1):155-158.

朱雅珠,张根玉,严银龙,等.2007.美洲鲥幼鱼饲料中蛋白质、脂肪适宜含量的研究.水产科技情报,34(2):58-59.

庄平,宋超,章龙珍.2010.舌虾虎鱼肌肉营养成分与品质评价.水产学报,34(4):559-564.

第十章

美洲鲥的病害防治

美洲鲥自 1998 年从美国引进至今，在国内已经养殖 20 余年，其间美洲鲥的全人工繁育和人工养殖技术相继得到突破和完善，与此同时美洲鲥的病害防治也取得了一定的进展。美洲鲥生长速度较快，易于规模化养殖，但病害也较多。本章结合作者和有关专家在美洲鲥繁育和养殖过程中遇到的常见病害问题进行小结。

第一节 疾 害 的 预 防

"无病先防，有病先治，防重于治"是预防鱼病的重要方针，认真贯彻这一方针，对美洲鲥的人工繁育和养殖生产都有着决定性的作用。由于鱼类栖息在水中，染病初期不易被发现，一般发现美洲鲥有个别死亡时，就可能有一定数量的感染群体。特别是发病较快、死亡率较高的病害，当发现后再治疗已损失大半。鱼发病后，大多数病鱼已经食欲不振，内服药物又难以进入体内，疗效有限。外用药物只适用于小水体，大面积养殖模式由于用药成本高、操作不便也难以使用。此外，有些鱼病即使被发现，目前还无特效药，用药还存在诸多生产安全隐患和食用安全隐患。因此，病害的早期预防有着极为重要的意义。

一、日常管理防护

控制放养密度，加强水质管理。密度过高、投喂量大、超过水体负荷、耗氧较快、水质恶化快,鱼类易滋生疾病,特别是高温季节和越冬期间换水量少,水质恶化更快。因此要定期加换新水,改善养殖水体的水质。水温在15~26℃时,每2周换水1/2,并维持1.5~2.0 m水位。水温低于15℃或高于26℃减少换水量,水温高于26℃时开始控制投喂量。冬季采用温室大棚保温,夏季采用遮阴大棚防暑。高温季节执行一切能够改善通风的措施,时刻关注摄食量,定期排查增氧设备或输气管道,做好溶解氧监测,提前开启增氧机。勤巡塘,早发现,早处理,以防病情发展蔓延。

二、病原性预防

1. 养殖场所清理消毒

目前,美洲鲥的养殖模式主要有池塘养殖、水泥池养殖和网箱养殖,不同的养殖模式的场所消毒清理工作有所不同。池塘是美洲鲥室外生活栖息的场所,经过常年养殖,池底积累大量的残饵、粪便和动植物腐殖质,为病原体和中间寄主提供了较好繁衍的场所和物质条件,定期清塘消毒,可有效改善池塘条件,消灭中间寄主,减少疾病的发生。彻底清塘包括清除淤泥和池塘消毒。在清除塘底淤泥后,使用1 500~2 250 kg/hm² 生石灰或者150~300 kg/hm² 漂白粉溶解后全池塘底泼洒消毒。室内水泥池养殖美洲鲥时,病原体、残饵和粪便等可以通过过滤分离系统以及定期的翻池、消毒、晾干和暴晒等操作彻底清除。网箱养殖美洲鲥时,由于水面较大,很难对水库进行清塘消毒,但只要定期做好网箱的保洁工作,并用常规药物杀菌杀虫,也能起到良好的作用。

2. 鱼体消毒

鱼体是病原性疾病的宿主,新投放染病鱼体是疾病跨区域、跨品种传播的主要原因之一。随着水产业的飞速发展,苗种和成鱼流通较广,有些染病症状不明显、运输受损、来源不明的收购品种一定要做好消毒工作。目前鱼体消毒一般采用药浴法,药品选择、药浴浓度和药浴时间要根据病原种类、水温、品种药物敏感性和鱼的活动状况灵活调整,在充分预试验的基础上再大规模消毒。

(1) 使用1 mg/L漂白粉(有效氯约30%)水溶液能有效防止细菌性皮肤病、烂鳃病和某些寄生虫病(杨广等,2008),不过美洲鲥对漂白粉比较敏感,要谨慎使用,使用前一定要先做预试验,确认没有明显影响和使用剂量后,再在生产上使用。

(2) 使用2.2%~2.5%高盐溶液浸泡5 min可以有效预防水霉病和部分寄生虫(杨广等,2008)。

(3) 使用20 ppm高锰酸钾溶液浸泡20 min可以有效预防指环虫、三代虫、车轮虫和斜管虫病(施永海等,2016)。高锰酸钾药性虽然温和,但是用高浓度的高锰酸钾溶液消毒美洲鲥鱼体,还未见报道。若要使用,可做预试验确定安全使用剂量后,再进行使用。

3. 工具消毒

养殖过程中混用生产工具往往是鱼病区域内部传播的主要原因之一,未消毒的混用工具是鱼病传播的媒介,发病鱼池使用的工具应与其他正常鱼池的工具分开,若条件有限无法分开也必须做好混用工具的消毒处理才能使用。一般网具可以用 20 mg/L 二氧化氯溶液浸洗 20 min,晒干后再使用;竹木质工具可以使用 20～50 mg/L 漂白粉溶液消毒,使用前需清水浸泡洗净(施永海等,2016)。

4. 料台消毒

饲料框或饲料台附近,常有剩余残饵,为病原体迅速繁殖提供了有利条件,特别是高温季节和鱼病流行季节,容易引起鱼体细菌真菌感染。为防止疾病发生,可以定期将饲料框或饲料台放入 3‰高盐或者 20 ppm 高锰酸钾溶液中浸泡后晾晒。

三、建立隔离制度

养殖的美洲鲥一旦发病,特别是传染性疾病应立即采取严格的隔离措施,以防疾病传播、蔓延。水体是鱼类赖以生存的环境,同样也是鱼病最重要的传播媒介。一旦有鱼发病,健康的鱼存在很大的感染风险,通常的隔离措施对该发病鱼池难有成效,但对其他养殖鱼池有很好的防护作用。

(1) 对已发病的池塘、曾经混养过的品种以及中间寄主进行封闭管理,在治愈之前不向其他池塘、水泥池和区域转移,不排放池水,工具专用消毒,治愈以后养殖场所要重点高浓度消毒。

(2) 及时捞取、掩埋、销毁发病死鱼,切勿丢弃在池塘岸边或者水源附近,以免鸟兽或雨水带入养殖水体中。

(3) 对发病池塘及周围进排水渠道,均应消毒处理,并对发病美洲鲥进行诊断,确定防治对策。

第二节　鱼病的检查和诊断

正确的诊断来自对宿主、病原(因)、环境条件和检测诊断方法等方面的综合分析和运用。随着水产科学的发展,鱼病的检测诊断方法也在不断更新丰富。目前有现场调查、肉眼检查、显微镜诊断、病理性诊断、免疫学诊断、分子诊断等。只有综合运用这些检测诊断方法才能找准病因,制定科学的防治策略,才能收到良好的治疗效果。由于受到诊断条件的限制,对一般养殖户而言,最为实用的检查诊断方法还是综合运用现场调查、肉眼检查和显微镜诊断,下面分别简要介绍这三种检查诊断方法和操作步骤。

一、现场调查

1. 调查病鱼的生活状态和发病史

病鱼不仅仅在体内和体表表现出各种症状,而且在养殖水体中也会出现各种异常现象。急性发病鱼与正常鱼在外观上没有明显变化,部分病鱼会表现出相同症状,但一旦出现死亡,死亡率急剧上升。慢性发病鱼,患病个体常离群独游于水面和浅层中,有的无定向乱游,有的水面打转或上下翻动,有的侧卧于水底,活力较差,即使人为干扰也反应迟钝,且常常浅浮在池塘下风口,死亡率缓慢逐渐上升。发现病鱼后,管理人员要认真详细地调查鱼塘的消毒情况,鱼种的来源、消毒和放养时间,发病时间以及鱼塘、鱼种和混养鱼种的发病情况。

2. 检查水质饲养管理情况

检查养殖池的换水量和频率是否合理,特别是越冬和高温季节;水源是否有变化;是否有突发性的工业和农药废水污染;养殖水温是否适宜;溶解氧是否达标。美洲鲥的放养密度是否过大,每天投喂的数量、次数和时间是否适宜;饵料质量及营养成分是否安全;残饵是否及时清除;使用工具是否消毒等。拉网、翻缸和运输等生产操作是否造成鱼体受伤、内脏受压,使细菌、真菌和寄生虫等病原体乘机侵入伤口,从而引发疾病(施永海等,2016)。

二、肉眼检查

在详实的现场调查基础上,取5~10尾病鱼进行肉眼检查,有条件应尽量多检测,力图做到有代表性,以免误诊或漏诊。肉眼检查应该先从鱼的体表开始,然后剥开鳃盖观察鳃部,最后解剖鱼体观察内脏和肌肉,具体检查方法如下(施永海等,2016)。

1. 体表

将病鱼置于白瓷盘中,按顺序对头部、口腔、眼睛、鳃盖、躯干、鳞片、鳍条等依次仔细观察。在体表上寄生的一些大型寄生虫(如线虫、锚头鳋等)很容易看见,粘孢子虫和部分吸虫也可以被发现。体表鳍条均匀布满大小均匀的白色小点薄层,则可能为小瓜虫病;创口处有灰白色棉絮状则很有可能是水霉病;眼睛混浊,有白内障,则可能为复口吸虫病。

2. 鳃

解剖鳃盖前先仔细观察鳃盖是否有大型寄生虫,鳃盖表皮是否腐烂缺口。解剖鳃盖后,先观察鳃片颜色是否正常,鳃丝是否肿大腐烂,黏液是否较多。若鳃丝苍白黏液多,鳃盖外张,则可能为指环虫病;若鳃丝有白点或孢囊,则可能为孢子虫病;若鳃丝糜烂,黏液较多,则可能为细菌性烂鳃病。

3. 内脏

先把一侧腹部肌肉剪掉,观察是否有腹水、大型寄生虫和孢囊,后把靠近咽部的前肠和靠近肛门的后肠剪断,取出整个内脏,分别剥离各个器官后再将肠道分成前、中、后三段。剪开肠道,初步去除肠道中的内容物,仔细观察肠道肠壁情况。若是肠炎,肠壁会充血发炎;若是大型寄生虫,可以直接看出;若是粘孢子虫,肠壁会有成片或稀散的小白点。

三、显微镜检查

通过现场调查和肉眼检查能够初步判断鱼病的具体流行情况和大致疾病类型,但仅凭现场调查和初步肉眼检查,对鱼病的诊断是不够全面的,肉眼检查往往局限于症状较明显的鱼病和大型的寄生虫,而对肉眼看不见的病原生物需要借助解剖镜和显微镜。镜检的鱼必须是刚死或未死的病鱼,检查的重点部位包括体表、鳃和肠道,必要时还可以检查其他器官。镜检时要保持所取样品表面湿润,解剖工具需清洗干净(施永海等,2016)。

1. 体表

用解剖刀在体表刮取黏液,用解剖剪剪取部分鳍条,有创口的地方要取部分肌肉组织,放在载玻片上,滴入适量清水,盖上盖玻片,仔细镜检。

2. 鳃丝

用解剖剪将左右两边的第1鳃片完整剪出,放置在培养皿上,先仔细观察鳃上有无肉眼可见的寄生虫,然后剪取小块鳃丝放在载玻片上,滴入少量清水,盖上盖玻片,仔细镜检。

3. 肠道

剖开腹腔,取出肠道,剪开肠道,分别取前、中、后三段肠壁上的少许黏液置于载玻片上,滴入适量清水,盖上盖玻片,仔细镜检。

第三节　病害及防治

美洲鲥的病害主要分为病原性病害和非病原性病害两大类。病原性病害主要是由病毒、细菌、真菌和寄生虫感染引起的,非病原性病害主要是由敌害生物、水环境恶化和营养不良等引起的,只有找准了病害才能制定针对性的防治方法。目前病毒性疾病还未见报道,美洲鲥常见的病害及防治方法有以下几种。

一、真菌性疾病及防治

1. 水霉病

【症状】　水霉病在淡水水域广泛存在,也是美洲鲥常见疾病之一,最适繁殖温度为 13～18℃。美洲鲥急躁易脱鳞,捕捞运输操作不当会使体表受伤,在秋季和春季水霉病极易发生,菌丝从伤口侵入,并向外长出外菌丝,如同灰白色棉絮状物。鱼体受刺激后体表有大量黏液,并焦躁不安,与其他固体发生摩擦,此后鱼体症状加重,游动迟缓,食欲减退,最后瘦弱而死。另外,美洲鲥鱼卵也容易患水霉病,特别是未受精的鱼卵。

【防治方法】

① 清除塘底淤泥,用 200 mg/L 生石灰或者 20 mg/L 漂白粉溶解后全池泼洒消毒。

② 在捕捞和运输时要操作仔细,尽量避免体表受伤,转运后可以用半咸水过渡养殖。

③ 增加饲料投喂的面积,减少鱼体间碰撞造成机械损伤和鳞片脱落。

④ 鱼卵孵化前期,可用 400 mg/L 大黄素药浴 24 h(董亚伦等,2015)。

⑤ 放养前,可用 2.5%～3%高盐度海水浸泡 7～10 min(张国喜等,2016)。

⑥ 养殖期间,可用 0.1～0.15 mg/L 硫醚沙星全池泼洒(董任彭,2017)。

二、细菌性疾病及防治

1. 肠炎病

【症状】　美洲鲥生性胆小,如果长期应激反应会引起肾上腺内分泌紊乱,从而导致包括肠炎在内的继发性疾病。美洲鲥苗种阶段的肠炎,表现出粪便延长,较难脱离肛门。美洲鲥养成阶段的肠炎,用手从死亡鱼体的腹部由前向后轻推到肛门,会有一定量黄色或者红色黏液流出。

【防治方法】

① 严格执行清塘消毒,加强日常管理,保证饲料质量,保持良好水质,降低水体透明度,避免光线直射和人员扰动。

② 每千克饲料中用 3 g 诺氟沙星拌喂(洪孝友等,2014)。

美洲鲥肠炎病的治疗方法不多,也可以参考其他鱼类的肠炎治疗方法,如菊黄东方鲀,每千克饲料用 0.3～0.4 g 氟哌酸拌药饵投喂,连续投喂 3～5 d(施永海等,2016);每千克饲料用 0.1～0.2 g 大蒜素拌药饵投喂,连续投喂 3～5 d(施永海等,2016)。但实际在美洲鲥上使用的话,还是要先做预试验后,再在生产上使用。

2. 烂鳃病

【症状】　病鱼离群独游,食欲下降,体色变深,日渐消瘦。鳃丝腐烂,严重时鳃盖被腐蚀出一个透明小孔,俗称"开天窗"。

【防治方法】

① 用 1.0 g/m³ 漂白粉或者 0.5 g/m³ 二氧化氯全池泼洒(张云龙等,2010)。

② 用 0.3 mg/L 聚维酮碘全池泼洒,饲料拌鱼病康(施国彬等,2017)。

3. 嗜水性气单胞菌(周阳,2019)

【症状】　病鱼肝脏、肾脏、脾脏和胆囊肿大,肠黏膜出血,肠内无食物。

【防治方法】

① 用 0.06 mL/m³ 聚维酮碘全池泼洒,每天 1 次,连用 4 d,用药期间保证溶解氧充足。

② 每千克饲料中加 15～20 mg 恩诺沙星和适量维生素 C 连续拌饵投喂 7 d。

4. 维氏气单胞菌(杨移斌等,2014)

【症状】　鳍条充血,肛门红肿溃烂,血液流出,肝胰肾脏易碎、损坏、脂变,颜色发黄发黑,肾脏充血呈红黑色体壁,肠道未发现充血、出血现象。肠道无食物,充满黏液。

【防治方法】

① 鱼种放养前使用 3% 的盐水浸泡。

② 用 0.06 mL/m³ 左氧氟沙星全池泼洒,每天 1 次,连用 2 d,用药期间保证溶解氧充足。

三、寄生虫疾病及防治

1. 小瓜虫病(潘庭双等,2007)

【症状】 小瓜虫病夏末到冬初较为流行,发病水温 19～30℃。感染小瓜虫的病鱼表现出突发性不摄食、离群独游,身体背部发黑。全池鱼游泳速度缓慢、摄食量降低。病鱼体表尤其背部形成许多小白点,为虫体刺激病鱼上皮细胞分泌而形成的囊泡,体表整体分泌大量黏液。鳃丝充血,黏液较多,受细菌感染而烂鳃。鱼体弱时,一旦受其他应激,易爆发批量死亡。

【防治方法】

① 鱼下塘前彻底清塘消毒。

② 用 20～30 mL/L 福尔马林全池泼洒,2 h 后换水 1/2,第 3 d 再用药 1 次。

2. 粘孢子虫(潘庭双等,2007)

【症状】 粘孢子虫病一年四季均有发生,长江流域 5～10 月份为流行盛期。病鱼体色发黑,体表黏液较多,背鳍、胸鳍、尾鳍和体侧表皮可见灰白色点状或瘤状孢囊。孢囊不移动,有别于小瓜虫。镜检孢囊内脓样物可以看见大量的孢子虫即可确诊。

【防治方法】

① 放养前用生石灰彻底清塘消毒。

② 鱼种放养前用 500 mg/L 的高锰酸钾浸洗 30 min。

③ 用 15～30 mL/m³ 福尔马林全池泼洒,每天 1 次,连续使用 2～3 d。或用"原虫净"全池泼洒,用量为 0.3 mL/m³。

3. 车轮虫病

【症状】 车轮虫广泛存在于各自然水域及养殖池水,流行于春夏秋季,冬季发病少。尤其暴雨季节,养殖水受地表水污染时宜导致车轮虫感染。病鱼离群独游、体色加深、鱼体消瘦。少量寄生时易导致鳃、皮肤黏液增生,鳃丝充血,食欲下降。刮取病鱼体表、鳍条或鳃丝制作切片,镜检发现大量车轮虫即可确诊。

【防治方法】

① 合理布置放养密度,高温和越冬季节控制好水质。

② 用 2.0～3.0 ppm 高锰酸钾,每天 1 次,连续使用 2～3 d(潘庭双等,2007)。

③ 用 20～30 mL/m³ 福尔马林全池泼洒,2 h 后换水 1/2,每天 1 次,连续使用 3 d(潘庭双等,2007)。

④ 用 0.7 mg/L 硫酸铜硫酸亚铁合剂(5∶2)全池泼洒,每天 1 次,连续使用 2～3 d。美洲鲥对硫酸铜较为敏感,如有异常,需加大换水量(潘德博等,2010)。

4. 复口吸虫(朱纪坤等,2017)

【症状】　鱼苗、鱼种急性感染后,病鱼失去平衡,会在水中急游或上下挣扎游动。病鱼主要症状出现在头部脑区和眼眶周围。眼球混浊,呈乳白色,严重者双眼瞎、眼脱落,并伴随其他并发症,死亡率较高。不同种类的复口吸虫感染鱼体后(特别是急性感染时)表现出的症状稍有不同。椎实螺和鸥鸟是复口吸虫重要的中间寄主。

【防治方法】

① 清除塘底淤泥,彻底消毒。

② 养殖池四周及塘顶拉好丝网防鸥鸟进入池塘,杀灭椎实螺,控制传染源和传播媒介。

③ 每千克饲料中拌 2.5 g 祛虫剂(各组分质量份数:雷丸 2～2.5 份、槟榔 5～6 份、木香 2～3 份、贯众 1～2 份、苦楝皮 5～5.6 份和水 81～85 份)。

四、环境因子引起的疾病及防治

1. 缺氧(刘青华等,2017)

【症状】　缺氧是美洲鲥养殖的第一杀手。高温季节搭建的遮阴大棚遮挡池塘光线,水生植物造氧能力降低,影响通风,换水量少,池塘在日落前就可能开始缺氧。美洲鲥在池塘整体缺氧的情况下无浮头现象,摄食量迅速下降。一旦溶解氧缺乏,美洲鲥会加快游动以帮助获取氧气,从而消耗更多的氧气,加快"氧亏",鱼群的游动开始散乱无章,甚至相互冲撞受伤,导致鳞片脱落,迅速大面积沉底死亡。池塘局部性缺氧很难发现,摄食量影响不大,但会一直出现零星死亡。暂时缺氧也会导致鳃和内脏损伤,引起继发性疾病。

【防治方法】

① 装配停电报警系统,加强对增氧设备故障或输气管道的排查防范意识,定期测试相关设备和管道。

② 采用溶解氧在线监测技术,实施全天候溶解氧管理。

③ 配备发电机以及二级增氧措施,防患于未然。

④ 加强巡塘管理,加强通风,增氧机早上晚关、下午早开,特别是高温季节要加排增氧机、减少投喂量。

⑤ 遇到季节转换,气温突然上升或下降、连续阴雨天或大雨暴雨时,减少饲料投喂,延长增氧时间。

⑥ 遇到不明原因的摄食下降,及时开增氧机。

⑦ 发生缺氧浮头时,及时增加增氧设备,也可以使用增氧制剂,如粒粒氧等。如果浮头发生在非高温季节,大量换水,可以边排边进;如果浮头发生在高温季节,可少量换水。发生缺氧时,及时捞出剩余饵料和死鱼。

2. 水温致死(刘青华等,2017)

【症状】 当水温低于 4℃时容易冻伤脱鳞,患水霉病死亡,且水面结冰隔绝空气容易引起缺氧,气温回升时氨氮易超标,特别是高密度养殖池塘。2 龄以上美洲鲥在高温季节水温长期高于 30℃时会陆续出现大面积死亡,死亡时漂浮于水面,死亡前无明显异常行为。

【防治方法】

① 冬季采用温室大棚保温,夏季采用遮阴大棚防暑。

② 加大池塘蓄水体积和深度,缩小水温变化幅度,增加水温温层。

③ 拉网操作应安排在水温 8~28℃,减少低温和高温条件下的生产操作,防止低温水霉病和高温应激引起死亡。

④ 运输转移过程中水温温差不要超过 4℃,尽量控制在 1℃以内。

⑤ 高温季节减少饲料的投喂量,减少换水量和换水频率,换水尽量选择阴天或者夜晚;持续高温天气尽量不换水。

五、营养性疾病及防治

肝胆综合征(潘庭双等,2008)

【症状】 病鱼尾鳍和背鳍的鳍条末端发白,体表其他部位无任何明显症状,将活的病鱼提起有少量胆汁从肛门流出。剖开腹部可见肝脏肿大,色泽变淡或土黄色;胆囊偏大,胆汁的颜色偏淡;肠道外壁无明显症状,但内壁却严重充血。

【防治方法】

目前暂无特效药,只能保守治疗,提高鱼体的机能。选用美洲鲥专用饲料,定期用维生素 C 拌饵投喂。

六、敌害生物防控

在美洲鲥的养殖过程中,会受到敌害生物的袭扰,影响成活率。室外养殖时,如清塘不彻底,凶猛性鱼类会对美洲鲥苗种构成危害。美洲鲥幼鱼和成鱼养殖一般投喂浮性膨化料,摄食时蹿出水面,室外能引起鸟类的注意,特别是中大型鸟类(白鹭)会捕食美洲鲥,室内能引起猫的注意,也有一定损失。为避免敌害生物对美洲鲥的危害,清塘要彻底,摄食区域上方加装丝网,室内水体降低水位。

参考文献

董任彭.2017.PVC涂塑帆布鱼池养殖美国鲥鱼的试验.科学养鱼,(8):43-44.

董亚伦,梁政远.2015.几种抗霉菌药物对美洲鲥鱼卵水霉病的防治效果比较.科学养鱼,(6):60.

洪孝友,陈恩慈,李凯彬,等.2014.水库网箱美洲鲥养殖试验.水产养殖,(2):8-9.

刘青华,高永丽,齐占会,等.2006.美洲鲥鱼养殖的瓶颈和对策下.科学养鱼,(5):3.

刘青华,郑玉红,孟涵,等.2017.美洲鲥鱼的养殖风险和对策.科学养鱼,(11):3.

潘德博,洪孝友,朱新平,等.2010.美洲鲥工厂化养殖模式初探.广东农业科学,(8):183-184.

潘庭双,汪留全,侯冠军.2007.美洲鲥鱼常见寄生虫病的防治措施.科学养鱼,(7):53.

潘庭双,汪留全,侯冠军.2008.美洲鲥鱼安全越冬技术及常见疾病防治措施.水利渔业,(28):85-86.

施国彬,罗斌,欧阳汀,等.2017.美国鲥鱼与美国银斑高效混养殖技术.海洋与渔业,(12):62-63.

施永海,张根玉.2016.菊黄东方鲀养殖技术.北京:科学出版社.

杨广,乔秀亭.2008.美洲鲥鱼工厂化养殖技术.科学养鱼,(6):33.

杨移斌,艾晓辉,夏永涛,等.2014.一例美国鲥鱼维氏气单胞菌病的诊断与治疗.渔业致富指南,(23):58-59.

张国喜,冯亚明,游华斌,等.2016.美国鲥鱼工厂化养殖关键技术.中国水产,(11):103-105.

张云龙,邵辉,袁娟,等.2010.美国鲥鱼高产模式关键技术.渔业致富指南,(19):35-36.

周阳.2019.一例美洲鲥爆发性疾病诊治实例.科学养鱼,(10):52.

朱纪坤,宋恒耀,顾树信,等.2017-09-29.一种中草药制剂控制美洲鲥鱼复口吸虫病的方法.CN107211928A.